生活者からみた
環境のマネジメント

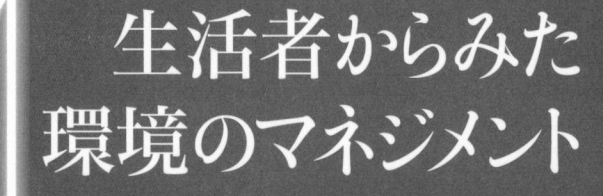

萩原清子 編著　朝日ちさと・坂本麻衣子 著

昭和堂

まえがき

　私たち個人は毎日，時と場合に応じて，住民として，消費者として，納税者として，労働者として，また生産者として，投資者として，また遊び人として，多様な役割を演じて生活している．個人は意識するしないにかかわらず，1人で複数の組み合わせの役割を有していることになる．

　ところで，個人からみた経済社会環境は，一方の中心に家庭があり，家庭はある地域に属している．もう一方の中心には職場がある．職場もある地域に属している．もちろん，家庭も職場も同じ地域に属していることもある．個人はそれぞれの地域，あるいは両方の地域の住民であり，そこでいろいろな問題に直面している（下図参照）．また，どのような個人も消費者なのである．本書では，このように複数の地域に所属しながら，多様な役割を演じている消費者を生活者とみなしている．そして，生活者からみた環境の問題を生活者が自ら考えていくときのなんらかのヒントを示すことを意図している．

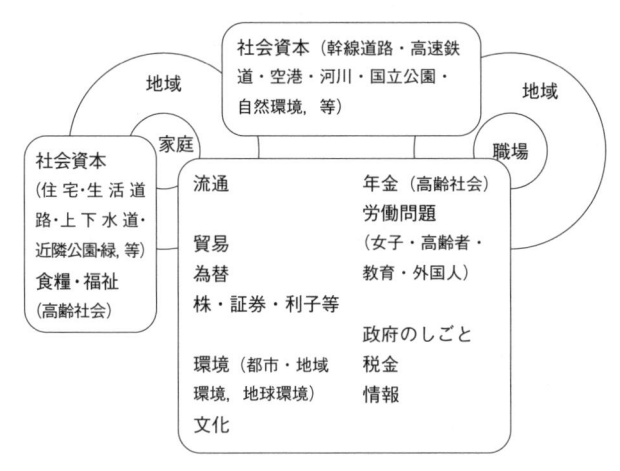

図　生活者をとりまく経済社会環境と直面する問題
（出典）萩原清子・須田美矢子編著『生活者から見た経済学』文眞堂 1997 より転載

個人はあるときには，ひとつの地域に属する個人であり，ひとつの役割から物事をとらえようとするであろう．そして，別のあるときには，別の地域に属し，別の役割から物事を考えたりするであろう．生活者としては，いろいろな立場で多様な角度から物事をみていることになる．そして，その所属する地域や役割はいつでも一定ではないだろう．

　環境問題の内容は年の移り変わりとともに大きく変化してきた．かつて，環境という表現よりも公害とよばれていた頃には，特定の企業による汚染が問題となり，汚染の発生者としてのおもに企業の行動に焦点が当てられてきた．しかしながら，時とともに汚染の発生者が不特定多数になるとともに，公害とよばれていた頃のように一方が加害者で他方が被害者であるという図式がもはや成立しなくなった．われわれすべてが環境破壊の被害者であるとともに加害者ともなっているのである．たとえば，車は今や人々の生活に欠かせないものとなっているが，車の運転者としては大気汚染の発生者であり，沿道に住む住民としては大気汚染の被害者なのである．また，家庭からの廃水は河川や海を汚染し，河川や海でのレジャーを限られたものとしている．また，今日，地球環境問題が緊急の課題となっており，環境への配慮は決して経済発展の阻害ではなく，むしろ経済発展のためにも環境への配慮が必要であるということが国際的にも共通の認識となってきている．

　このように，環境問題はかつての公害問題からアメニティを中心とした生活環境問題へ，さらに地球環境問題へと変遷している．21世紀は環境の世紀ともいわれている．このような時代に，「生活者」はどのように考え，どのように行動すればよいのであろうか．

　地球環境問題という一国内ばかりでなく，世界の多様な人々との関わりのある環境問題への取り組みを考えると，「生活者」は，多様な地域に属し，多様な役割を演ずる中で，歴史・文化・経済・政治・生活・技術など社会全体に関心をもち，視野を広げてゆかなければならないであろう．したがって，「生活者」が視野を広げ，社会全体に関心をもって環境のマネジメントを考えることができるように，との想いで本書は構成されている．

　本書は4部に分かれている．第1部では，生活者と環境問題を歴史的にとらえた上で，まず，本書で考える環境をジオシステム，エコシステム，ソシ

オシステムからなる GES 環境として定義する．ついで，システムズ・アナリシスの考え方に従って，生活者からみた環境のマネジメントとは何かを示している．ついで，第2部は，生活者が主体のマネジメントとして，経済的手法に焦点を当て，経済学の基礎，環境政策の経済学的基礎，環境政策という順に環境のマネジメントの制度設計を解説している．第3部は，環境のマネジメントの制度の評価手法として，費用・便益分析，多基準分析，環境アセスメントを説明するとともに，その限界やその手法のさらなる発展の方向を示している．第4部は，環境創造マネジメントとして，まず環境と対話する社会の姿をいくつかのキーワードを手がかりに示している．ついで，都市のアメニティ創造としてとくに水辺に注目し，京都と北京の水辺を紹介している．さらに，環境問題のひとつの側面を環境文化災害としてとらえ，その事例を示している．最後に，多様な価値観を有する多様な主体によって構成される今日の社会で顕在化するようになった，主として環境に関連するコンフリクトに焦点を当て，そのマネジメントの方法および事例を示している．

　以上より，多様な地域に属し，多様な役割を演じている生活者がどのように環境をマネジメントするかを考えるための材料を示す書となっている．本書から得た"知識"を生活者が"知恵"につなげていくことを望んでいる．

　　2008年2月

萩原清子

● 目 次 ●

まえがき ……………………………………………………… i

第 I 部　環境のマネジメントとは何か

第 1 章　生活者と環境問題 …………………………… 2
1-1　環境問題の歴史 ……………………………… 3
1-1-1　戦後復興から高度経済成長 ……………… 3
1-1-2　高度経済成長と公害問題 ………………… 6
1-1-3　公害問題から環境問題へ ………………… 6
1-2　今日的環境問題 ……………………………… 11
1-2-1　都市地域型環境問題 ……………………… 11
1-2-2　地球環境問題 ……………………………… 14
◇学習課題 …………………………………………… 19
◇参考文献 …………………………………………… 20

第 2 章　マネジメントの基本 ………………………… 21
2-1　環境政策の原則 ……………………………… 22
2-2　環境基本法 …………………………………… 26
2-2-1　環境基本法制定の背景 …………………… 26
2-2-2　環境基本法の内容 ………………………… 27
2-3　生活者からみた環境とは何か ……………… 30
2-3-1　GES環境の認識 …………………………… 30
2-3-2　生活者からみた環境のマネジメントの必要性 ……… 30
2-4　生活者主体のマネジメント ………………… 32
2-4-1　システムズ・アナリシス ………………… 32
2-4-2　生活者参加型マネジメント ……………… 35

◇学習課題 ……………………………………………………………… 36
◇参考文献 ……………………………………………………………… 36

第Ⅱ部　環境のマネジメントの制度設計

第3章　環境経済学の基礎(1) …………………………… 40
3-1　市場メカニズム …………………………………… 41
3-1-1　消費者行動 ……………………………………… 41
3-1-2　企業行動 ………………………………………… 45
3-1-3　市場均衡 ………………………………………… 51
3-2　市場メカニズムと効率性 ………………………… 52
3-2-1　交換の効率性 …………………………………… 52
3-2-2　生産の効率性 …………………………………… 53
3-2-3　配分の効率性 …………………………………… 53
◇学習課題 ……………………………………………………………… 54
◇参考文献 ……………………………………………………………… 55

第4章　環境経済学の基礎(2) …………………………… 56
4-1　市場の失敗 ………………………………………… 57
4-1-1　市場の失敗とその原因 ………………………… 57
4-1-2　市場の失敗への対応 …………………………… 57
4-2　公共財 ……………………………………………… 58
4-2-1　公共財の特徴：排除可能性と競合性 ………… 58
4-2-2　最適供給水準と自発的供給 …………………… 59
4-2-3　政府による公共財の供給 ……………………… 61
4-3　外部性 ……………………………………………… 62
4-3-1　外部性の特徴 …………………………………… 62
4-3-2　私的費用と社会的費用 ………………………… 62
4-3-3　外部性の内部化 ………………………………… 64
4-4　情報の非対称性 …………………………………… 65

	4-4-1	情報の非対称性の特徴………………………………………	65
	4-4-2	相手の行動が観察できない場合：モラル・ハザード問題	66
	4-4-3	相手のタイプが観察できない場合：逆選択問題 ………	67

◇学習課題 ………………………………………………………………… 68
◇参考文献 ………………………………………………………………… 68

第5章　法制度：環境規制，コースの定理 …………… 69

5-1　法制度による手法 …………………………………………… 70
5-2　環境規制 ……………………………………………………… 70
　　5-2-1　環境に関する規制 ……………………………………… 70
　　5-2-2　環境規制の利点 ………………………………………… 72
　　5-2-3　環境規制の問題点 ……………………………………… 73
5-3　コースの定理 ………………………………………………… 74
　　5-3-1　財に対する権利とコースの定理 ……………………… 74
　　5-3-2　コースの定理の条件 …………………………………… 76
　　5-3-3　コースの定理の適用 …………………………………… 77
◇学習課題 ………………………………………………………………… 78
◇参考文献 ………………………………………………………………… 78

第6章　経済的インセンティブによる制度
　　　　：税・課徴金，補助金，デポジット制度 ……… 80

6-1　環境税・課徴金 ……………………………………………… 81
　　6-1-1　ピグー税 ………………………………………………… 81
　　6-1-2　ボーモル・オーツ型税 ………………………………… 81
　　6-1-3　環境税の二重配当論 …………………………………… 83
6-2　補助金 ………………………………………………………… 85
　　6-2-1　ピグー的補助金 ………………………………………… 85
　　6-2-2　環境税と補助金の等価性 ……………………………… 85
　　6-2-3　補助金の意義 …………………………………………… 86
6-3　デポジット制度 ……………………………………………… 87

6-3-1　廃棄物とリサイクル問題 …………………………………… 87
　　　6-3-2　デポジット制度の概要 ……………………………………… 91
　◇学習課題 ………………………………………………………………… 92
　◇参考文献 ………………………………………………………………… 92

第7章　経済的インセンティブによる制度
　　　　　　：排出許可証取引制度 …………………………………… 93

　7-1　経済的インセンティブによる手法：市場の創出　94
　7-2　排出許可証取引制度 ……………………………………………… 94
　　　7-2-1　制度の概要 …………………………………………………… 94
　　　7-2-2　制度のメカニズム …………………………………………… 96
　　　7-2-3　排出許可証市場の問題点 …………………………………… 97
　7-3　京都議定書における適用例 ……………………………………… 98
　　　7-3-1　京都メカニズム ……………………………………………… 98
　　　7-3-2　京都メカニズムにおける制度設計 ……………………… 101
　　　7-3-3　京都メカニズムの課題 …………………………………… 103
　◇学習課題 ……………………………………………………………… 105
　◇参考文献 ……………………………………………………………… 105

第Ⅲ部　制度の評価

第8章　費用・便益分析 ………………………………………………… 108
　8-1　費用・便益分析の概観 ………………………………………… 109
　8-2　費用・便益分析の厚生経済学的基礎 ………………………… 110
　　　8-2-1　消費者の厚生 ……………………………………………… 110
　　　8-2-2　生産者の厚生 ……………………………………………… 117
　　　8-2-3　厚生基準と社会的選択 …………………………………… 118
　8-3　費用・便益分析（CBA）のプロセス ………………………… 120
　8-4　費用・便益分析の限界 ………………………………………… 123

- 8-4-1 カルドアーヒックス基準に対する批判 …………………… 123
- 8-4-2 アローの不可能性定理 ……………………………………… 125
- 8-4-3 費用・便益分析に対する他の批判 ………………………… 127
- ◇学習課題 …………………………………………………………… 127
- ◇参考文献 …………………………………………………………… 128

第9章 環境の価値の経済的評価 …………………………………… 129

9-1 環境の価値 ……………………………………………………… 130
9-2 環境の価値の経済的評価手法 ………………………………… 131
- 9-2-1 環境財と関係のある市場（代理市場）データを用いるもの
  （顕示選好法：RP〔Revealed Preference〕データ） ………… 132
- 9-2-2 人々への直接質問によって評価をおこなうもの（表明選好法：SP〔Stated Preference〕データ） ……………………… 135

9-3 環境の経済的評価の事例 ……………………………………… 136
- 9-3-1 水辺の環境評価 …………………………………………… 136
- 9-3-2 飲料水の水質リスクの評価 ……………………………… 140

- ◇学習課題 …………………………………………………………… 146
- ◇参考文献 …………………………………………………………… 147

第10章 多基準分析 …………………………………………………… 149

10-1 環境政策の意思決定 …………………………………………… 150
10-2 多基準分析の概観 ……………………………………………… 151
- 10-2-1 多目的最適化モデル ……………………………………… 151
- 10-2-2 多属性効用理論 …………………………………………… 152
- 10-2-3 価値関数（Multiple attribute value theory: MAVT）……… 156
- 10-2-4 AHP（階層分析法：Analytical hierarchy process）……… 157
- 10-2-5 アウトランキング手法――コンコーダンス分析 ……… 157
- 10-2-6 線形加法モデル …………………………………………… 158

10-3 多基準意思決定分析の手順 …………………………………… 159
- 10-3-1 意思決定の文脈の確認 …………………………………… 159

10-3-2　代替案の確認 ………………………………… 160
　　　10-3-3　目的と基準の確認 …………………………… 160
　　　10-3-4　スコアリング（各基準に対する各代替案のインパクト〔パ
　　　　　　　フォーマンス〕）の確認 ……………………… 162
　　　10-3-5　ウェイティング …………………………………… 162
　　　10-3-6　スコアの統合 ……………………………………… 164
　10-4　コンコーダンス分析による河川改修の優先度の
　　　　決定 ………………………………………………………… 164
　　◇学習課題 ……………………………………………………… 169
　　◇参考文献 ……………………………………………………… 169

第11章　環境アセスメント …………………………………… 171
　11-1　環境アセスメントとは何か …………………………… 172
　11-2　環境アセスメントの起源と発展 …………………… 172
　11-3　環境アセスメントのプロセス ……………………… 174
　11-4　戦略的環境アセスメント（Strategic Environmental
　　　　Assessment: SEA）………………………………………… 175
　11-5　日本の環境影響評価制度 ……………………………… 178
　　　11-5-1　現行制度の成立 …………………………………… 178
　　　11-5-2　日本の「環境影響評価法」の手続き …………… 179
　　　11-5-3　スコーピングから予測・評価まで ……………… 183
　11-6　社会的インパクトアセスメント（Social Impact
　　　　Assessment: SIA）………………………………………… 186
　　◇学習課題 ……………………………………………………… 188
　　◇参考文献 ……………………………………………………… 189

第Ⅳ部　環境創造

第12章　環境と対話する社会 ……192
12-1　自然の循環 ……193
12-2　循環型社会 ……194
12-2-1　物質フロー ……194
12-2-2　循環型社会形成推進基本法（循環基本法） ……196
12-2-3　都市緑地を活用した循環型システム ……197
12-3　田園都市論から環境共生都市（地域）へ ……199
12-4　持続可能な都市——コンパクトシティ ……201
12-5　水資源 ……203
12-5-1　水資源の危機 ……204
12-5-2　水循環 ……205
12-5-3　健全な水循環系に向けて ……205
12-5-4　都市と雨水 ……207
◇学習課題 ……209
◇参考文献 ……209

第13章　都市のアメニティ創造 ……211
13-1　都市環境の階層構造 ……212
13-2　都市環境の双対性 ……212
13-2-1　水辺の役割 ……213
13-2-2　路地とコミュニティ ……217
13-3　生活者参加型のアメニティ創造 ……219
13-4　日本の水辺 ……220
13-4-1　日本の都市の河川整備計画 ……221
13-4-2　親水事業 ……222
13-4-3　鴨川流域環境評価 ……222

- 13-5 中国の水辺……226
  - 13-5-1 中国の水辺整備の考え方……226
  - 13-5-2 北京市の水辺整備……227
  - 13-5-3 転河……229
  - 13-5-4 北京市の水辺評価の必要性……233
- ◇学習課題……233
- ◇参考文献……234

第14章　環境文化災害……235

- 14-1 生活者の文化の継承がもたらす環境災害……236
- 14-2 バングラデシュの飲料水ヒ素汚染問題……237
  - 14-2-1 知識としての事実の理解……237
  - 14-2-2 思考としての事実の理解……241
- 14-3 飲料水ヒ素汚染災害の減災計画……244
  - 14-3-1 現地調査とヒアリング……244
  - 14-3-2 現地住民の水運びストレスのモデル化……246
  - 14-3-3 モデルによる飲料水選択行動の記述……248
  - 14-3-4 飲料水代替源の導入プロセス……251
- ◇学習課題……255
- ◇参考文献……255

第15章　社会的コンフリクト……256

- 15-1 コンフリクトをマネジメントする……257
  - 15-1-1 世界や日本でみられる水資源コンフリクト……257
  - 15-1-2 コンフリクトをいかにマネジメントするか……258
  - 15-1-3 ゲーム理論によるコンフリクトのモデル化……260
- 15-2 長良川河口堰問題をふり返る……267
  - 15-2-1 歴史的背景……267
  - 15-2-2 モデルによる長良川河口堰問題の描写……268
  - 15-2-3 分析のための工夫……272

15-2-4　モデルを用いた思考実験 ……………………………273
◇学習課題 …………………………………………………275
◇参考文献 …………………………………………………275

索引……………………………………………………276

第Ⅰ部

環境のマネジメントとは何か

第 1 章
──生活者と環境問題──

　21世紀の環境問題を考えるときに，そもそもこのような環境問題はどのようにして生じ，また内容はどのように変わってきたのかということを知ることは重要である．とくに，そのときどきに生活者はどのように行動してきたのか，そしてその行動に反省すべき点があれば反省し，よかったことについて再確認しながら今現在の問題を考えることが必要であろう．

　本章では，環境問題をその背景，すなわち1945年以降の国土計画や経済政策の変遷との関わりでみることとしよう．とくに，加害者・被害者が明確であった公害問題から不特定・多数の加害者・被害者が存在する環境問題への変遷を理解することが重要である．また，環境問題の変遷とともに多くの法律が制定されているが，その移り変わりにも注意をはらってほしい．

> 〔キーワード〕公害，アメニティ，都市地域型環境問題，地球環境問題，公害対策基本法，環境基本法

1-1　環境問題の歴史

1-1-1　戦後復興から高度経済成長

　戦後の国土計画をまず簡単にみると（表1-1参照），1950年には，国土総合開発法に基づく特定地域総合開発計画によって戦後復興をめざした．この計画は，1930年代のアメリカでニューディール政策の一環としてとりあげられたTVA（テネシー渓谷開発公社）に倣ったものであった．電源開発が主であったが，戦争により荒廃した国土の回復のため治水・利水をも目的とする多目的ダムの建設であった．さらに，戦争によって失業した人々の雇用確保や原料資源などの利用により経済全体にプラスの波及効果を発生させることも企図されていた．

　戦後の復興は朝鮮戦争特需にも助けられ予想以上に早く達成され，1955年（昭和30年）の経済白書では「もはや戦後ではない．」という有名な文章が記述された．政府は鉄鋼や石油化学などの産業を日本経済を牽引する機関車とみなす「機関車論」の考え方による基幹産業優先政策を採った．日本は1950年代後半から1960年代に高度経済成長を遂げた．これは主として，基幹産業である鉄鋼や石油化学を中心とした重化学工業の成長，そしてエネルギーおよび原材料の輸入と工業製品の輸出により成し遂げられた．この高度経済成長時に，多くの工業コンビナートが臨海部に形成されていった．

　ところで，これらの基幹産業が臨海部に立地した理由は立地論によって説明できる．立地論では産業別の立地を大きく2つに分けている．すなわち市場指向型立地と原料地指向型立地である．普遍原料（たとえば，水のような）を使用し，かつ，製品の鮮度を問われる場合や製品が壊れやすいなどによって輸送しにくい物を生産する産業は市場，すなわち都市に立地することが合理的である．たとえば，ビールや飲料水などの工場は比較的，都市に近いところに立地している．

　一方，局地原料（鉄鋼やボーキサイトなど産地が限られている原料）を使用し，製造段階で重量が減少する製品を生産する産業は原料地に立地することが合理的である．日本の近代に官営の製鉄所として八幡製鉄所が置かれた場所で

表 1-1　環境問題・環境政策・国土計画の変遷

環境問題と環境政策の変遷	国土計画の変遷
第Ⅰ期 1950〜1960年代	特定地域総合開発計画 　（電源開発） 1960　太平洋ベルト地帯構想 　　　（国民所得倍増計画） 1962　全国総合開発計画（一全総） 　　　拠点開発方式
いわゆる公害問題 　公害対策基本法（公害防止計画） 　環境基準 　地域住民の健康と財産を保障	1969　新全国総合開発計画（新全総・二全総） 　　　巨大開発方式 　　　高速交通通信ネットワーク
第Ⅱ期 1960〜1970年代 　生活環境の整備 　住みやすい環境の確保 　アメニティ 　生活環境の質の指標 　環境管理計画	1977　第三次全国総合開発計画（三全総） 　　　定住構想 　　　素材型重化学工業→ 　　　　サービス・高度組立産業
第Ⅲ期 1980年代 　都市型環境問題 　　（窒素酸化物・廃棄物） 　地域環境管理計画 　　環境評価指標 　広域環境管理計画	1987　第四次全国総合開発計画（四全総） 　　　多極分散型国土の形成 　　　交流ネットワーク構想
第Ⅳ期 1990年代 　地球環境問題 　環境基本法 　化学物質問題（環境ホルモン・ダイオキシン） 　京都議定書（1997採択；2002締結）	1998　21世紀の国土のグランド・ 　　　デザイン 　　　（新しい全国総合開発計画） 　　　多軸型国土構造
第Ⅴ期 21世紀 　持続可能な社会へ	2003　新たな国土計画体系の構築に向けて 　　　地域が主体、モビリティの向上 　　　社会資本のハード施策・ソフト施策の適切な組み合わせ、情報公開に基づく合意形成と多様な主体の参加

ある北九州は製造過程で使用する石炭の産地であった．

さらに，日本は原材料としての鉄鋼石や石油やボーキサイトを輸入せざるをえない．大都市圏（大消費地）に臨海工業地帯を建設すれば，原料産地にも，市場にも，加えて労働市場にも近い有利な立地となる．そのため，近代以降，主たる産業が立地した場所，4大工業地帯，すなわち，京浜，中京，阪神，北九州はいずれも自然の良港に恵まれた場所であり上記の条件を満たす場所であった．

1960年には，国民所得倍増計画として戦前から形成されていた4大工業地帯の間を埋める形で太平洋ベルト地帯構想が生まれた．

この前後から大量の人口移動が生じ，1967年（昭和42年）の経済社会発展計画において「近年人口の流出の激しい地域では，人口の稀薄化にともない，たとえば医療活動，教育，防災などの地域社会の基礎的生活条件の維持に支障をきたすような，いわゆる過疎現象は，その進行の遅速の差はあるにせよ，僻地農山漁村にとどまらず，次第に広まる可能性がある．」と記されている．また，経済審議会地域部会報告（昭和42年）でも「都市への激しい人口移動は人口の減少地域にも種々の問題を提起している．人口減少地域における問題を"過密問題"に対する意味で"過疎問題"と呼び，……」と述べられ，地域格差の問題が指摘されるようになった．そのため，「都市の過大化の防止と地域格差の縮小」をすすめ「地域間の均衡ある発展をはかることを目標とする」全国総合開発計画（一全総）が1962年に策定された．

一全総は都市の過大化と地域格差是正のために拠点開発方式をとった（これは，東京などの既成大集積と関連させつつ開発拠点を配置し，交通・通信施設によりこれを有機的に連結させ相互に影響させると同時に，周辺地域の特性を生かしながら連鎖反応的に開発をすすめ，地域内の均衡ある発展を実現しようとするものである）．そこで，工業の分散をはかるため新産業都市や工業整備特別地域を指定した．しかし，産業や人口の大都市圏への集中は続き，都市では過密が農山漁村では過疎が大きな問題となった．この間，GNPは世界第2位となり，経済大国への道を歩みはじめたが，一全総の掲げた目標とは逆の方向へ進むことになった．

1-1-2 高度経済成長と公害問題

1950年代および1960年代の高度経済成長期を通じて，公共および民間部門はいずれも環境に十分な配慮をおこなうことなしに投資を進めた．その結果，急速な経済成長の一方で公害問題が頻発した．主として産業活動にともなって排出される重金属や化学物質などが，大気や水質，土壌など人々の生活基盤を汚染した．

深刻な環境汚染の進行や自然環境への不可逆的な損害が生じただけでなく，水俣病，新潟水俣病，イタイイタイ病，四日市ぜんそくなど，汚染による深刻な健康被害が引き起こされた．これらの原因となった原因物質を排出した企業の責任を問う公害裁判が起こり，大きな社会問題となった．そこで汚染の健康におよぼす影響の評価が重ねられ，大気や水質，土壌などの対象別に汚染度の限界を定める環境基準がつくられた．

このような公害に対しては，一部の地方公共団体（東京都，大阪府）が工場公害防止条例を制定した（1949～1960年）．東京都においては，1949年に他の自治体に先駆けて「東京都公害防止条例」を制定し，工場からの騒音，振動，粉塵，有臭・有害ガス，廃液などを規制対象にして，工場の新設や設備変更の際に，知事の認可制度を導入した．また，この条例は，学校，病院，水道源などに近接して工場を設置することを制限したものであった．しかしながら，工場公害についての基準を具体的に定めておらず，また，立ち入り検査などを実施するための行政側の体制が十分でなかったことなどにより，目覚しい効果をあげるまでにはいたらなかった（東京都，2000）．また国の公害対策としては1957年に水質法（公共用水域の水質保全・工場排水などの規制）が制定された．これらの初期の公害立法は公害の種類ごとに最小限の規制を定めたものであり，いわば対症療法的な性格をもつものであった．

1-1-3 公害問題から環境問題へ

環境保全のための制度的な枠組みは，1960年代末から1970年代にかけての集中的な法制定およびその実施によって確立された（表1-2参照）．まず公害対策基本法が1967年に，大気汚染防止法が1968年に制定された．その後，

いわゆる「公害国会（1970年）」において，国会は14の環境関連法律の制定または改正をおこなった．この中で，いわゆる「経済との調和条項」――これは環境政策の中に経済発展への配慮を求めるものであった――が公害対策基本法その他の法律から削除された．また，1971年に国の公害調整を新たな視点から推進するために，環境庁が設置された．

　公害対策基本法の基本的な目的は，大気汚染，水質汚濁，土壌汚染，騒音，振動，地盤沈下および悪臭（これらは典型7公害とよばれる〔表1-3参照〕）の防止により，人の健康と生活環境を保全することである．その対策として，排出に対する規制，土地利用・施設立地への規制，汚染防止施設の設置，監視，調査・研究，助成措置などを規定している．また，公害対策基本法に基づいて，企業を対象に公害発生源を防除し規制することを主たる狙いとした「公害防止計画」が策定された．

　こうして，まがりなりにも公害対策は軌道にのり，産業界や企業も公害の自主規制なしには活動をしづらくなり，世間の監視の目も厳しくなった．このようにして公害への取り組みのコンセンサスが形成された．

　この間1970年から1980年の間の平均GDP成長率は4.5％であり，安定成長への移行がみられた．1973年および1979年の2度の石油ショックによる日本経済への影響は大きく，日本は1974年に実質GDPのマイナス成長を経験することとなった．この石油ショックの後，省エネルギーおよびエネルギー効率向上のための多大な投資がおこなわれた．1969年には，過密・過疎問題と情報化社会の到来に対応するために，国土利用の抜本的再編成を図ることを目標として新全国総合開発計画（二全総）が策定された．巨大開発方式と高速交通通信ネットワークにより，国土の効率的地域間分業をおこなおうとした．しかし，いわゆる公害問題や地域問題に対する住民の意識の高まり，さらには，石油ショックによって，巨大開発の見直しなどが検討されるようになった．

　1970年代には，公害発生源における大気・水の排出基準が地域制定制から，全国一律となった．また，排出基準に違反した者に直罰主義が採用された．また，大気・水について特定の有害物質に起因する人の健康被害については無過失責任主義原則が導入された．公害健康被害の補償などに関する法

表 1-2　環境関連の主要な法律

年	法　律
1956	都市公園法
1957	自然公園法（1931 年国立公園法の改正）
1958	下水道法（1967 年、1970 年及び 1976 年に改正）
1963	鳥獣保護及狩猟ニ関スル法律（1895 年狩猟法の改正法）
1967	公害対策基本法（1970 年及び 1989 年に改正）
1968	大気汚染防止法（1970 年及び 1974 年に改正）
	騒音規制法
	都市計画法
1970	公害紛争処理法
	水質汚濁防止法（1983 年、1989 年及び 1990 年に改正）
	農用地の土壌の汚染防止等に関する法律
	海洋汚染及び海上災害の防止に関する法律（1983 年に改正）
	公害防止事業費事業者負担法
	人の健康に係る公害犯罪の処罰に関する法律
	廃棄物の処理及び清掃に関する法律（1991 年、1992 年及び 1997 年に改正）
1971	悪臭防止法
1972	自然環境保全法
1973	公害健康被害の補償等に関する法律（1987 年に改正）
	化学物質の審査及び製造等の規制に関する法律（1986 年に改正）
	瀬戸内海環境保全特別措置法
	都市緑地保全法
1976	振動規制法
1984	湖沼水質保全特別措置法
1988	特定物質の規制等によるオゾン層の保護に関する法律（オゾン層保護法）
1991	再生資源の利用の促進に関する法律（1991 年に改正）
1992	自動車から排出される窒素酸化物の特定地域における総量の削減等に関する特別措置法
	特定有害廃棄物等の輸出入等の規制に関する法律
	絶滅のおそれのある野生動植物の種の保存に関する法律
1993	環境基本法（自然環境保全法の一部及び公害対策基本法を吸収）
1995	容器包装に係る分別収集及び再商品化の促進等に関する法律（容器包装リサイクル法） （1997 年から部分施行、2000 年 4 月から完全施行）
1997	環境影響評価法
1998	家電リサイクル法（2001 年 4 月から施行）
	地球温暖化対策の推進に関する法律（1999 年 4 月から施行）

年	法　律
1999	特定化学物質の環境への排出量の把握及び管理の改善の促進に関する法律（PRTR: Pollutant Release and Transfer Register 制度）1)
2000	循環型社会形成推進基本法 食品循環資源再生利用促進法（2001年4月から施行） 建設工事資材再資源化法 国等による環境物品等の調達の推進等に関する法律（グリーン購入法）
2001	特定製品に係るフロン類の回収及び破壊の実施の確保等に関する法律（フロン回収破壊法）
2002	土壌汚染対策法 使用済み自動車の再資源化等に関する法律（2005年1月1日から全面施行） 自然再生推進法
2003	環境の保全のための意欲の増進及び環境教育の推進に関する法律（環境教育推進法）
2004	景観緑三法（景観法；景観法の施行に伴う関係法律の整備等に関する法律；都市緑地保全法等の一部を改正する法律） 景観法（2005年4月施行） 都市緑地法（都市緑地保全法の題名改正） 都市公園法（改正） 都市計画法（改正）
2005	京都議定書発効、改正地球温暖化対策推進法施行（2月） 省エネルギー法（8月成立）
2008	エコツーリズム推進法（4月成立） 生物多様性基本法（5月成立）

1) 人工の化学物質の氾濫は有機化合物が合成できるようになった19世紀以降に始まる．人工の化学物質について，以下の点をおさえておきたい．

- プラスチック（熱により加工が容易な合成樹脂のこと）
  たとえば，ポリエチレン（レジ袋など），ポリエチレンテレフタレート（ペットボトルや化学繊維材料），塩化ビニル（雨樋など），などがある．
- 薬品関係（医薬品），食品添加物，防虫剤，防腐剤，コーティング剤，着色料，洗浄剤，安定剤などにも使用
  毎日2000種類もの化学物質が新しく登録され，現在知られている化学物質の種類は1800万種類にのぼる．
- 急性毒性，慢性毒性（偏奇形性，発ガン性，遺伝毒性，生殖毒性など）のものがある
  内分泌攪乱物質（環境ホルモン）：人工化学物質でホルモンと同じ役割を担う物質が見つかり，問題とされている．たとえば，環境ホルモンのひとつであるトリブチルスズによって，日本近海の貝の大部分がオスになってしまい，繁殖できなくなっていることが報告されている．
- 化学物質についての書籍
  レイチェル・カーソン『沈黙の春』（1962年）：化学物質による環境汚染の恐ろしさを示した．
  有吉佐和子『複合汚染（上）（下）』（1975年）：さまざまな化学物質が重なることによる環境汚染（複合汚染）を指摘した．

化学物質の有用性と同時にそれらがもたらすリスクを評価（リスク・アセスメント）し，それを正しく人々に伝え（リスク・コミュニケーション），そして適切に管理していく（リスク・マネジメント）ための仕組みづくりが求められている．

表 1-3 都市地域型環境問題

問題	概要
大気汚染	酸性雨,二酸化硫黄光化学オキシダント,(とくに移動発生源〔自動車〕からの)窒素酸化物,浮遊粒子状物質,有害大気汚染物質(ベンゼン,トリクロロエチレン,テトラクロロエチレン,ジクロロメタン,など)
水質汚染	最近は水質ばかりでなく水量,水生生物,水辺などの水環境の保全が推進されている
土壌汚染	廃棄物の不適正な埋立て,不法投棄などによる汚染が最近の大きな問題となっている.工場跡地での土壌汚染が近年大きな問題
騒音	各種公害苦情件数の中で最も多い
振動	建設作業によるものが苦情件数では多い
地盤沈下	地下水の過剰揚水によるものであったが,近年では,地盤沈下は沈静化の方向へ向かっている
悪臭	都市・生活型(とくにサービス業・その他に対する)の苦情件数が増加の傾向
自然破壊	高度成長期後,とくに1970年代以降に人々の関心も高くなり,自然環境の保全や景観の維持・創造のための試みがなされている
廃棄物	3R(リデュース〔発生抑制〕,リユース〔再使用〕,リサイクル〔再利用〕)を基本に消費者および生産者の役割が重視されている.近年では,リフューズ(拒否)を加えて4Rが唱えられている.(なお,リフューズとは,消費者が過剰包装やレジ袋を断ること等)
アーバンヒーティング現象	都市では高密度のエネルギーが消費され,また,地面の大部分がコンクリートやアスファルト等で覆われているため水分の蒸発による気温の低下が妨げられ,郊外に比べ気温が高くなっている

律(1973年)は,汚染者の負担による健康被害者への補償を制度化した.さらに,PCB(ポリ塩化ビフェニル)による食品汚染事件と環境汚染をきっかけに,新たな化学品の製造・輸入に先だって審査を義務づける制度が制定された.この他,有害廃棄物の処分に関する規制も数次にわたり強化された.

一方,公害防止事業費事業者負担法の制定によって,国・地方公共団体のおこなう公害防止事業に関する事業者負担の仕組みが創設された.この仕組みによって環境汚染という社会的費用の一部が「汚染者負担の原則」に基づいて事業者の負担に還元され,環境汚染に係わる経済的負担の公平が促進されるようになった.

以上のような環境保全対策は,経済構造の変化や石油ショックによる省エネルギー・資源志向によって,大気における硫黄酸化物や水質に関する有害物質などに関して大きな改善をもたらすこととなった.

自然環境保全に関する枠組みも同様に強化されていった.それ以前から,

自然公園法をはじめとして自然保護対策を規定した法律がいくつか存在していたが，これらの法律の対応範囲は限られており，統一的な実施も困難であった．そこで，自然環境保全法（1972年）により，自然環境保全のための基本的な枠組みが定められた．

1972年の公共事業に関する環境影響評価実施の閣議決定を受けて，環境影響評価の手続もこの時期に整備された．環境影響評価に関する総合的な法制度はないため，環境影響評価は，個別法律，1984年の閣議決定および関連する技術指針，また地方公共団体の条例・要綱などに基づきおこなわれてきた．1970年代になると，ある程度の物質的な充足も達成され，いわゆる豊かさ志向が生まれ，人々の環境問題への関心が高まった．1977年のOECD（経済協力開発機構）レポートにおいて「日本の環境政策は汚染を減少させるのにはおおいに成功したが，環境に対する不満を除去することには成功しなかった」と指摘されたことにより，行政レベルでのいわゆるアメニティに対する関心が喚起された．

生活環境の整備と住みやすい環境の確保が新しい課題となった．各自治体では，「生活環境の質の指標」を定め，施策を講じようとする動きが活発になる．たとえば，緑被率や道路率，住居率などを重視し，都市づくりなどに反映させようとした．こうして従来の公害防止一辺倒の環境行政から，都市のアメニティ追及型の，いわば「環境を管理・創造する」発想へと転換する．そして，豊かでうるおいのある街づくりが主要な課題となった．各自治体でも「環境管理計画」がつくられた．

1-2 今日的環境問題

1-2-1 都市地域型環境問題

1970年代から始まった産業構造の変化は，1980年代には，素材型の重化学工業中心からサービス・高度組立型産業へと大きく進んだ．1990年には，製造業とサービス業は，それぞれGDPの41.8%と55.7%，雇用の34.1%と58.7%を占めていた．製造業では，電気・輸送機械や電子機器といった高付加価値型の技術集約型産業が拡大した．

この構造変化は，家庭での電気製品や自動車（輸送機械）の普及によるものであるが，この産業構造の変化は，国土利用に大きな影響を与えた．このことを上述した立地論で説明するとつぎのようになる．

　産業の立地は，主として，原材料と製品の重量によって原料地指向型（日本の場合には臨海部）か市場指向型かに分かれることを先に説明した．この分類を電気・輸送機械産業に当てはめると，これはまた新しい立地の形である双方指向型となる．つまり，製造段階が組み立て型である場合には，生産過程での重量の変化はそれほど大きくなく，原料地でも市場（消費地）でもどちらでもよいということになる．さらに，鉄鋼などの重厚長大型と異なり，電気・輸送機械などの軽薄短小型の製品の運搬は鉄道や船でなくともトラック輸送で十分となった．さらには航空機でも可能となった．

　このようなトラック輸送や航空機利用を可能としたのは，交通網の整備であり，高速道路や空港が各地に建設された．高速道路のインターチェンジや空港は，（海の）港に替わるものである．こうして，産業の立地は，臨海型から内陸型へと大きく変わることになった．

　このようにインターチェンジや空港に近い地方に立地する工場などもあり，いわゆるJターン現象が進んだ．戦後長らく続いた人口の大都市圏集中も1961年をピークに徐々に緩和され，1970年代後半には3大都市圏への人口流入が純減を記録するまでになった．

　こうしたなか，1977年には第三次全国総合開発計画（三全総）が策定された．三全総は人間居住の総合的環境の整備を目標としたもので，定住圏構想を開発方式としている．

　1980年の国勢調査において東京都のみ人口の減少をみた．「地方の時代」といわれたのもこの頃である．しかし，一方で地域間の所得格差は1978〜79年ごろを境に再び拡大化の兆しがみられ（1986年経済白書），大都市圏への人口流入も1981年には増加に転じた．

　1982年には，三全総の見直し作業が始まり，「多極分散型国土の形成」を目標に掲げ，「交流ネットワーク構想」を開発方式とした第四次全国総合開発計画（四全総）が1987年に策定された．

　1987年から1991年まで景気は好況を呈し，年平均GDP成長率は5.1％を

記録した．大都市圏，とくに東京圏において，中枢管理業務機能および運輸機能の集中が加速化された．東京では，1984年から1991年の間に地価が4倍に上昇した．また，自然景観の良好な地域は大規模なレジャー，観光施設開発の格好の場所となった．1987年のリゾート法に基づき，40都道府県の6117km^{2}が大規模リゾート開発のための承認を受けた．

1980年代以降の人口集中はかつてのように3大都市圏への集中から，東京（圏）のみへの一極集中となった．東京圏を構成する東京都，神奈川県，埼玉県，千葉県の総人口は約3200万人と日本全体のほぼ4分の1を占めるまで増加した．

1970年代の後半から1980年代にかけ，都市圏の拡大にともない広域にわたっての大気や水域の汚染，自然環境の喪失，廃棄物の増大，アーバンヒーティング現象など多種多様な都市型環境問題（表1-3参照）が深刻化してきた．こうした問題は都道府県の枠を超えた問題である．そこで環境庁が中心となり「広域環境管理計画」が作成された．その理念としてうるおいと持続性のある人間−環境系の形成がうたわれ，それに向けての基本方針として都市生態系に配慮した都市システム，環境に配慮した社会システムの形成，環境資源の持続的利用，地球ならびに地域環境への配慮の徹底などがあげられている．

1980年代は，新規の法制定はきわめて限られ，残された環境問題への対策は既存の公害防止および自然環境保全の枠組みの中で進められた．公害健康被害補償制度もその改正により事実上廃止された．この時期の主要な問題は，大都市圏における自動車からの窒素酸化物による大気汚染や有機物質による水質汚濁であった．1982年には窒素酸化物削減のため総量規制が導入された．1983年には水質汚濁防止法が改正され，東京湾，伊勢湾および瀬戸内海に有機汚濁に関する総量規制が導入された．湖沼水質保全特別措置法（1984年）により，水利用上重要な湖沼の指定と湖沼保全のための総合的な計画に基づく対策がおこなわれるようになった．

一方，1980年代には，1970年代の「生活環境の整備」の流れをくみつつ，さらに豊かでうるおいのある街づくりをしようという動きが出てきた．その際に配慮されたことのひとつは，住民の快適さ（アメニティ）に対する主観

的な評価を重視しようという方向性である．

　1985年に「公害の少なさ」，「自然とのふれあい」，「都市美とゆとり」というような観点から，身近な環境の数値化を目指す環境評価指標が北九州市や東京都など多くの自治体でつくられ，これを目標に地域環境管理計画などの策定がなされている．

　また，森林や水辺の価値を「景観保全」，「自然と親しむ場の提供」，「地域の歴史や文化の保全」，「生活環境の安定」など幅広い視点でとらえ，その価値を見直すことで保全への方向づけをしようという努力もなされた．これは，人間にとって自然環境がもつ価値とは何かを見直す，わが国における重要な第一歩とみることもできる．

　1990年代に入っていわゆるバブルの崩壊による景気の悪化は，戦後の歴史の中で最も長いもののひとつとなった．こうした中，新しい全国総合開発計画として「21世紀の国土のグランド・デザイン――地域の自立と美しい国土の創造――」が1998年に策定された．この計画は，「国土総合開発法および国土利用計画法の抜本的な見直し」を表明し，五全総とは呼ばれず，また，これまでの全総計画とは違って「地域間格差の是正」「国土の均衡ある発展」を謳ってはいない．この計画では，21世紀の国土構造を「多軸型国土構造」へ転換する必要性が唱えられ，それに向けて　①多自然居住地域の創造，②大都市のリノベーション，③地域連携軸の展開，④広域国際交流圏の形成，という4つの戦略が提示されている．そして，その実現へ向けての取り組みとしてとくに「参加と連携」が説かれている．

　さらに，その後公表された「『21世紀の国土計画のあり方』について」（国土審議会政策部会審議経過報告，2000年6月）では，全国計画の役割の変化や限定が示され，多様な人々の創意工夫によって新たな価値を生み出す個性ある地域が形成されなければならないとされている．

1-2-2　地球環境問題

　1972年にストックホルム（スウェーデン）で開催された「国連人間環境会議」では環境問題が地球規模，人類共通の課題であることを確認し，「人間環境宣言」が採択され「世界環境行動計画」が示された．また，同じ年にロー

マクラブ（人類共通の問題を研究するために組織された世界各国の政・財・学会の知識人の任意団体）によるレポート「成長の限界」も発表され，地球全体として環境問題を考えることの必要性が指摘されていた．日本では1980年代末になって，地球環境問題の重要性が認識されるようになった．現在，地球環境問題としては以下のものがあげられている．すなわち，オゾン層破壊，地球温暖化，酸性雨，熱帯林減少，砂漠化，開発途上国公害，野生生物種減少，海洋汚染，有害廃棄物越境移動である（表1-4参照）．国の課題全体の中で環境問題に新たに重要な位置が与えられ，環境と開発に関する国際協力のために積極的に対応することとなった．国際的な協力の面では，すでにオゾン層保護，有害廃棄物の輸出入，絶滅に瀕した野生生物の保護などに関するさまざまな条約などが締結されている．1992年にはブラジルのリオデジャネイロで国連環境開発会議（地球サミット）が開かれた．この会議では，21世紀に向けて国家と個人の行動原則である「環境と開発に関するリオ宣言」，その行動計画である「アジェンダ21」などが採択された．

　地球温暖化に関しては，地球環境保全に関する関係閣僚会議が1990年に地球温暖化防止行動計画を策定した．世界の二酸化炭素排出量は増加傾向にあり，とくに工業化の進んだ先進国による排出量が大きく，世界人口の2割である先進国が排出の約6割を占め，南北格差が存在する．このため，まずは先進国の排出抑制などの対応が求められている．1997年12月には地球温暖化防止京都会議（COP3）が開催され，温室効果ガスの排出量について，2008年から2012年までの削減目標を定めた「京都議定書」が採択された．

　議定書は，条約の附属書I国（OECD加盟国と旧社会主義国）に対し，付属書Aに定める6つの温室効果ガスの排出枠を与え，これらの国家間で排出枠を取引することを認めるキャップ・アンド・トレード（cap-and-trade）を採用している．さらに，附属書I国は，京都メカニズムを利用して獲得した排出枠を削減目標の達成に利用できる．京都メカニズムとはつぎの3つからなる．

1. クリーン開発メカニズム：先進国が，開発途上国内で排出削減などのプロジェクトを実施し，その結果の削減量・吸収量を排出枠として先進国

表 1-4　地球環境問題

問題	概要	国際的な条約など，わが国での取組み
オゾン層破壊	フロンの大気中への放出により成層圏のオゾン層が破壊され，紫外線の地表への到達量が増加して皮膚がんの増加など，健康への影響や生態系に悪影響が生じる　フロンは冷蔵庫の冷媒としてや半導体や精密機器の洗浄など産業の幅広い分野で使われてきた	オゾン層保護のためのウイーン条約（1985年採択） オゾン層を破壊する物質に関するモントリオール議定書（1987年採択） 主要先進各国は90年代半ばから2000年までにフロンの生産・使用を全面的にとりやめる 「特定物質の規制などによるオゾン層の保護に関する法律（オゾン層保護法）」（1988年公布）；フロン回収破壊法（2001年）
地球温暖化[1]	おもに石炭・石油等の化石燃料などにより，大気中の二酸化ガスなどの増加による温室効果によって気温が上昇し，海面の上昇や気候面での影響が生じる	気候変動枠組条約（1992年採択、1994年発効），京都議定書（1997年COP3：気候変動枠組条約第3回締約国会議で採択，2005年締結），地球温暖化対策推進大綱（京都議定書の6%削減約束の達成のため）
酸性雨	窒素酸化物や硫黄酸化物などの排出により広域にわたり降雨の酸性化が進んで，湖沼生態系，森林，建造物などへの影響が生じる	ヨーロッパで長距離越境大気汚染条約の締結（1979年） 長距離越境大気汚染条約に基づく議定書（1987年），東アジア酸性雨モニタリングネットワーク（2001年より），酸性雨長期モニタリング計画（2002年に策定）
熱帯林減少[2]	焼畑農業，放牧，用材（ラワン，マホガニー，など家具や建築物に使用）伐採などにより熱帯林が減少し，熱帯林の機能が損なわれる	途上国への支援
砂漠化	過放牧や薪林の過剰な伐採などにより土地生産力の小さい砂漠化が進む	国連砂漠化防止会議（1977年） 国連砂漠化対処条約（1994年；1998年に批准）
開発途上国公害	開発途上国での急激な工業化や都市への人口集中による公害問題	途上国への支援

問　題	概　要	国際的な条約など，わが国での取組み
野生生物減少[3]	野生生物の生息地への開発の進行により稀少な野生生物種がさらに減少する	ラムサール条約＝とくに水鳥の生息地として国際的に重要な湿地に関する条約（1971年；1980年に加入），生物多様性条約（1993年）ワシントン条約＝絶滅のおそれのある野生動植物の種の国際取引に関する条約（1973年；1980年に加入）絶滅のおそれのある野生動植物の種の保存に関する法律（1993年）
海洋汚染	タンカーの廃油や事故，油田開発などにより海洋汚染が進み海洋生物や地球の水・大気循環に影響が出る	船舶からの汚染防止のための国際条約に関する議定書（1978年）
有害廃棄物越境移動	有害廃棄物が規制のゆるい，あるいは処分費用の安い地域へ移動する	バーゼル条約（1989年），「特定有害廃棄物などの輸出入等の規制に関する法律」（バーゼル条約国内対応法；1992年制定・公布；1993年バーゼル条約に加入）

注
1）影響が地球全体，世代を越えた長期の問題，私たち人間の生活や社会そのものが原因．
温暖化について以下の点をおさえておきたい．
• 原因・関連・結果が複雑
砂漠化 → 森林中に蓄積されていた炭素が大気中に放出される → 地球温暖化
温暖化 → 気温の上昇・降雨パターンの変化 → 内陸部で雨量減少 → 砂漠化
温暖化 → 世界の気候パターンの変化 → 生物生息域が移動 → 食料生産に悪影響
温暖化 → 世界の気候パターンの変化 → 海面上昇
• IPCC（気候変動に関する政府間パネル）1990, 1995, 2001, 2007に報告書
第4次報告書（2007年）：1980～1999を基準として2090～2099年までに，（最良から最悪のシナリオに対応して）世界の気温が1.1～6.4℃上昇，氷河の融解や海水の膨張により海水面が18～59 cm上昇と予測．
• 温室効果ガス
化石燃料の燃焼や森林破壊による二酸化炭素の排出がおもな原因とされる．他に，牧畜や農業などに由来するメタンや，冷媒などに使われているフロン類も大気中で強力な温室効果を引き起こしている．
二酸化炭素の大気中濃度は，産業革命以前は280ppmで安定していた．現在は，360ppmということで，3割も増えている。1850年ころより，世界の気温は0.3～0.6度上昇しており，「人間活動による影響であることを否定できない」（IPCC報告）．
• 国際交渉
1992年リオデジャネイロで地球サミット，「気候変動枠組条約」（枠組であり，具体的な目標などはその「締約国会議」で決めることになっており，1997年京都で開かれた第3回締約国会議（COP3）で先進国の削減目標が決められた．2010年の前後5年間で1990年レベルに対して，先進国平均で5.2％，日本は6％削減を目標とする．

2）世界の森林面積はサバンナの疎林も含めておおよそ3450万 km^{2}あるが，1980年から1995年までの15年間におよそ180万 km^{2}が失われた（FAO「世界森林白書」）．

3）レッドデータブックによると，絶滅危惧種は動植物およそ1000種類（日本）．

が取得できる．
2. 共同実施：先進国同士が，先進国内で排出削減などのプロジェクトを共同で実施し，その結果の削減量・吸収量を排出枠として，当事者国の間で分配できる．
3. 排出量取引：先進国同士が，排出枠の移転（取引）をおこなう．

京都議定書は，2005年に発効したが，最大の温室効果ガス排出国である米国が不参加となったことによる足並みの乱れや，会議中から議論になっていた発展途上国に義務が課されなかったことなどが課題として残されている．

日本は，議長国でもあり，温室効果ガスの削減目標を−6％としたが，2008年時点ではこの達成がかなり厳しい状況にある．なお，詳しくは第7章を参照されたい．

一方，国内の環境問題に関しては，大都市圏における自動車からの窒素酸化物排出削減のための総合的対策，産業廃棄物および有害廃棄物の適切な処分，リサイクリングと廃棄物発生抑制などの推進のため新たな法律が制定された．

しかしながら，今日の環境政策の対象領域の広がりに対処し，とくに大都市における窒素酸化物による大気汚染および生活排水による閉鎖性水域などにおける水質汚濁などの都市型公害問題，増え続ける廃棄物の問題，地球環境問題などに対して適切な対策を講じていくためには既存の法律では不十分である．そこで，経済社会システムのあり方や行動様式を見直していくための新しい枠組みが必要となってきた．

環境基本法（「環境基本法」および「環境基本法の施行にともなう関係法律の整備などに関する法律」）はこのような背景のもとに，1993年11月に公布，施行された．環境基本法の基本的な理念としては，①環境の恵沢の享受と継承など，②環境への負荷の少ない持続的発展が可能な社会の構築など，③国際的協調による地球環境保全の積極的推進があげられている．

さらに，国，地方公共団体，事業者および国民の環境の保全に係る責務を明らかにしている．この基本法に基づいて環境基本計画が1994年に策定された．

その後，環境に関連する多くの法律（循環基本法など）が国内外の関心の高まりを受けて成立した．なかでも先進国ではいちばん成立の遅かった環境影響評価法がようやく1997年に成立，1999年6月から全面施行されている．

環境影響評価とは，「環境政策目標の合理的達成の観点から，ある事業の立案から実施の過程で，その事業が環境に与える影響を事前に調査・予測・評価し，その事業を実施するかどうか，環境への影響を最小にするにはどうしたらよいか，他に適切な代替案がないかなどを検討すること」とされている．以前の制度のもとでは，環境基準を達成するかどうかが評価の視点であった．新しい制度のもとでは，それに加えて環境影響を回避・提言するために最善の努力がされているかどうかがチェックされることになる（第11章参照）．

《学習課題》
1. 公害問題のひとつに関して，その発生時期・場所，内容，国や地方自治体の対応，現在の状況などについて調べてみよう．
2. あなたが住んでいる都市（あるいは，町，村）の歴史を本章の記述にならって調べてみよう．
3. 都市型環境問題のどれかひとつを調べてみよう．
4. 地球環境問題のどれかひとつについて詳しく調べてみよう．

●参考文献──
環境省『環境白書』『環境・循環白書』各年版　http://www.env.go.jp/policy/hakusho/
佐藤司「環境基本法をめぐる諸問題」『地球環境への提言──問題の解決に向けて』山海堂　1994
東京都『東京都環境白書2000』東京都　2000
内藤正明『地球時代の新しい環境観と社会像』エッソ石油　1992
内藤正明・高月紘『まんがで学ぶエコロジー』昭和堂　2004
萩原清子編著『都市の環境創造』東京都立大学都市研究所　1995

萩原清子編著『新・生活者からみた経済学』文眞堂　2001
畠山武道・大塚直・北村喜宣『環境法入門』日本経済新聞社　2000
OECD編『OECDレポート　日本の環境政策——成長と課題』中央法規　1994

第2章
——マネジメントの基本——

　大都市における窒素酸化物による大気汚染および生活排水による閉鎖性水域（湖沼・内湾・内海）などにおける水質汚濁などの都市型公害問題，増え続ける廃棄物の問題，地球環境問題などに対して適切な対策を講じていくために，それまでの公害対策基本法に代わるものとして，環境基本法（「環境基本法」および「環境基本法の施行にともなう関係法律の整備などに関する法律」）が1993年11月に公布，施行された．

　本章では，まず環境基本法制定の背景を理解した上で，その理念，内容をみてみよう．ついで，生活者からみた環境のマネジメントの考え方について述べる．

　本章ではとくに，システムズ・アナリシスを理解するとともに，生活者参加型の環境のマネジメントとは何かを考えてほしい．

> 〔キーワード〕未然防止原則，予防原則，汚染者負担原則，拡大生産者責任，持続可能性，GES環境，環境基本法，生活者，システムズ・アナリシス

2-1 環境政策の原則

　環境政策に関する原則としては，未然防止原則（prevention principle），予防原則（precautionary principle），汚染者負担原則（polluter pays principle），拡大生産者責任（extended producer responsibility）および持続可能性（sustainability）がこれまでにあげられている．

　未然防止原則は，問題となる悪影響の発生を根拠づける科学的知見に確実性が存在するときに，そのような悪影響の発生の未然防止を図るべし，というものである．

　予防原則は，潜在的な環境損害に関する不確実性が解明される前に行動をとる政治的方針として，「第3回北海に関する関係閣僚会議の宣言」で定義された．そこでの定義は，「たとえ影響と排出物との間に因果関係を提示するような科学的根拠がなくても，永続性があり，有毒で，生体内蓄積の疑いのある物質に関する潜在的な損害影響を避けるための行動」とされている．

　予防原則が適用された事例には，オゾン層を破壊する可能性のある物質に関するモントリオール議定書（1987），北海へ流入する汚染物質を1995年までに50％削減することを定めた北海会議，CO_2削減に関する欧州条約などがある．

　1990年のベルゲン宣言（ブルントランド委員会〔1987年の環境と開発に関する世界委員会〕報告の追認として84ヵ国が調印）においては，予防原則は持続可能な発展の根本的な部分であるように議論されていた．しかしながら，2つの制限事項があげられた．ひとつは，リオ・サミットは予防原則を採択し，すべての国で適用されることになったが，これには各国の能力に準じてという条件が付く．すなわち，予防原則の下での行動にかかる費用（途上国などにとっては巨額なもの）が考慮されなければならないということを意味している．2つめは，1990年の英国政府の白書で示されたものであり，予防原則は「見積もった費用と便益の収支がそれを正当化するものである場合においてのみ」適用されるべきであるというものである．この制限は，厳しい．この予防原則を適用するためには，物理的に記述が可能で，かつ貨幣単位で評

価ができるような既知のさまざまな可能性のある結果が起こる確率を推計しなければならないからである.

　しかしながら, 社会が確固たる目的として不確実な環境損害が付随するような活動の撤廃を求めていくつもりで, 予防原則が受け入れられることもあることを指摘しておかなければならない. そのような禁止条項は実在する. たとえば, 深海への放射能廃棄物投棄の禁止や有害廃棄物の焼却灰の海洋投棄禁止がこれにあたる.

　汚染者負担原則 (polluter pays principle) は, OECD の理事会勧告 (1972年以来3回) により各国の環境政策に定着した. これは第一次的には汚染者が汚染防止費用 (受容可能な状態に環境を保持するための費用) を支払うべきであるということである. 費用としては, 事前 (汚染の防除措置の実施費用など)・事後の費用 (汚染の回復や被害者の救済など) が含まれる. 負担の仕方としては, 転嫁も認めており, 汚染者に費用のすべてを負わせるものでも, 汚染者を罰するものでもない.

　しかし, 「環境の悪化あるいは環境悪化につながる事態の発生を直接的または間接的に招いた者が汚染者」である (1975年の理事会) としているが, 輸送や消費に関連する汚染について誰が汚染者であるかを決めるのは難しい. この原則が実際に適用できるかどうかは, 汚染の原因者を特定できるかどうかということに大きく依存している. しかし, 上述したように不特定多数の汚染者の場合には, この原則の適用は難しくなる.

　OECD の汚染者負担の原則では, 基本的に, 環境汚染をもたらした者が汚染防除費用などの環境保全のために必要な費用を負担することとされていたため, 廃棄物の廃棄者に責任があることとされ, 製品の製造業者などの責任は, 比較的軽いものと考えられていた.

　しかし, 廃棄物の発生量の削減が進まず, 廃棄物処理場の容量がひっ迫し, 廃棄物処理施設の新たな立地が困難となっている中で, 廃棄物問題の解決には, 単に「出された廃棄物を適正に処理する」という対応では限界があり, 物の製造段階にまでさかのぼって, 廃棄物の発生量を減らしていく対策が必要となっていた. とくに, 先進国を中心に, 製品の発生段階から廃棄物を抑制するために必要な情報を生産者にいかに伝えていくか, ということが重要

な問題として国際的にも認識されるようになってきた．

　拡大生産者責任(Extended Producer Responsibility: EPR)の原則は，スウェーデンのリンクヴィストが提唱した（1990年）．拡大生産者責任は「製品のライフサイクル全体から環境負荷を低減するための政策戦略」であり，この考え方が誕生するにいたった背景には，①対処療法から汚染回避の環境戦略への転換，②製品に焦点を当て，ライフサイクル全体にかかわる環境負荷を削減する必要性の認識，③規制中心の環境政策の限界から情報に係わる手法の有効性が認識されるようになったこと，の3点が指摘されている（東條，2001）．

　拡大生産者責任の考え方は，OECDの場で議論がなされ，1990年代には国際的にも重要な考え方として共有されるようになった．2001年には，OECD加盟国政府に対するガイダンス・マニュアルが策定・公表されている（表2-1参照）．

　このガイダンス・マニュアルでは，拡大生産者責任の内容を，「製品のライフサイクルにおける消費者より後の段階にまで生産者の物理的または経済的責任を拡大する環境政策上の手法」と定義し，そのおもな機能としては，「廃棄物処理のための費用または物理的な責任の全部または一部を地方自治体および一般の納税者から生産者に移転すること」と整理している．

　拡大生産者責任の主要目標は，①発生源での削減（自然資源の保全／原材料の保全），②廃棄物の発生抑制，③より環境適合的な製品の設計，④持続可能な発展を促進するとぎれのない物質循環の輪（クローズド・ループ化），である．

　拡大生産者責任は，廃棄物の処理責任を生産者にシフトすることで，生産者に廃棄物削減やリサイクルへのインセンティブを与え，廃棄物最小化・資源の有効利用を目指す考え方である．この考え方の最大の特徴は，製品の流れの中で最も制御可能性を有している主体に責任を移転することで製品のライフサイクルを通しての環境負荷最小化を図ることである．具体的には，生産者が，その生産した製品が使用され，廃棄された後においても，当該製品の適正なリサイクルや処分について物理的または財政的に一定の責任を負うという考え方である．そうすることで，生産者に対して，廃棄されにくい，

表2-1 拡大生産者責任

(1) 定義	「製品のライフサイクルにおける消費者より後の段階にまで生産者の物理的又は経済的責任を拡大する環境政策上の手法」 より具体的には， ①生産者が製品のライフサイクルにおける影響を最小化するために設計を行う責任を負うこと ②生産者が設計によって排除できなかった（製品による）環境影響に対して物理的又は経済的責任を負うこと
(2) 主な機能	廃棄物処理のための費用又は物理的な責任の全部又は一部を地方自治体及び一般の納税者から生産者に移転すること
(3) 4つの主要な目的	①発生源での削減（天然資源保全，使用物質の保存） ②廃棄物の発生抑制 ③より環境にやさしい製品設計 ④持続可能な発展を促進するとぎれのない物質循環の輪
(4) 効果	製品の素材選択や設計に関して，上流側にプレッシャーを与える。生産者に対し，製品に起因する外部環境コストを内部化するように適切なシグナルを送ることができる。
(5) 責任の分担	製品の製造から廃棄に至る流れにおいて，関係者によって責任を分担することは，拡大生産者責任の本来の要素である。
(6) 具体的な政策手法の例	①製品の引き取り ②デポジット／リファンド ③製品課徴金／税 ④処理費先払い ⑤再生品の利用に関する基準 ⑥製品のリース

（資料）OECD「拡大生産者責任ガイダンス・マニュアル」（平成13年）より環境省作成

またはリユースやリサイクルがしやすい製品を開発・生産するようにインセンティブを与えようというものである．

　拡大生産者責任は，日本においても，大都市圏を中心に，最終処分場の確保が困難になるとともに，従来は市場価値のある資源として取引されていたガラスびんなどについて，市町村などから処理業者に引き取ってもらう際に，逆に処理費用を払う必要が生じるようになったという問題に直面したことなどにより，事業者が一定の役割を果たすという拡大生産者責任の考え方の重要性が認識されるようになった．

　最後に，持続可能性概念の系譜をみてみよう．「持続的可能な発展」は環境と開発に関する世界委員会（WCED）の報告書,「我ら共有の未来」(1987)

において初めて定義された．つまり，持続可能な発展とは，将来の世代が自らの欲求（ニーズ）を充足する能力を損なうことなく，今日の世代の欲求（ニーズ）を満たすような発展をいう，というものである．

ついで，持続可能な発展を中心のテーマとしてブラジルのリオデジャネイロで国連環境開発会議（地球サミット）(1992) が開催され，行動原則を示す「環境と開発に関するリオ宣言」や，具体的な行動計画を示す「アジェンダ21」などの文書が採択された．

リオ宣言では，以下の4原則が示された．

1. 持続可能な発展の中心に人類があること（第1原則）
2. 各国は自国の資源を開発する権利をもつとともに，そのことにより自国の管轄権を超えた地域の環境に損害を与えないようにする義務ももつこと（第2原則）
3. 現在および将来の世代の発展や環境上のニーズを衡平に満たすように発展の権利が行使されなければならないこと（第3原則）
4. 持続可能な発展を達成するために，環境の保全は発展の過程と切り離すことができないこと（第4原則）

などが定められた．

この「持続可能な発展」の概念については，定義があいまいであるという指摘がある．たとえば，発展という言葉を厳密に定義すること，また，将来世代のニーズを測定することはきわめて困難である．さらに，この解釈は，先進国と発展途上国では異なるものと考えられるなど，一見するともっともらしい言葉ではあるが，共通の理解が得られるかどうかはなはだ疑問であるともいえよう．

2-2 環境基本法

2-2-1 環境基本法制定の背景

環境問題の内容は年の移り変わりとともに大きく変化してきている．かつ

て，環境という表現よりも公害とよばれていた頃には，特定の企業による汚染が問題となり，汚染の発生者としてのおもに企業の行動に焦点が当てられてきた．しかしながら，時とともに汚染の発生者が不特定多数になるとともに，公害とよばれていた頃のように一方が加害者で他方が被害者であるという図式がもはや成立しなくなりつつある．われわれすべてが環境破壊の被害者であるとともに加害者ともなっているのである．たとえば，車は今や人々の生活に欠かせないものとなっているが，車の運転者としては大気汚染の発生者であり，沿道に住む住民としては大気汚染の被害者なのである．また，家庭からの廃水は河川や海を汚染し，河川や海でのレジャーを限られたものとしている．また，今日，地球環境問題が緊急の課題となっており，環境への配慮は決して経済発展の阻害ではなく，むしろ経済発展のためにも環境への配慮が必要であるということが国際的にも共通の認識となってきている．

このように，環境問題はかつての公害問題からアメニティを中心とした生活環境問題へ，さらに地球環境問題へと変遷している．このような問題の変遷に対応して環境政策も「公害対策基本法」に代表されるような公害発生源への対策を中心としたものから，自然環境を考慮した「自然環境保全法」を経て，1993年に「環境基本法」が施行された．

環境基本法は，制定後20年以上を経た公害対策基本法と自然環境保全法に基づく環境行政のあり方を見直し，21世紀に通用する環境行政の枠組みを与えようとした法律である．

現在，環境基本法を含め，日本には基本法と名のつく法律が20以上ある．基本法の存在意義は，ある行政分野について施策の基本的な方向性を示すことにある．

特定の行政目的の遂行のために私人の権利義務にかかわる事項を定めるものが個別法である．環境行政で言えば，大気汚染防止法，水質汚濁防止法，自然公園法，鳥獣保護法をはじめとして多数の個別法が策定されている．

2-2-2　環境基本法の内容

環境基本法第2条では，定義として次の3つの用語が規定された．

(1)「環境への負荷」(第2条第1項)

「環境への負荷」という用語は，環境基本法で新たに定義されたものである．環境への負荷とは，①人の活動により，②環境に加えられる影響であって，③環境の保全上の支障の原因となるおそれのあるものとされている．

ここで，「環境の保全上の支障」とは，公害をはじめとして，被害が生じている状態を指す用語である．自然環境の場合には環境の保全上の支障とは，守るべき自然環境が保全されていない状態のことである．「環境への負荷」は，人の活動によって環境に加えられる影響（ファーストインパクト）であって，それ自体では「環境の保全上の支障」を引き起こさないかもしれないが，集積したり，蓄積したり，環境中で化学変化を起こしたりして，「環境の保全上の支障」を引き起こすこととなるおそれのあるものを指す（単独で環境の保全上の支障を引き起こすこととなるものも包含される）．

(2)「地球環境保全」(第2条第2項)

「地球環境保全」もこの法律で初めて定義された．地球環境保全とは，①人の活動による，②地球の全体またはその広範な部分の環境に影響を及ぼす事態に係る環境の保全であって，③人類の福祉に貢献するとともに国民の健康で文化的な生活の確保に寄与するものをいう，と定義されている．具体的な例示としては，地球全体の温暖化の進行，地球全体のオゾン層の破壊の進行，海洋の汚染，野生生物の種の減少の4つがあげられている．

(3)「公害」(第2条第3項)

公害対策基本法第2条におかれていた定義がそのまま引き継がれている．公害とは，①人の活動にともなって生ずる，②相当範囲にわたる，③大気の汚染，水質の汚濁，土壌の汚染，騒音，振動，地盤の沈下および悪臭によって，④人の健康または生活環境に係る被害が生ずること，と定義されている．

ついで，環境保全の基本理念として，

1. 環境の恵沢の享受と継承など（3条）
2. 環境への負荷の少ない持続的発展が可能な社会の構築など（4条）

3. 国際的協調による地球環境保全の積極的推進（5条）

の3つをあげている．

2-1で述べたように，持続的発展概念の定義はあいまいといえるが，環境基本法はこの持続的発展概念を取り入れ，持続的発展が可能な社会の構築のために社会のすべての者（生活者）が「公平な役割分担」のもとに，自主的・積極的にできるかぎり環境への負荷の少ない選択をおこなうことができるようにしなければならないとしている．

そのために，第19条で国の施策の策定・実施にあたって環境の保全について配慮すべきことが定められている．また，第20条で，建設事業をおこなう事業者が事業の実施前に事業の環境影響を調査・予測・評価することを国が推進すべきことが定められている．

この第20条を具体化するものとして1997年に環境影響評価法が制定されている．一方，第19条はいまだ具体化されていない．

また，自主的・積極的な選択をおこないやすくする新しい手法として，伝統的な規制手法とは異なるいわゆる経済的措置の導入の可能性が示されている．さらに，自発的活動を促進するための措置に関する条文として，4つの条文がある．

1. 環境への負荷の低減に資する製品などの利用の促進
   エコラベル，製品アセス（製品の設計段階で製品のライフサイクルにわたる環境影響の低減に配慮すること），グリーン購入（グリーン購入法）
2. 環境の保全に関する教育
3. 民間団体の自発的な活動を促進するための措置
   たとえば，1993年に環境事業団に「地球環境基金」が創設された．
4. 情報の提供
   たとえば，1999年に情報公開法（行政機関の保有する情報の公開に関する法律）が成立した．

2-3 生活者からみた環境とは何か

2-3-1 GES環境の認識

さて,ここで本書が考える環境を定義しよう.環境はジオシステム,エコシステム,ソシオシステムの3つのシステムで構成されるシステムと考える(図2-1参照).ここで,ジオシステムとは,地球物理的法則で支配されるシステムである.また,エコシステムとは,生態学的法則によって支配されるシステムであり,ソシオシステムとは,人間や社会のふるまいを支配する法則によって動かされるシステムである.

図2-1からも明らかなように,ソシオはエコに,エコはジオに含まれる.そして,ある地域の環境が,相対的に,ソシオが大きければ小自然の地域であるし,反対に小さければ大自然の地域であるということになる.ソシオは決して,エコやジオに優しくありえない(優しくあるためには,エコやジオの立場に立てばよせつけない地域を指す).ただ節度を越えれば,食糧や資源の不足,さらにエコとジオの破壊による災害によって,ソシオの存在基盤を失うことになるだけである.

現代社会はジオやエコを資源とみることによりソシオの維持と拡大を際限なくおこなってきたといえよう.すなわち,われわれ人間は日々ソシオ内でエコからの資源を取り入れて生産,消費,流通,をおこない,結果としてエコに廃棄物を与えている.他方,エコは,資源の過剰使用による資源の枯渇や廃棄物による生態系の破壊によってソシオに影響を与えている.また,エコは気象などジオの影響を受け,これがソシオにも影響を及ぼす,というような関係にある.

2-3-2 生活者からみた環境のマネジメントの必要性

以上のようなGES環境を認識すれば,ジオやエコを克服の対象として内部化したり,無尽蔵・無限な外部のものとみなすことから,ジオ・エコ・ソシオの内部の一員としての視座,それに包まれていることの意味を認識できる謙虚さが必要であろう.

われわれはたかだか環境の一部にしかすぎないのだという認識のもとで,

ジオ (Geo, 物理), エコ (Eco, 生態), ソシオ (Socio, 社会) から図のように構成されるシステム

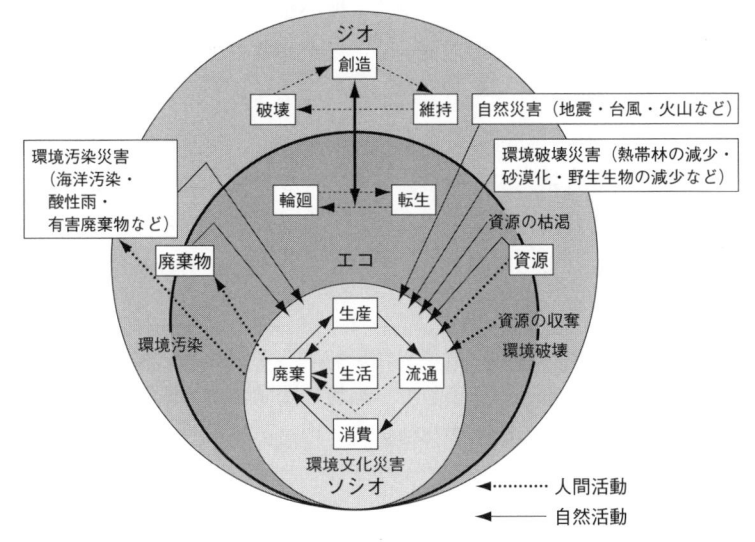

図 2-1　GES 環境の認識

(注) 萩原良巳・萩原清子・高橋邦夫：都市環境と水辺計画, 勁草書房, 1998

　私たちの身の回りから環境のことを考えることが必要となろう．そのためには，環境を物質的にも精神的にももっと身近なものとし，私たちは環境から一方的に恩恵を得るのではなく，また，一方的に"やさしく"するということではなく，「環境と対話する」という姿勢で謙虚に環境からの反応もみながら暮らしてゆくことが必要であろう．

　本書では複数の地域に所属しながら，多様な役割を演じている消費者を「生活者」とみなしている．ときと場合に応じて，人々は，自分のおかれている地域，立場を変えながら，ものごとに対応することになる（まえがきの図を参照されたい）．

　今現在，世界はよくも悪くもグローバル化し，われわれは日本国内ばかりでなく，世界の多様な人々との関わりなくしては生きていけない状態にある．このような時代には，「生活者」は，多様な地域，多様な役割を演ずる中で，環境と対話する姿勢をもつことが必要であろう．対話するには，相手のことを知ることが必要であろうし，また相手の反応によってこちらの対応を変え

ることが必要であろう．つまり，環境問題を考える際には，歴史・文化・経済・政治・生活・技術など社会全体に関心をもち，視野を広げ，さまざまな，環境からのメッセージに応えていくことが必要ではないだろうか．

　以上より，本書では，生活者からみた環境マネジメントとは，生活者が，単に，目先の環境だけに関心をもつのではなく，自らが直面している環境問題がどのような背景，すなわち，どのような歴史・文化・経済・政治・生活・技術などの社会背景で生じているのか，自らが取りうる対応策はいくつあるか，その対応策による影響としてどのようなものがあるか，などを考えておこなうものであると考える．

　現在はじつに膨大な量の情報が存在し，人々の知識は膨大な量である．要は，環境と対話するという姿勢で，環境に関するこの膨大な知識を"知恵"につなげていくことが生活者に望まれる環境のマネジメントといえるであろう．

2-4　生活者主体のマネジメント

2-4-1　システムズ・アナリシス

　前節で，生活者からみた環境のマネジメントとは，「生活者の直面している環境問題がどのような背景で生じているのか，自らが取りうる対応策はいくつあるか，その対応策による影響としてどのようなものがあるか，などを考えておこなうものである」と述べた．このような考え方をおこなうための方法としてシステムズ・アナリシス（図2-2）がある．

　「システムズ・アナリシス（systems analysis）」は，たとえば，「複雑な問題を解決するために意思決定者の目的を的確に定義し，代替案（alternatives）を体系的に比較評価し，もし必要とあれば新しく代替案を開発することによって，意思決定者（decision maker）が最善の代替案を選択するための助けとなるように設計された体系的な方法である」と定義される（吉川，1975）．

　一般にシステム（system）とは次のような特徴を備えたものとして定義される（萩原ほか，1998）．

1. 全体を構成する部分や要素からなり，それらは相互に働き合いながら全体としてある働き（機能）を果たしている．
2. 全体を規定し，外部（環境）と内部を画する境界を有している．
3. 部分や要素それ自体が，1. や2. の特性を備えたシステム（サブシステム，下位システム）である場合が多い．このような入れ子構造を階層構造という．

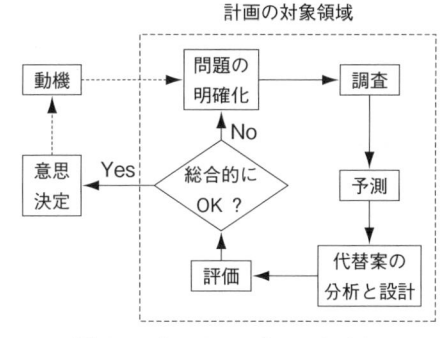

図 2-2 システムズ・アナリシス

GES 環境の認識のもとでのシステムズ・アナリシスのプロセスを図 2-2 に従って順に説明しよう．

(1) 問題の明確化
　「そもそも何を問題にすべきであり，それはどのような要因が関係し合っているのか」を明らかにすることから始めるのが基本である．この段階で，異なった考えや発想をもった人たち（専門家や住民など）の意向も反映させることが望ましい．
(2) 調査と現状分析
　データの収集と，それを用いた整理・加工・解析の段階からなる．とくに，現地調査が重要で，地図や統計資料の収集，現地観測，社会調査などをおこなう必要がある．これらのデータを分析することによって現状の問題を明らかにする．
(3) 予測（分析 1）
　たとえば，多変量解析や物理生態，心理モデルの分析などにより情報の縮約化をおこなう．
(4) 代替案の分析
　計画目標と制約の境界設定の整理をおこなう．たとえば最適化理論や最

適制御理論などを用いて，代替案の目的・境界の決定をおこなう．
(5) 代替案の設計
　　明らかにされた問題点を踏まえて，問題解決のための具体的で詳細な代替案を特定する．その際，いろいろな条件（たとえば，必ずしも両立しない複数の目標間のトレードオフなど）を想定してできるだけ多くの代替案を考える．
(6) 解釈と評価
　　代替案を総合的な視点から解釈し，評価することによって，より包括的な意味での「合理的で適切な」代替案を絞り込み，特定する．この段階では，代替案による結果の影響を受ける人々の立場の違いによって結果の評価が異なったり，現在のように価値観の多様化が認められる時代には評価に大きな隔たりが生じうることが多くなっている．

　解釈と評価で十分な評価が得られなければ，代替案の再設計や場合によっては問題の明確化まで戻ることになる．このような繰り返し（入れ子構造）がシステムズ・アナリシスの大きな特徴である．
　システムズ・アナリシスは，意思決定を支援する問題解決のプロセスの合理化を目的としている．
　以上のシステムズ・アナリシスで重要なキーワードは，

①計画の適正な基準（Criteria）
②目的間あるいは主体間の競合（Conflicts）
③将来の不確実性とリスク（Uncertainty and Risk）
④情報開示や生活者（住民はこの一部である）参加などの制度（Institutions）

である．
　これらはいずれも重要であるが，近年ではとくに，②と④への対応が重要となってきている．基本的なシステムズ・アナリシス（図2-2）では，(6)の後には，意思決定に進むことになる．しかしながら，上述したように，価値観の多様化にともなって評価の対立などによるコンフリクトの発生が増え

てきている．また，情報公開や生活者参加（public involvement）への要望も高くなっており，これらの点を考慮しないわけにはいかない時代となっている．

したがって，意思決定の前に新たにコンフリクトマネジメントを含めたシステムズ・アナリシス が提案されている（第13章参照〔萩原・坂本，2006〕）．すなわち，

(7) コンフリクトマネジメント

代替案におけるコンフリクトの存在の可能性を調べ，その合意の可能性を分析する．ここで，合意の可能性が出ても，たとえば，住民投票や司法の判断に委ねるというように，生活者の参加を求めることも必要となろう．また，合意の可能性がない場合には，もう一度問題の明確化からシステムズ・アナリシスのプロセスを始めるか，あるいは，当面は現状維持とし，社会環境などの外的変化を待つということもあろう．第15章では，時間の経過とともに評価が変わり，合意形成に新たな局面が生じたことが長良川河口堰の例で示される．

2-4-2　生活者参加型マネジメント

システムズ・アナリシスでは，（まえがきで定義した）生活者はさまざまな局面で参加可能である．(1)の問題の明確化では，生活者に問題を列挙してもらい，問題の構造化をおこない，生活者にとっての問題を明確にする．また，(2)の社会調査をおこなう場合には，当然，生活者の協力が必要となる．

ついで，生活者が参加可能となるのは，(6)の評価であろう．もちろん，評価の方法によっては，生活者参加の余地のないものもあろう．しかし，代替案の選定や順序付けに用いられる費用・便益分析や多基準分析では，影響を受ける生活者の評価を考慮することになる．しかし，上述したように，立場の違いで評価が異なる場合がこれまでにもよくみられた．たとえば，道路建設の場合，道路利用者と道路沿線住民とでは，この建設に対する評価は異なるものとなろう．さらに，(7)のコンフリクトマネジメントでの生活者の参加が重要である．

以上より，生活者の多様な価値観を計画に反映させることが必要となっている．現在は，かつてのように誰もが同じ方向を向いて邁進するという時代ではなくなっている．いかにして多様な価値観をもつ生活者が主体的に行動しながら，その結果として，多くの生活者が納得のいく環境を創造できるかが問われている．

　生活者からみた環境マネジメントは，生活者それぞれが自らの価値観のもとで主体的に参加しておこなうものと考える．まさに，生活者が主体のマネジメントといえよう．したがって，多様な生活者主体の環境のマネジメントとしてどのような制度がありうるかを考えると，かつてのような直接規制ばかりでなく，生活者それぞれの価値判断に委ねる形となる経済的手法の活用がひとつの方向性としてみえてくる．

　したがって，第2部では，経済的手法を中心にマネジメントの制度を検討することとする．

《学習課題》
1. 予防原則が適用されるべきと考えられる例を考えてみよう．
2. 汚染者負担原則を適用することが難しい例を考えてみよう．
3. 日常の生活でGES環境を意識するのはどのようなときか考えてみよう．
4. 具体的な例をあげ，システムズ・アナリシスに沿って考えてみよう．

●参考文献──
木村富美子『廃棄物処理問題における情報の役割に関する研究』東京都立大学大学院都市科学研究科博士学位論文　2004
倉阪秀史『環境政策論　環境政策の歴史および原則と手法』信山社　2004
堤武・萩原良巳編著『都市環境と雨水計画　リスクマネジメントによる』勁草書房　2000
東條なお子「拡大生産者責任原則の実現にあたっての課題──廃電機・電子機器処理に関

するいくつかの法規を例に」『環境研究』第 121 号，pp.40-49，2001
萩原清子編著『都市の環境創造』東京都立大学都市研究所　1995
萩原良巳・坂本麻衣子『コンフリクトマネジメント　水資源の社会リスク』勁草書房
　　2006
萩原良巳・萩原清子・高橋邦夫『都市環境と水辺計画』勁草書房　1998
吉川和広『最新土木計画学―計画の手順と手法』森北出版，1975

第 II 部

環境のマネジメントの制度設計

第3章
──環境経済学の基礎(1)──

　経済学は，市場という機構の中で限りある資源がどのように各個人や各企業に割り当てられるのか，またその配分結果をどのように評価することができるのかを分析する学問である．環境を形成するさまざまな要素や関連する財（大気，水，土壌，景観，アメニティなど）もまた限りある希少な資源であるから，私たちが暮らす市場経済においてそれらがどのように配分され，その結果をどのようにみることができるかを知るためには，経済学的な視点が有用である．実際に，後の章でみるように，排出許可証取引市場や環境税など，経済学的な概念に基づく経済的手法を用いた環境政策の重要性は増しているといえる．

　本章では，環境政策の経済的手法を理解するために必要となる経済学の基礎を学ぶ．はじめに，個々人の経済活動によって資源が配分される市場経済のメカニズムを説明し，ついでその配分結果が経済学的な効率性という概念でとらえられることを示す．

> 🔑〔キーワード〕効用最大化，需要曲線，利潤最大化，供給曲線，市場均衡，パレート効率的，厚生経済学の第一定理，厚生経済学の第二定理

3-1 市場メカニズム

3-1-1 消費者行動

消費者は，財を消費することによって効用（満足）を感じる．図3-1は財 x の消費量と効用 U の大きさの関係である効用関数，$U(x)$ を示したものである．通常，財の消費量が増加すれば効用は増加するが，財を1単位増やしたときの効用の増分はだんだん小さくなっていくため，効用関数は右上がりの曲線で描かれる．この財 x を1単位増やしたときの効用の増分を，x の限界効用（Marginal Utility: MU）という．

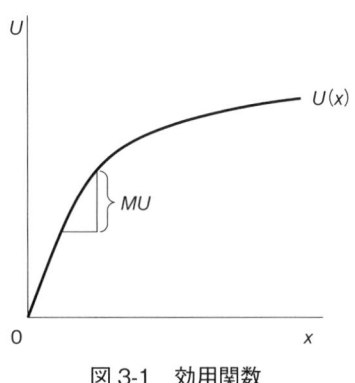

図 3-1 効用関数

効用はどのような財をどれだけ消費するかによって異なるため，消費者はどの財を，どのような組み合わせで，どれだけ消費するかを選択し，効用を最大にしようとする．このような消費者の行動原理を効用最大化原理という．消費者が効用を最大化するように財の消費の組み合わせを意思決定する様子を，無差別曲線と予算制約線という概念を用いてみてみよう．

（1）無差別曲線

図3-2に描かれた x 軸および y 軸は，それぞれ財 x_1 の消費量と財 x_2 の消費量を表しており，xy 平面上の点 (x_1, x_2) は，財 x_1 と財 x_2 の消費の組み合わせを示す．ここで，ある消費者が同じくらい好ましいと思う消費の組み合わせの点をつないだものを無差別曲線という．たとえば，無差別曲線上 U_0 の点 A の消費と点 B の消費は，その

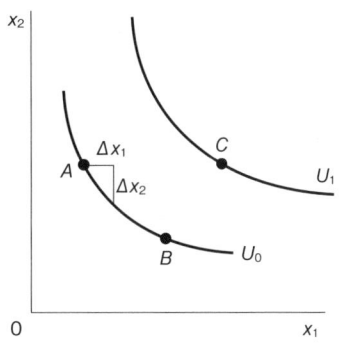

図 3-2 無差別曲線

第3章◇環境経済学の基礎（1） 41

消費者にとって同じ程度に好ましく，同じ効用をもたらす．したがって，無差別曲線は財に対する選好と効用の水準を示している．無差別曲線 U_1 上の点 C の消費の組み合わせは，点 A または点 B の組み合わせよりも得られる効用が大きい．

図3-2のような無差別曲線は，次の基本的仮定を満たしている．

① x_1 も x_2 も多いほど好ましい
② x_1 も x_2 もいくらでも細かく分割することができる
③選好には推移律が成り立つ
④原点に対して凸である

ここで，財 x_1 と財 x_2 の関係をみよう．今，消費者が点 A の組み合わせを消費しているとき，x_1 の消費を1単位増加させようとすると，同じ効用水準にとどまるためには x_2 をいくらか減らさなければならない．このトレードオフの関係は限界代替率（Marginal Rate of Substitution: *MRS*）という概念で表される．限界代替率とは，x_1 を1単位（限界的に）増加させたときに，同じ無差別曲線上にとどまるためにあきらめなければならない x_2 の量であり，$-\Delta x_2/\Delta x_1$ で表される．無差別曲線は原点に対して凸であるため，x_1 の消費量が多くなるほど限界代替率は減少していく．これを限界代替率逓減の法則という．

（2）予算制約線

消費者は，x_1 と x_2 の組み合わせをどれでも選択できるわけではない．なぜなら，消費に使える所得が限られているからである．この所得による消費の制約を表すのが予算制約式である．x_1 の価格が p_1，x_2 の価格が p_2，所得が I で表され，所得のすべてが x_1 と x_2 の消費に振り向けられるとするならば，予算制約式は次のようになる．

$$p_1 x_1 + p_2 x_2 = I_0 \quad (1)$$

予算制約式は限られた予算（所得）で購入可能な x_1 と x_2 の組合せであり，図3-3のように描かれる．

この直線を予算制約線という．ここで，所得が I_0 から I_1 に増加すると，無差別曲線は同じ傾きのまま右にシフトし，より多くの x_1 と x_2 を消費することができるようになる．また，x_1 の価格 p_1 が上昇して p_1^1 となると，予算制約線は y 切片を中心に右に回転する．所得のすべてを x_2 に費やすとき以外は実現可能な x_1 と x_2 の消費は減少することになる．

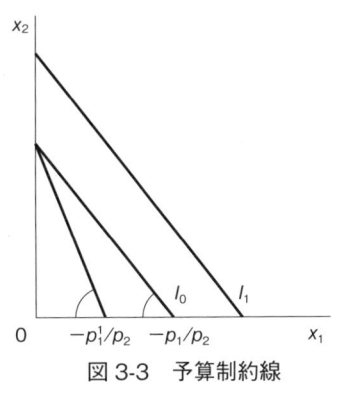

図 3-3　予算制約線

（3）消費者の選択問題

消費者の行動原理は効用最大化であるから，限られた予算のもとで，最も大きい効用を生み出す組合せを選択する．これを効用最大化問題といい，次のように表される．

$$\max U(x)$$
$$\text{subject to} \quad p_1 x_1 + p_2 x_2 = I_0 \quad (2)$$

このような条件を満たす組み合わせは，無差別曲線と予算制約線が接する点であり，図3-4の点 A で表される．点 A において，消費者は限られた予算で最も高い効用水準を実現している．点 A はどのような性質をもっているのであろうか．点 A における無差別曲線の接線が予算制約線である．無差別曲線の接線の傾き（の絶対値）は限界代替率であり，予算制約線の傾き（の絶対値）は 2 財の価格比であった．すなわ

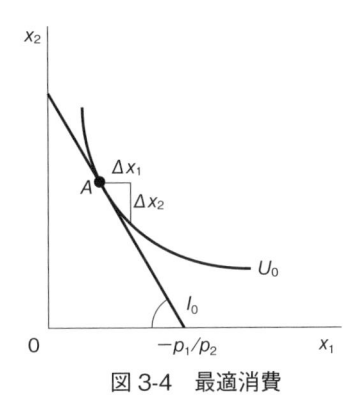

図 3-4　最適消費

第 3 章◇環境経済学の基礎（1）

ち，最適消費の条件は，2財の限界代替率が2財の価格比と等しいことである．換言すると，最適な選択は，『x_1の消費を1単位増加させたときにあきらめなければならないx_2の量』と『x_1のx_2に対する交換比率』が等しくなるところに決まる．完全競争市場では，消費者はプライス・テイカー（価格受容者）であるとされ，市場価格を所与として行動するので，市場で決まる価格比である後者は所与である．したがって，自分の選好によって決まる財x_1とx_2の交換比率が市場における交換比率と一致するような組み合わせで消費すると，効用が最大になる．

(4) 市場需要曲線

個々の消費者は，自分の選好と所得と財の市場価格とによって最適な消費量を選択する．消費者はプライス・テイカー（価格受容者）であるから，市場価格が変化すれば最適な消費量は変化する．この市場価格と最適な消費量との関係は，需要関数$x(p)$で表され，図3-5の左側の個人の需要曲線を描くことができる．

市場におけるすべての消費者は市場価格を観察し，それぞれの選好に従って最適消費量を決めるので，市場全体で需要される財xの量は，個人の需要曲線を同じ価格について（＝水平に）足し合わせたものとなる．これが市場需要曲線であり，図3-5の右側の図で表される．ここで重要なことは，需要曲線はそれぞれの価格における最適な消費量を表していることである．すな

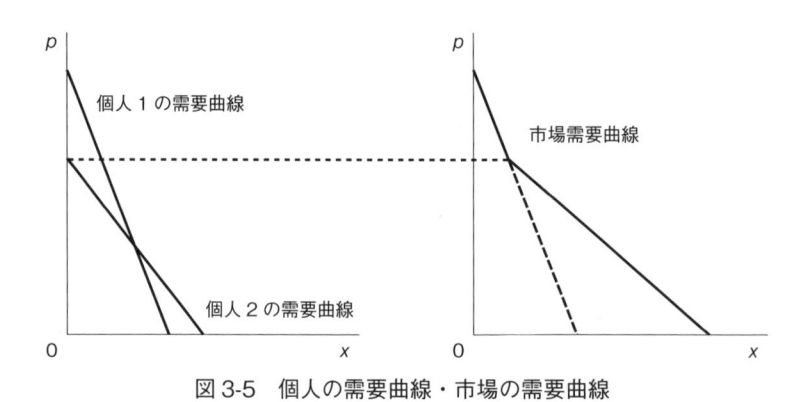

図3-5 個人の需要曲線・市場の需要曲線

わち，市場需要曲線はすべての消費者が与えられた条件のもとで最大の満足を得ている状況を表している．

3-1-2　企業行動

企業は，生産要素と呼ばれる労働や土地等を用いて生産活動をおこない，生産された財を市場で供給する経済主体である．財を市場で販売すると収入が得られるが，財の生産には費用がかかるため，企業のもとに残るのは収入から費用を差し引いた利潤である．財 x の価格が p であり，財 x を生産するために費用 c がかかるとすると，利潤 π は次のように表される．

$$\pi = px - c \quad (3)$$

企業の行動原理はこの利潤を最大にすることであり，利潤最大化という．完全競争市場では，企業もまたプライス・テイカー（価格受容者）であるから，財の価格 p を決めることはできない．したがって，利潤を最大にするためには費用を最小にすればよい．すなわち，企業の選択問題は，利潤を最大にするような財 x の産出量水準と生産要素の組み合わせを選択することである．企業の選択のプロセスを，生産関数，等産出量曲線，等費用線，費用関数の概念を用いてみよう．

(1) 生産関数

財 x を生産するためには，生産要素 w を投入する．生産要素 z と産出量 x の関係を表したものが生産関数，$x = F(z)$ であり，図3-6のように描かれる．生産要素の投入量が増加すれば産出量は増加するため，生産関数は右上がりとなる．このとき，生産要素を1単位増やしたときの生産の増分を，限界生産物（Marginal Products: MP）という．

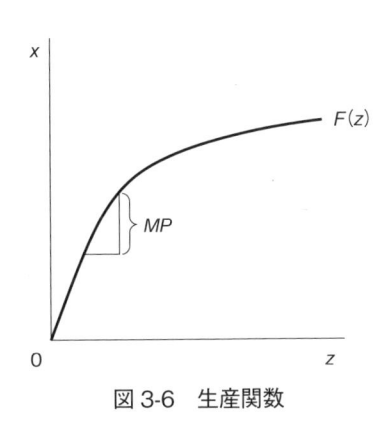

図3-6　生産関数

（2）等産出量曲線

　x を生産する費用を最小化するためには，ある産出量水準を生産するときに費用が最小になるような生産要素 z の組み合わせはどのようになるかを知らなければならない．図 3-7 xy 平面上の x 軸は生産要素 z_1 の投入量を，y 軸は生産要素 z_2 の投入量を表したものである．xy 平面上の点 (z_1, z_2) は，財 z_1 と財 z_2 の投入量の組み合わせを示す．

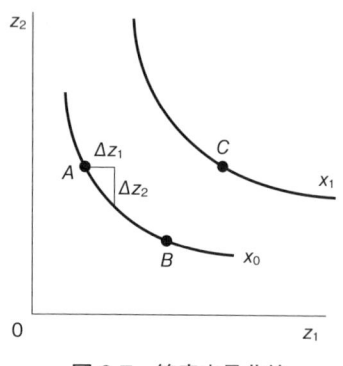

図 3-7　等産出量曲線

　ここで，同じ産出量水準を達成することのできる投入量の組み合わせの点をつないだものを等産出量曲線という．たとえば，等産出量曲線 x_0 上の点 A の投入と点 B の投入は，同じ産出量を生産することができる．したがって，等産出量曲線は財 x を生産するのに必要な生産要素 z_1 と z_2 の技術的関係と，それらによって実現できる産出量の水準を示している．等産出量曲線 x_1 上の点 C の投入の組み合わせは，点 A または点 B の組み合わせよりも多くの財 x を生産できる．

　ここで，生産要素 z_1 と生産要素 z_2 の関係をみよう．点 A の組み合わせで投入がなされているとき，z_1 の投入を 1 単位増加させようとすると，同じ産出量を達成するためには z_2 をいくらか減らさなければならない．このトレードオフの関係を技術的限界代替率という．技術的限界代替率とは，z_1 を 1 単位（限界的に）増加させたときに，同じ等産出量曲線上にとどまるために減らすことのできる z_2 の量であり，$-\Delta z_2/\Delta z_1$ で表される．等産出量曲線が図 3-7 のような形をしていれば（原点に対して凸であれば），z_1 の投入量が多くなるほど技術的限界代替率は減少していく．

（3）等費用線

　等産出量曲線によって，ある産出量水準を達成するためにはどのような生産要素の組み合わせで投入をおこなえばよいのかがわかった．では，ある生産要素の組み合わせを投入すると，費用はどのようになるのであろうか．生産要素 z_1, z_2 の価格をそれぞれ w_1, w_2 とすると，費用 c は次の式で表される．

$$w_1 z_1 + w_2 z_2 = c_0 \quad (4)$$

これはかかる費用が c_0 となる z_1 と z_2 の組合せであり，図3-8のように描かれる．

この直線を等費用線といい，一定の費用で購入できる生産要素の組み合わせを表す．ここで，生産要素の価格が変わらないまま投入量が A 点から B 点に増加すると，等費用線は同じ傾きのまま右にシフトし，費用は c_0 から c_1 に増加する．また，z_1 の価格 w_1 が上昇して w_1^1 となると，等費用線は y 切片を中心に右に回転する．生産要素 z_1 の価格 w_1 が相対的に上昇すると，同じ費用 c_0 のもとで投入できる z_1 と z_2 の量は減少することになる．

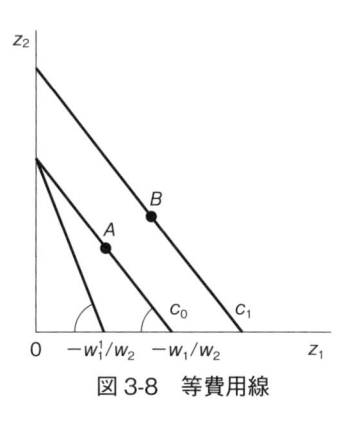

図3-8 等費用線

(4) 費用最小化

企業は，利潤を最大化するために，まず費用を最小化するような生産要素の投入の組み合わせを決定する．ある産出量水準 x_0 を生産したいとき，それを達成するには生産要素 z_1 と z_2 をどのような組み合わせで投入すればよいであろうか．図3-9には，等産出量曲線と等費用線が描かれている．企業は生産要素の価格についてもプライス・テイカーであるから，企業が直面する等費用線の傾きは所与である．このとき，企業の生産する財 x の産出量水準 x_0 を達成できる最小費用は等費用線 c_0 となり，そのときに企業が選択する投入の組み合わせは A 点となる．A 点は等産出量曲線と等費用線との接点であり，そこでは産出の技術的限界代替

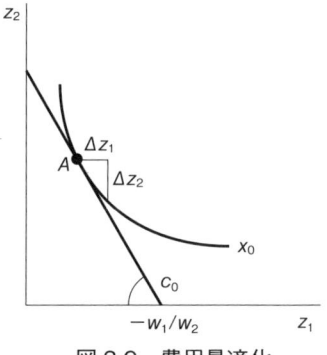

図3-9 費用最適化

第3章◇環境経済学の基礎（1）　47

率と2つの生産要素の価格比が等しくなっている．すなわち，費用最小化の条件は次の式で表される．

$$(-\Delta z_1/\Delta z_2) = (-w_1/w_2) \quad (5)$$

(5) 費用関数

企業はつねに，決まった生産要素の価格に対して，費用を最小にするように生産要素を選択する．次に，利潤を最大化するために，財 x をどれだけ産出すればよいかを決定しなければならない．費用関数 $C(x)$ は，財 x の産出量水準とそのために必要な最小費用の関係を表す．通常，生産にかかる費用には産出量水準に関わりなく一定にかかる固定費用の部分と，産出量水準に依存して増減する可変費用の部分が存在する．したがって，総費用関数 (Total Cost: TC) は可変費用 (Variable Cost: VC) と固定費用 (Fixed Cost: FC) との和で表され，図3-10のような費用曲線で表される．図3-10は，x軸に財xの産出量水準を，y軸に総費用をとったものである．産出量が0であっても固定費用はかかることからy切片は固定費用 FC である．

費用関数の性質をみよう．産出量 x が1単位（限界的に）増加したときの費用の増加分を限界費用 (Marginal Cost: MC) といい，総費用曲線の傾きで表される．xによって変化するのは可変費用部分のみなので，限界費用は可変費用の傾きとなる．通常，産出量の少ないうちは余剰設備があるために可変費用の増え方は緩やかであるが，ある時点を超えると固定設備が制約となって可変費用の増え方は急になる．すなわち，産出量の少ないうちは限界費用は逓減し，ある時点を超えると逓増すると想定される．また，産出量1単位あたりの費用を表す平均費用 (Average Cost: AC) は，原点から総費用曲線に引いた直線の傾きで表される．平均費用曲線についても，総費用曲線の形状より，総費用曲線に接するところまで

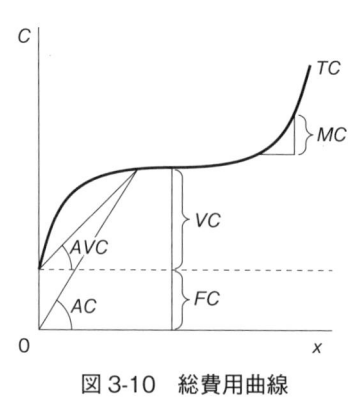

図3-10 総費用曲線

は逓減するがそれ以降は逓増する．さらに，産出量1単位あたりの可変費用を表す平均可変費用（Average Variable Cost: AVC）は，可変費用の傾きである．

限界費用，平均費用および平均可変費用の関係は図3-11のように示される．限界費用 MC，平均費用 AC，平均可変費用 AVC はともにU字型になり，限界費用 MC は，まず平均可変費用 AVC の最低点を，次に平均費用 AC の最低点を通ることがわかる．

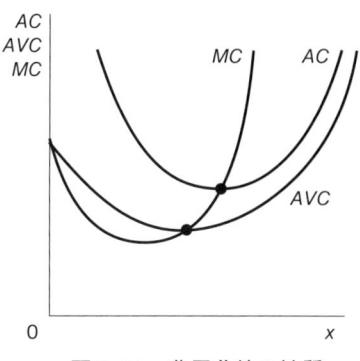

図3-11 費用曲線の性質

(6) 企業の選択問題

費用と産出量水準との関係が表されたところで，企業は利潤を最大にするためにどの産出量水準を選択するのかをみよう．企業の利潤最大化問題は，次の式で表される．

$$\max. \pi = px - c(x) \quad (6)$$

ここで，$c(x)$ は総費用関数 $TC(x)$ である．これを x について解くと，企業の最適選択は次のように表される．

$$p = \Delta c/\Delta x = MC(x^*) \quad (7)$$

すなわち，企業は財 x の市場価格 p と限界費用 MC が等しくなるような産出量 x^* を選択することで利潤を最大にすることができる．たとえば，産出量水準 x^* であるときに産出量を1単位（Δx）増加させると，企業の追加的収入は $p \times \Delta x$ である．一方，Δx の生産にかかる費用は $MC(x^* + \Delta x)$ であり，限界費用が右上がりの部分であれば産出量水準が x^* であるときの限界費用 p よりも大きい．すなわち，p の追加的収入に対して p 以上の追加的費用が

図 3-12　供給曲線

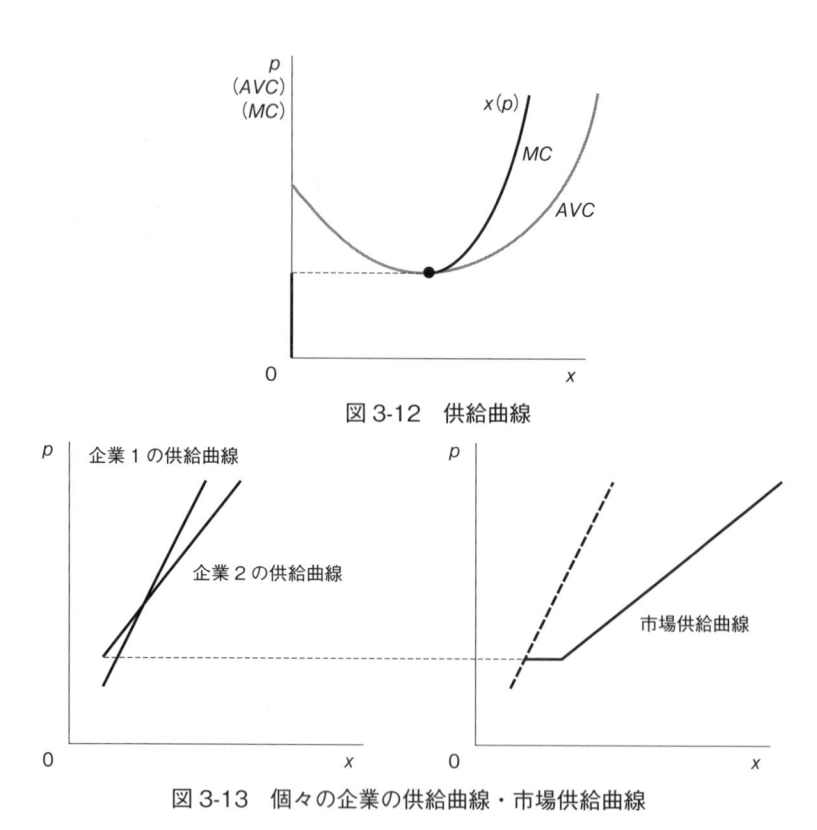

図 3-13　個々の企業の供給曲線・市場供給曲線

かかることになるため，Δx の産出量の増加は利潤を減少させてしまう．したがって，企業は，市場価格と限界費用が一致する点で生産量を決定する．

(7) 市場供給曲線

個々の企業は，生産技術と生産要素の価格を所与とした自らの限界費用と財の市場価格によって，最適な産出量を選択する．企業はプライス・テイカー（価格受容者）であるから，財の市場価格が変化すれば最適な生産量は変化する．この市場価格と最適な産出量との関係は，供給関数 $x(p)$ で表され，図 3-12 のような供給曲線を描くことができる．ここで，供給曲線は限界費用曲線の右上がりの部分と一致する．

市場におけるすべての企業は，市場価格を観察し，それぞれの費用関数

に従って最適産出量を決めるので，市場全体で供給される財 x の量は，個々の企業の供給曲線を同じ価格について（＝水平に）足し合わせたものとなる．これが市場供給曲線であり，図 3-13 で表される．ここで，供給曲線はそれぞれの価格における最適な産出量を表していることから，市場供給曲線はすべての企業が与えられた条件のもとで最大の利潤を得ている状況を表している．

3-1-3 市場均衡

個々の家計と個々の企業が市場価格を所与として行動すると，ある財・サービスについて，それぞれの家計の需要量とそれぞれの企業の供給量が決まり，全家計の需要量を合計すると市場需要曲線が，そして全企業の供給量を合計すると市場供給曲線が導出されることをみてきた．この市場需要曲線と市場供給曲線が交わる点が図 3-14 における市場均衡 E であり，その財・サービスの市場価格と取引量が決定される．

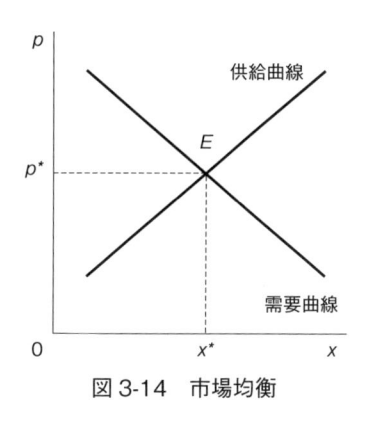

図 3-14 市場均衡

市場均衡における家計と企業の状態を振り返ると，各家計は限られた予算の中で効用を最大化しており，各企業は費用を最小化するように生産要素を投入し，利潤を最大化している．すなわち，消費する財・サービスの価格，予算，投入する生産要素の価格，売り上げる財の価格といった与えられた条件の中で，効用と利潤という目的を最大限に達成している状態であることがわかる．したがって，市場均衡で決まる価格と取引量は，市場の参加者がその財・サービスをどれだけ必要としているのか，また他の財・サービスとの兼ね合いを考えた場合に，当該財・サービスをどれだけ消費あるいは生産すればよいのかを表しているといえる．社会における資源の使い方という観点からみた場合，市場均衡は，与えられた条件の範囲内ですべての経済主体の目的が達せられるように，すなわち無駄なく，希少な資源を配分した状態であるということができる．

3-2　市場メカニズムと効率性

最適な資源配分を表す基準をパレート効率性という．パレート効率的な状態とは，少なくとも他の1人の状態を悪くすることなくしては，誰の状態も改善することができないように資源が配分されている状態と定義される．パレート効率性が達成されるためには，経済活動の生産，交換，分配のそれぞれの局面において効率性の条件が満たされていることが必要である．

3-2-1　交換の効率性

交換の効率性とは，効率的に生産された財の組み合わせが効率的に配分されることを意味する．すなわち，交換によって，他の人の状態を悪化させることなく，ある人の状態をよくすることができない状態である．

2人の個人 A, B と2財 X, Y の経済を考える．ここでは，財の生産活動はおこなわれず，交換のみがおこなわれる純粋交換経済を想定する．A, B はそれぞれ X, Y の消費量の組み合わせに対する選好を表す効用関数を持っている．双方の無差別曲線を組み合わせたものが，図3-15のエッジワースのボックス・ダイアグラムである．A の原点は O_A, B の原点は O_B であり，x 軸には財 X の配分が，y 軸には財 Y の配分が表されている．

初期配分が点 C であるとすると，点 C における A の限界代替率 MRS_A と B の限界代替率 MRS_B は異なる．このとき，A と B の間で交換をおこなうことにより，点 E に移動することができる．点 E では A と B の両方の無差別曲線が接しており，かつ点 C よりも双方ともより状態が良くなっている．このように，MRS_A と MRS_B が等しくなったときには，そ

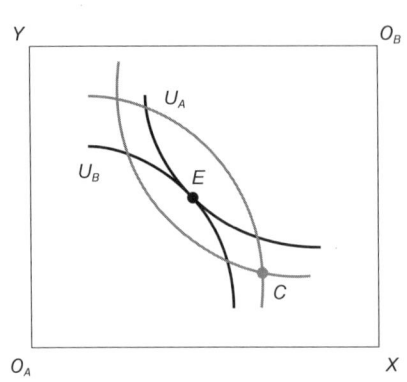

図3-15　エッジワースのボックスダイアグラム

れ以上交換をすると必ずどちらかの状態が悪くなってしまう．したがって，双方の限界代替率が等しくなる資源配分が，交換の効率性が達成された状態である．

3-2-2　生産の効率性

生産の効率性とは，他の財の生産量を減少させずにある財の生産量を増やすことができないような資源配分の状態を表す．図3-16はある経済における生産可能性を表す．PPとXY軸で囲まれた部分は，所与の資源と技術のもとで生産可能なX財とY財の組み合わせを示す．状態Aから状態Bに移るためには，すなわちX財の生産量をCB増加させるために

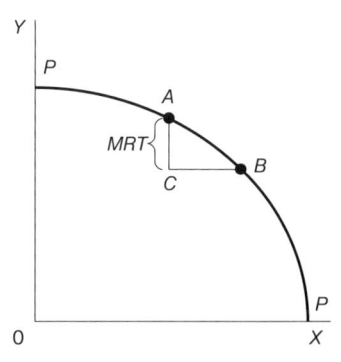

図3-16　生産可能性フロンティア

は，Y財の生産量をCA減少させなければならない．状態Bから状態Aに移るためには，逆にY財の生産量を増加させるためにX財の生産量を減少させなければならない．したがって，生産可能性フロンティアPP上の点はパレート効率的な資源配分を表す．

状態Aから状態Bに移るとき，X財の生産量の増加は，Y財の生産に投入されるはずであった生産要素を投入することによって達成される．すなわち，Y財がX財に転換されたとみなし，その割合をXに対するYの限界転形率（Marginal Rate of Transformation: MRT）という．ある状態の限界転形率は，生産可能性フロンティアの接線の傾きで表される．

3-2-3　配分の効率性

配分の効率性は，生産の効率性と交換の効率性の両方が満たされており，かつ限界転形率MRTと限界代替率MRSが等しい資源配分の状態のときに達成される．

生産可能性フロンティア上のそれぞれの点が表す産出量の組み合わせに対

して，それを効率的に交換する方法は限界代替率の数だけ存在する．その中で，限界転形率と等しい限界代替率を持つようなAとBの効用の組み合わせは一意に定まる．生産可能性フロンティア上のすべての産出の組み合わせに対して，そのような効用の組み合わせを対応させたのが，効用可能性フロンティアであり，図3-17で表される．

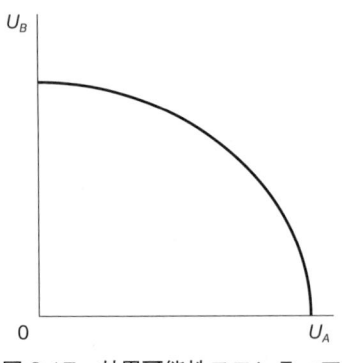

図3-17 効用可能性フロンティア

ところで，効用フロンティア上のすべての点では，交換の効率性と生産の効率性が達成されている．このとき，XとYの限界代替率と限界転形率は，すべてXとYの市場価格比と等しくなっている．すなわち，効用フロンティア上のすべての点は，異なる市場価格比について資源配分の効率性が達成されている状態である．

市場価格は完全競争市場の均衡における価格であることから，市場メカニズムによって成立した価格であれば，それがどのような価格であろうとも資源配分の効率性が達成されていることになる．換言すると，完全競争市場で実現される均衡はパレート最適となる．これを厚生経済学の第一定理という．さらに，そのようなパレート最適な配分は，政府の一括税と一括補助金による初期配分の調整がおこなわれれば，完全競争市場の均衡として実現することができることが知られている．これを厚生経済学の第二定理と呼ぶ．これらの厚生経済学の基本定理は，市場メカニズムによる規範的分析の基礎となっている．

《学習課題》
1. 消費者の選択問題から需要曲線を導出してみよう．
2. 企業の選択問題から供給曲線を導出してみよう．
3. 市場均衡とパレート効率性の関係を説明してみよう．

●参考文献──
倉沢資成著『入門価格理論』日本評論社　1988
萩原清子編著『新・生活者からみた経済学』文眞堂　2001
T．F．ナス著／萩原清子監訳『費用・便益分析──理論と応用』勁草書房　2007

第4章
──環境経済学の基礎(2)──

　環境に関連する財・サービスが市場メカニズムによって効率的に配分されているならば，環境汚染による被害や損失，地球温暖化といった環境問題はどのようにとらえればよいのだろうか．資源配分が効率的でも仕方なく生じる問題なのだろうか．環境問題の多くは，じつは，環境に関連する財・サービスが市場メカニズムではうまく配分できていない状況を表している．

　市場メカニズムが前章で示したパレート効率的な資源配分を達成できないとき，このことを経済学では「市場の失敗」とよんでいる．本章では，どのような場合に市場の失敗が生じるのかをまず説明する．ついで，市場の失敗があるとき，とくに環境問題の原因となることの多いタイプの市場の失敗に対して，どのように対応すればよいかを考える．

> 🔑 〔キーワード〕市場の失敗，公共財，非排除性，非競合性，外部経済，外部不経済，社会的費用，情報の非対称性，モラル・ハザード，逆選択

4-1 市場の失敗

4-1-1 市場の失敗とその原因

　市場メカニズムは，完全競争市場の仮定が成立していれば，パレート効率的な資源配分を達成することをみてきた．しかし，完全競争市場の仮定が成立しなければ，市場メカニズムはパレート効率的に資源を配分することに失敗し，資源配分に歪みが生じる．
　完全競争市場の仮定とは次のようなものである．

①経済主体はプライス・テイカー（価格受容者）である
②各市場への参入と退出が容易である
③各市場で取引される財は均質である
④各市場における売買の取引費用はない
⑤情報が完全である
⑥私的な費用・便益と社会的な費用・便益が等しい
⑦各市場に，買い手と売り手が十分に存在する

　これらの仮定のうちいずれかが満たされないと，財・サービスの需要や供給が過剰または過少な水準になったり，またはまったくなされなかったりする．このような状況を市場の失敗という．

4-1-2 市場の失敗への対応

　市場の失敗が生じているとき，政府は資源配分の歪みを解消するために，規制，課税・補助金，市場の制度的な整備などを通じて，経済主体の行動を効率的な資源配分に向かわせるインセンティブ（誘因）をもたせようとする．このような政府の役割を政府による市場への介入という．
　環境問題の背景にある代表的な市場の失敗は，①公共財，②外部性，③情報の非対称性である．次節から，これらについてみていこう．

4-2 公共財

4-2-1 公共財の特徴：排除可能性と競合性

公共財とは，いったん，供給がなされたならばあらゆる人が利用できる財・サービスのことをいう．たとえば，治水のための堤防という財を考えてみよう．堤防は，いったん，建設されたならば，その効果が及ぶ地域の人々は，それに対する対価を支払っていてもいなくても治水効果という堤防が供するサービスを消費することができ，市場価格を支払って財を消費するという完全競争市場の状況とは異なっている．

(1) 非排除性と非競合性

このような特徴をもたらしているのは，財の非排除性と非競合性という2つの性質である．

非競合性とは，ある人がある財を消費することが他の人の消費を妨げないこと，すなわち，その財を誰かが消費していても他の人も同様に消費できるという性質である．非排除性とは，ある財を1人が消費しているからといって他の人にそれを消費させないようにすることができないこと，すなわち，費用を負担しない人たちの消費を排除する費用が非常に高いという性質である．これらの性質をもつ財として，公園，国防サービス，消防サービス，道路（混雑していない）などがあげられる．

これらの性質をもつ財は，いったん，供給されると費用を負担せずに消費することが可能であるため，消費者には費用負担を前提とした真の需要を表明するインセンティブを持たない．このことをフリーライダー（ただ乗り）問題という．一方，生産者は，真の需要がわからないため最適な供給量を決めることができない．また，供給したとしてもその費用を回収することができないため，供給のインセンティブを持たない．したがって，公共財の供給はなされないか，または過少な水準にとどまり，市場メカニズムによる配分に失敗することとなる．

図 4-1 公共財の種類

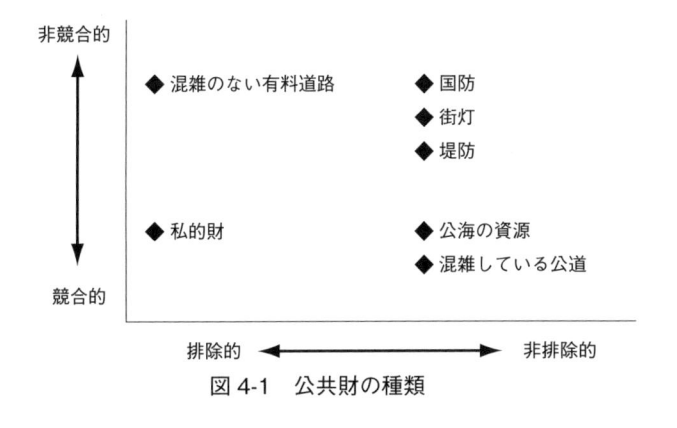

(2) 公共財の種類

公共財の性質である非排除性と非競合性にはそれぞれ程度の違いがある．国防や街灯は，双方の性質をほぼ完全に満たすため純粋公共財と呼ばれる．それに対して，混雑していない道路は，追加的に1台が道路を利用してももとの消費者の利用を妨げない点で競合的であるが，費用負担のない追加的な消費を排除することは，料金所を設けることによってある程度可能である．このように料金や会員制度による排除が可能な財をクラブ財という．また，公海の漁業資源を考えると，既存の消費者が獲った漁業資源を他の消費者が消費することはできないことから競合的である．しかし，追加的な消費者を排除することは物理的に困難であり，排除性は持たない．このような性質は，共有資源（open access resources）の多くに当てはまる．クラブ財や共有資源は純粋な公共財ではないが，その性質を一部もつことから準公共財と呼ばれ，やはり市場による資源配分では歪みが生じる．図 4-1 は，公共財の程度による分類を表したものである．

4-2-2　最適供給水準と自発的供給

公共財の場合の市場の歪みを検討しよう．比較のために，まず競合的な私的財の市場を考える．図 4-2 は，ある私的財 x に対する消費者 A および消費者 B の需要曲線と市場需要曲線を表したものである．競合性がある場合には，消費者 A が消費した x を消費者 B が消費することはできないため，個人の

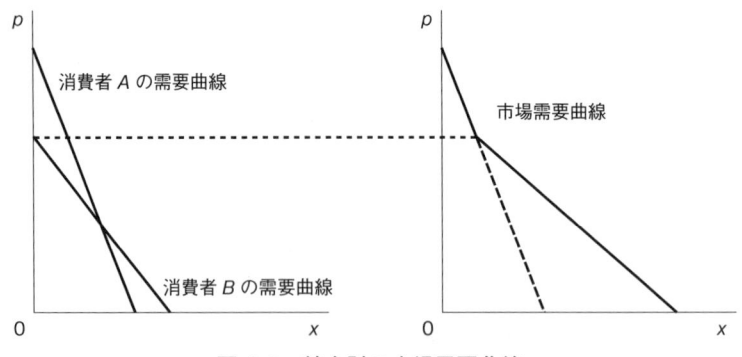

図4-2 競合財の市場需要曲線

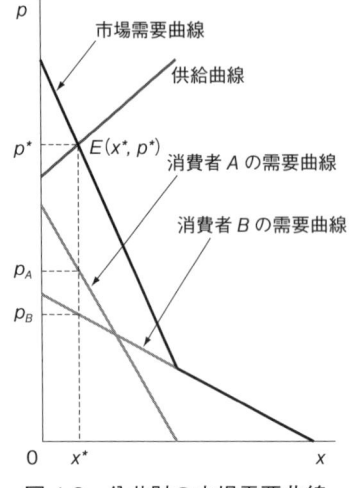

図4-3 公共財の市場需要曲線

需要曲線を水平に足し合わせたものが市場需要曲線となる．

一方，非競合財である街灯を考えよう．図4-3は，消費者Aと消費者Bの街灯に対する需要曲線を表したものである．ここで，街灯の供給曲線から，消費者Aの需要に対する供給量がx^*に決まる．消費者Bは非競合性によりAと同様にx^*の街灯を消費することができるため，消費者Bの需要によって供給量x^*は増加しない．したがって，街灯の市場需要曲線は，消費者Aの需要曲線と消費者Bの需要曲線を垂直に足し合わせたものとなる．街灯の価格(p^*)は個々の支払い意思額p_Aとp_Bの合計であり，x^*という量に対する社会の集合的な支払い意思額を表している．

ここで，この公共財市場の均衡$E(x^*, p^*)$が効率的かどうかを検討する．私的財については，消費者は消費にいくら支払うのかが市場価格で決定される．すなわち，私的財の効率性条件は消費者AおよびBの支払い意思額（Willingness To Pay: WTP）が市場価格と等しくなる必要がある．これは次のように表される．

$$WTP_A = WTP_B = p^* \quad (1)$$

一方,公共財の場合には,各々の消費者は集合的に決定された量に対していくら支払うかを決定することになる.すなわち,効率性は,集合的な効率性条件と限界的な効率性条件の両方を満たすことが求められる.これらはそれぞれ次のように表される.

$$\sum WTP = MC = p^* \quad (2)$$
$$WTP_A = p_A \quad (3)$$
$$WTP_B = p_B \quad (4)$$

集合的な効率性条件(2)によれば,x^*を生産する費用が,街灯に対する個々の支払いの合計に等しくなければならず,と同時に,それは消費者AおよびBの支払い意思額の合計と等しくならなければならない((3)および(4)).(3)および(4)の限界的な効率性条件は,x^*に対するそれぞれの個人の評価が,支払い意思額と等しいことを要求している.したがって,両者が達成されるならば公共財の市場はパレート効率的となる.

消費者Aと消費者Bが自発的に自分の支払い意思額に従って街灯の費用を負担するならば,その合計はp^*となり,リンダール均衡と呼ばれる公共財の効率的な配分が達成される.

4-2-3 政府による公共財の供給

しかしながら,現実の世界においてはフリーライダー問題が発生する可能性がある.街灯が自発的な費用負担によって供給されるとき,街灯に対する自分の真の支払い意思額を隠して支払いを回避する傾向があるかもしれない.すると,顕示された支払い意思額の合計が少なすぎるため,街灯は限界費用に見合わず供給が正当化されない.また,供給はされるがその水準が過少かもしれない.したがって,公共財には資源が過少にしか配分されない.

このように公共財の市場は失敗するため,公共財の供給には政府の介入に

よる強制的な費用負担のシステムが必要となる.

図4-3において，消費者 A および B の支払い意思額 p_A および p_B はフリーライダーにより表明されないが，合計の p^* はわかっているとする．このとき，政府は課税によって p^* の $1/2$ ずつ費用負担を求めれば，効率的な水準 x^* を供給することができる．ただし，図4-3のように消費者 A の支払い意思額 p_A の方が消費者 B の支払い意思額 p_B よりも大きい場合，同額の負担では消費者 B は自分の街灯に対する評価以上を負担していることになり，限界的な効率性条件が満たされていない．

また，現実の世界では，集合的な支払い意思額である p^* を政府があらかじめ知ることも難しく，効率的な供給量 x^* が達成されることは保証されない．

4-3 外部性

4-3-1 外部性の特徴

外部性とは，生産や消費といった経済主体の行動の結果が，市場の取引をとおしてではなく直接に他の経済主体に影響を及ぼすことを表す概念である．影響には望ましい効果と望ましくない効果があり，前者は外部経済（正の外部性），後者は外部不経済（負の外部性）と呼ばれる．外部経済の例としては，教育や景観があげられる．一方，外部不経済の典型的な例は環境汚染問題であり，ある財の生産や消費に関わっていない第三者が，当該財の生産による汚染の害を被ることを表す．

4-3-2 私的費用と社会的費用

外部性の原因は，ある資源に対する所有権が不明確であったり存在しなかったりすることにより，生産や消費による汚染などの副産物の市場が成立しないことに求められる．

たとえば，次の生産関数を考えよう．

$$Y = f(K, L, Q) \quad (5)$$

ここで，K は資本，L は労働，Q は生産者が無料で利用することができる大気や水資源などの環境質を表すとする．環境質 Q には所有権が設定されていないため市場が成立せず，したがって価格は存在しないが，有限な資源であるため社会的観点からは無料ではない．しかし，企業は Q を無料で利用することができるため，Q の

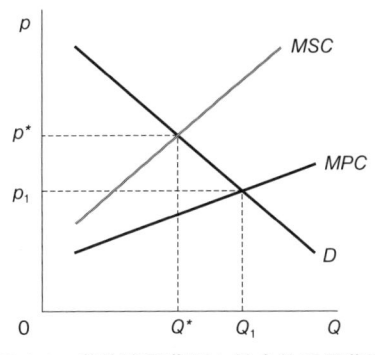

図 4-4 私的限界費用と社会的限界費用

投入は社会的に過剰な水準となり，生産 Y も社会的に最適な水準を超える．

このプロセスは，私的限界費用と社会的限界費用の概念を用いて示される．図 4-4 に描かれる私的限界費用（Marginal Private Cost: MPC）は，資本 K，労働 L，および，その他すべての投入の費用を含む．外部限界費用（Marginal External Cost: MEC）は Q の利用に関する費用であるが，私的限界費用 MPC には含まれていない．外部限界費用 MEC は Q の利用の結果として第三者に負わせるダメージを表すため，社会的限界費用（Maginal Social Cost: MSC）が含まれる．

ここで，企業の観点から見た最適な産出水準は Q_1 となる．これは，私的限界費用 MPC が需要と等しくなる産出水準であるが，Q_1 では社会的限界費用 MSC が需要を超過しており，社会的観点からみると資源配分の非効率性を引き起こしている．効率的な産出水準は，社会的限界費用 MSC と需要曲線との交点である Q^* であり，生産が第三者にもたらしたダメージについても生産者が負担することになる．

次に外部経済（正の外部性）の場合を考えてみよう．この場合に生じる非効率性の問題は，資源が過少に利用されることである．図 4-5 に示されるように，社会的な需要（Marginal Social Benefit: MSB）は私的な需要（Marginal Private Benefit: MPB）と外部限界便益（Marginal External Benefit: MEB）の合計を表す．Q_1 において社会的需要 MSB は私的限界費用 MPC を超えており，非効率的な資源配分を引き起こしている．この場合，産出量を社会的に

図4-5 外部経済

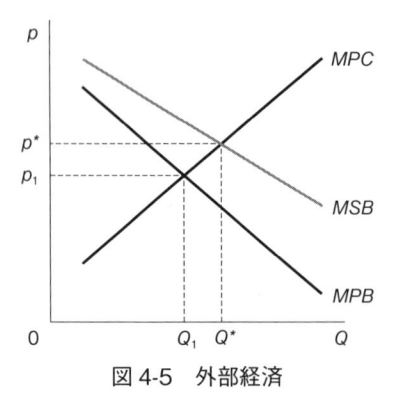

望ましい水準 Q^* まで増加させることによって第三者の需要を満たすことになり，効率的な資源配分が達成される．

4-3-3 外部性の内部化

効率的な産出水準 Q^* は，社会的な費用や需要の対価を生産・消費の当事者が負担すれば達成されるが，これを外部性の内部化という．外部不経済の場合，生産者が「無料の」資源に支払いをするか，もしくは，その資源の過剰利用の結果であるダメージに補償をすればよい．外部経済の場合には，需要者がなんらかのインセンティブによってより多くの支払いを負担すればよい．

内部化のための負担は，交渉による当事者の合意か，または政府の介入によって達成されることが知られている．外部性の問題における当事者がごく少数であり，交渉の取引費用が小さいときには，誰が外部費用を負担するかについての交渉を通じて効率的な資源配分が実現される．この手法はコースの定理として知られている．

しかしながら，交渉すべき第三者が多数であったり，外部不経済を引き起こしている主体が多数であったりして交渉の取引費用が大きくなる場合，交渉による内部化は不可能である．この場合には，政府介入による規制・課税・補助金による内部化が適している．たとえば，環境汚染を減らすために，汚染物質の排出をコントロールする設備の設置に補助金を出したり，汚染物質の排出量に応じて課徴金を課して生産者に外部費用の負担を求めたりすることで，効率的な産出水準へと誘導することができる．政府介入によるこれらの手法は，ピグー税あるいはピグー的補助金と呼ばれる．

コースの定理およびピグー税・ピグー的補助金については，それぞれ第5章および第6章で扱う．

4-4 情報の非対称性

4-4-1 情報の非対称性の特徴

完全競争市場が成立する仮定のひとつは完全情報であった．完全情報とは，市場に参加しているすべての経済主体の間で同じ情報が共有されている状態である．生産者間，消費者間，そして生産者と消費者が同じ情報を持っていることを，情報が対称であるという．現実の市場では，取引の当事者間でつねに情報が対称であるとは限らない．ある財・サービスに関する情報を生産者のみが知っており，消費者は知らずに選択をおこなっている場合がある．このような状況を情報の非対称性という．

情報が非対称になる例としては，財の売り手と買い手，医者と患者，弁護士とクライアント，雇用者と労働者，保険加入者と保険会社などがある．たとえば，治療という医療サービスの供給者である医者と消費者である患者の場合，医者は医療サービスについて患者よりもよく知っており，すなわち情報優位にあることが多い．また，雇用者と労働者であれば，労働サービスの供給者である労働者は，雇用者よりも自らの能力などの労働サービスの質についてより多くの情報を持っている．保険の場合には，保険サービスの消費者である保険加入者の方が情報優位である．保険サービスの価格は加入者の健康状態や事故歴などの質に依存するが，それらの情報をよりよく知っているのは加入者側である．

情報の非対称性が生じる理由は，財・サービスの性質に負うところが大きい．情報の点からみた財は①探索（サーチ）財（search goods），②経験財（experience goods），③事後経験財（post-experience goods）に分類される．①サーチ財とは，購入する前に質がわかる財であり，通常の完全情報が成立するときに想定されている財である．これに対し，②経験財とは，購入して使用した経験によって財の質を知ることができるものであり，例として外食サービス，映画のチケット，注文住宅などがあげられる．これらについては，繰り返し利用することや，情報サービスを活用することによって，そのための費用はかかるものの非対称性はある程度解消可能である．③事後経験財と

は，消費しても必ずしも情報を得られないか，完全な情報を得るためには長い期間がかかる財である．医者や弁護士のサービス，薬の副作用についての質などが該当する．このような財については，情報を得るための費用が高いことが多いので情報サービスが成立しにくく，情報の非対称性は解消されない．

取引の際に情報が非対称であると，資源配分は非効率になる．情報の非対称性による問題には2種類あり，モラル・ハザードと逆選択として知られている．

4-4-2 相手の行動が観察できない場合：モラル・ハザード問題

モラル・ハザードとは，取引相手の行動や努力水準が観察できないために生じる非効率性である．たとえば，企業Aが下請け企業Bに産業廃棄物の処理を委託する取引をする．企業Aには，企業Bが受託した産業廃棄物の処理を適切な水準でおこなっているかどうかは観察不可能であり，もし費用をかけずに不法に投棄していてもわからないとする．企業Aの企業Bに対する報酬は，企業Bが適切な処理の限界費用を負担していることを前提として支払われている．このとき，企業Bには，処理の水準を下げて限界費用を節約し，適切な水準まで処理をおこなわずに利潤をあげようとするインセンティブが生じる．企業Bが不法投棄などにより廃棄物処理サービスの産出水準を下げているにもかかわらず，企業Aから当初契約した産出量水準の報酬を受け取っているならば，企業Bの真の限界費用と企業Aの需要は一致せず，資源配分が非効率となる．これをモラル・ハザード問題という．

モラル・ハザードは，取引相手の行動が観察できないという情報の非対称性によって生じる非効率性であるが，相手の行動そのものではなくても，行動が推測できるシグナルを観察することができれば，それに報酬を連動させることによって効率的な産出水準を促すインセンティブを与えることができることが知られている．廃棄物処理の委託の問題では，企業Aは企業Bの処理水準を観察することはできないが，処理の結果，産出される副産物の産出量を観察することができるとする．企業Aは，企業Bに支払う報酬をその副産物の産出量によって決定する契約を結ぶことで，あるいはその副産物

を購入する契約を結ぶことで，企業Bに効率的な処理水準を選択させることができる．すなわち，モラル・ハザードによる非効率性は，非対称な情報を補完する情報をモニタリングする制度を設計することによって是正することが可能である．

　ただし，副産物の産出量は，廃棄物の処理水準の情報を完全に伝えるわけではなく，処理水準の推測には不確実性が存在する．このとき，企業Bがリスク回避的であれば，適切な処理水準を選択しても，その他の理由で副産物の産出水準が減少してしまったときに，企業Aから処理水準に見合った報酬が得られないとなると適切な処理水準を選択するインセンティブは減じてしまう．したがって，企業Aは企業Bにとってのそのようなリスクを減らすような契約を設計しなければならない．

4-4-3　相手のタイプが観察できない場合：逆選択問題

　逆選択とは，取引相手のタイプや取引の対象となる財・サービスの属性が観察できないときに生じる非効率性である．たとえば，リサイクル品を扱う企業とその消費者を考える．ある企業Aはリサイクル品を販売しているが，消費者にはそのリサイクル品がどのような経路で店頭に並んでいるのか，また目に見えない欠陥があるかどうかなどの品質についての情報を観察することができないとする．このとき，消費者は見た目で判断できなければ品質が劣るものでも購入してしまうため，企業Aにとっては，仕入れ値，すなわち限界費用の低い低品質のものを供給して利潤を最大化しようとするインセンティブが生じる．したがって，リサイクル品市場には低品質のもののみが供給される逆淘汰の状況となる．ここで，消費者が支払う価格は，供給されるリサイクル品の限界費用よりも高いことになり，資源配分は非効率となる．これを逆選択問題という．

　逆選択問題は，取引の対象のタイプに関する情報が非対称であるときに生じる問題であるため，タイプを表明するインセンティブを与えることができれば，非効率性は解消する．リサイクル品の市場の場合，高品質のリサイクル品のみを扱う企業Bが存在し，消費者は購入後にはリサイクル品が低品質か高品質かを判断することができるとする．企業Bは，自分の扱う財の

品質が高品質であることをアピールできれば需要が増加するため，リサイクル品のタイプを企業Aの商品とは差別化して示すインセンティブをもつ．消費者は支払いに見合う品質を消費できる企業Bのリサイクル品を需要するため，企業Aの需要は減少する．すると，企業Aには，自分の扱うリサイクル品の真のタイプを表明し，限界費用に見合った価格で販売することによって，需要を取り戻そうとするインセンティブが生じる．このように，自発的にタイプを表明するインセンティブが生じる自己選択をもたらす制度を設計することができれば，逆選択による非効率性を是正することができる．

《学習課題》
1. 身の回りの財について，競合性や排除性があるかどうかについて考えてみよう．
2. 外部不経済の例と外部経済の例をそれぞれ1つあげ，社会的限界費用と私的限界費用，または社会的需要と私的な需要の乖離を説明してみよう．
3. 情報の非対称性が原因と思われる環境問題の例を1つあげ，モラル・ハザードと逆選択のいずれが生じているかを考えてみよう．

● 参考文献——
奥野正寛『ミクロ経済学入門』日本経済新聞社　1982
T. F. ナス著／萩原清子監訳『費用・便益分析——理論と応用』勁草書房　2007

第 5 章
――法制度：環境規制，コースの定理――

　前章では，汚染をはじめとする環境問題は，環境に関連する財が市場ではうまく配分されないことの結果であることをみてきた．そこで，市場の失敗を是正する存在として政府が登場する．

　市場の失敗を是正するために政府が用いるおもな手段は，大きく2つに分類することができる．ひとつは本章で扱う法制度の整備である．市場で企業や消費者が行動する際に守るべきルールを定め，汚染や利用する資源の配分を効率的な水準に誘導する．

　2つめは経済的インセンティブによる手法である．こちらは企業や消費者の行動そのものに直接働きかけるのではなく，市場価格に介入することによってプライス・テイカーである企業や消費者の行動を間接的にコントロールしようとする手法である．より市場メカニズムを活用した手法であることから，経済的インセンティブによる手法と呼ばれる．経済的インセンティブによる手法については次章で扱う．

〔キーワード〕環境規制，規制的手法，情報コスト，モニタリング・コスト，政治的コスト，コースの定理，初期配分，権利，取引費用

5-1　法制度による手法

市場における経済主体の行動に直接的に働きかける手段として，ここでは環境規制とコースの定理を取り上げる．

環境規制は，環境負荷を抑制するためにもっとも一般的に採用される手法である．第4章でみたように，汚染問題は外部性あるいは公共財の供給に関する市場の失敗ととらえられる．そこで，市場では社会的に最適な排出量や汚染削減量が達成されないため，政府が何らかの法的根拠によって排出企業に排出量の水準や汚染削減装置の装備を直接的に指示し，管理・監視などの一連の統制をおこなうことで，社会的に最適な水準を達成しようとする．

一方，コースの定理が対象とするのは，市場取引の大前提となる財の権利の帰属が定まっていないために生じる環境問題である．市場メカニズムによって資源が効率的に配分されたり，負の外部性が生じている場合に社会的費用の部分を誰が負担するのかが定められたりするためには，当該の環境財に対する権利を誰が持っているのかが明らかになっていなければならない．たとえば，財に排除性がない場合，誰もがアクセス可能なため皆が財の使用も排出もするが，その持ち主が定まっていなければ使用や排出の対価を支払う必要がない．するとその財は枯渇するまで使用され，あるいは使用不可能になるまで汚染され，その社会的な影響に対処するための費用を負担する人は誰もいないということになってしまう．このように，財の権利が定まっていないという市場取引にとっての根本的なルールの欠如は法制度の整備によって対処される．

5-2　環境規制

5-2-1　環境に関する規制

環境に関する規制の基本は，規制当局である政府が企業や消費者に対して，環境に関する問題を解決するためにとるべき行動を指定し，強制することである．

汚染規制は最も一般的に見られる規制であろう．汚染規制の経済的効率性を考えてみよう．図5-1は，汚染による外部不経済の内部化の便益を表したものである．規制者は，社会的限界費用と需要曲線の交点である E^* まで汚染水準を低下させたいため，排出の規制水準を Q^* と定める．このとき，規制前に発生していた死荷重損失（非効率的な生産や消費による社会全体としての損失）E^*FE がな

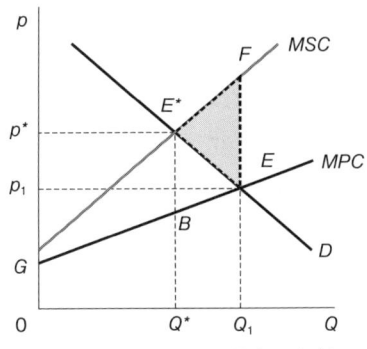

図 5-1 汚染による外部不経済

くなる一方，消費者余剰は $p^*E^*Ep_1$ だけ減少し，生産者余剰は p_1EG から p^*E^*BG となる．合計して社会的余剰が減少するか増加するかは限界費用曲線や需要曲線の弾力性に依存するが，汚染を発生させる財を利用していない第三者が被る外部費用である E^*FE は確実に解消することができる．

　実際に汚染規制を設計する際の問題は2つある．第一の問題は社会的に最適な排出の水準 Q^* の設定であり，第二の問題は排出水準 Q^* までの削減をどのような手法によって求めるかである．

　社会的に最適な排出水準を決定するためには，規制当局は汚染による社会的費用がどの程度なのかを知らなければならない．規制当局は，汚染による苦情や健康被害によって社会的費用に関するある程度の情報を得ることができるが，それらは費用の一部であるかもしれない．汚染物質やそれらを削減するための技術についても，当事者ではないため，排出企業に比べて持っている情報は少ないであろう．さらに，汚染物質がもたらす被害の拡散範囲や期間については，未知であったり不確実であったりすることも多い．したがって，最適な環境基準を定めるためには，相当の情報収集や調査研究の費用がかかり，その結果定められる排出基準についても最適である保証はない．

　第二の問題である排出削減の手法については，さまざまな形態が考えられる．たとえば，排出企業に，排出前に汚染された空気や水を浄化する設備の設置を義務付けること，排出のもととなる原材料の使用を禁止したり，使用可能な原材料を指定したりすること，また単純に排出量や濃度に対して数値

を義務付けることなどの手法がある．それらの手法のうちのどれをどのように課すかについて決定するためには，それぞれの削減効果や企業にとっての負担を知らなければならない．これらについても，第一の問題と同様に大きな情報費用がかかる．また，手法によっては企業の自発的なイノベーションが誘発され，将来にわたって汚染削減費用を減らすことに寄与するかもしれない．また，規制による利害関係を背景とした企業や業界の反対や利益誘導などのレント・シーキングがあるかもしれない．このような外部性や政治的コストも規制を設計する際の重要な問題となる．

5-2-2 環境規制の利点

従来，環境保全や汚染問題に対しては，排出基準を設定し違反した場合に罰則を科すことによって，企業の行動を法的に強制する規制的手法が採られてきた．法治社会においては，当然のことながら，法に基づく政策目標の達成手法は確実でありかつ実効性が期待される．したがって，公害問題のように，明らかに人間の生命や健康に対して切迫的な危険をもたらす汚染の除去などに規制的手法が用いられてきた．

規制的手法のもつ確実性および実効性という利点のほか，経済学的な観点からみた場合にも規制的手法にはいくつかの利点がある．第一に，経済主体の行動をきめ細かくコントロールできる柔軟性である．市場では価格を通じて経済主体の行動が変化するが，生産や消費のどの段階でどの程度の行動を変えるかについては，価格弾力性，代替財の存在，リスクの判断などが関係し，不確実性が大きい．すなわち，規制当局が市場における経済主体の行動を正確に予測することは難しい．一方，規制は，複雑な汚染発生プロセスの中で，どこに働きかければどのような効果があるかについての情報があれば，ピンポイントで経済主体の行動をコントロールすることができる．したがって，社会的に最適な削減目標，あるいは確実に達成しなければならない水準がわかっているかぎりにおいては，目標達成の費用が低くなる．

また，規制は政府による直接的な介入であることから，規制をかけた場合とかけなかった場合，すなわち with-without のインパクトの情報を得ることができる．このことは，汚染による社会的費用がどの程度となるかについ

ての情報をもたらしてくれる．

さらに，規制という政策手段はモニタリング（監視：経済主体の達成水準，たとえば排出量を測定することなど）の費用が低いことが多い．たとえば，汚染浄化の設備を備えているかどうか，禁止された原材料を使っていないかどうかなどは，経済主体の行動そのものでありモニタリングが容易である．このことも，社会的に求められる排出水準がわかっているかぎりにおいては，政策に投入される費用を低くすることに貢献する．

5-2-3 環境規制の問題点

環境規制のおもな利点は，社会的に最適な排出基準あるいは生命・健康などの観点から最低限の排出基準がわかっていることを前提として，それを低い政策費用で実現できることであった．しかしながら，社会的費用と需要曲線の交点で示される効率的な排出基準や，不確実性をともなう健康被害に基づく排出基準を知ることは必ずしも容易ではなく，その基準の設定自体に莫大な情報費用がかかる場合がある．また，規制は経済主体の行動を直接的にコントロールするため，企業の行動の選択肢を狭めることになり，企業に自発的な努力のインセンティブをもたらしにくい．したがって，短期的には政策目標を達成できるが，長期的にはより低い費用で汚染を削減できる技術の開発を遅らせ，効率性を阻害するかもしれない．規制を経済学的観点からみた場合のおもなデメリットは，これらの情報とインセンティブの問題である．

汚染による被害の程度が時間的または空間的に不確実である場合，規制当局が最適な排出基準を定めるために必要となる情報を得るためには，大規模な調査研究費用がかかる．汚染の発生源である産業や企業の調査については，規制当局は通常，企業の情報劣位にあるため，情報収集の段階で情報の非対称性による非効率性に直面するかもしれない．すなわち，排出企業の持つ汚染技術や自発的な努力水準がわからないため，誤った情報を申告されたり，努力を怠るモラル・ハザードが発生したりすることにより，最適な規制水準を設定することができないかもしれない．また，温室効果ガスの気候変動に関わる影響や長期の潜伏期間を持つ健康被害についても大きな情報費用がかかると考えられる．

インセンティブの問題は，汚染削減技術の開発についてよく知られている．規制は，現時点で利用可能な削減技術とその効果についての情報によって設計される．とくに，汚染が発生するプロセスの上流，すなわち原材料や生産の技術などを規制により指定された場合，企業にとってはそれ以外の選択肢がなくなるため，より効率的な技術で同じ排出基準を満たすことを模索するインセンティブが発生しない．このことは，長期的に資源の最適な利用を妨げるだけではなく，汚染削減のための技術開発がその他に転用されるという技術開発の外部経済の利益を損なう結果となる．

5-3　コースの定理

5-3-1　財に対する権利とコースの定理

市場メカニズムがはたらく大前提のひとつは，取引される財が排除可能であることである．排除可能でなければ，誰もが対価を支払うことなくその財を手にすることができるため，市場価格は成立することがなく，財は待ち時間，順番，腕力などの価格以外の何らかの方法で配分されることになる．当然，経済学的効率性が達成されることはない．

財が排除可能であることを保障するのは財に対する権利であり，その権利は法制度によって定められる．たとえば，土地という財は，居住，登記などの一定の手続きを踏めば使用や所有の権利が与えられることが定められている．したがって，排除可能財となり，土地の取引市場と価格が成立する．このように法制度によって配分された権利のもとで，どのような資源配分が達成されるのかを明らかにしたのがロナルド・コースによるコースの定理（Coase, 1960）である．

コースの定理は，一定条件を満たすように権利が配分されていれば，その権利配分がどのようであっても経済的効率性が達成されることを述べたものである．

例として，企業Aという単一の汚染者による河川の水質汚染問題を考えよう．企業Aは河川の上流に位置し，水質汚染物質を排出している．一方，漁業者Bは河川の下流で漁業を営んでおり，水質が汚染されると漁獲高が

減少するという被害を受ける．ここで，河川は企業 A と漁業者 B の双方にとって生産に必要な財であるが，排除可能ではないため，両者とも対価なく使用している．

このとき，水質という財の資源配分の効率性はどのようになっているであろうか．図 5-2 は，縦軸に河川の水質を使用することによる限界便益，横軸に水質の使用量を表したものである．O_A は企業 A にとっての原点，O_B は企業 B にとっての原点，Q_0 は使用量の初期配分である．すなわち，企業 A は $O_A Q_0$ 水質を使用（汚染）しており，漁業者 B は $O_B Q_0$ 水質を使用している．このとき，企業 A の粗便益は $O_A A F Q_0$，漁業者 B の粗便益は $O_B B G Q_0$ である．

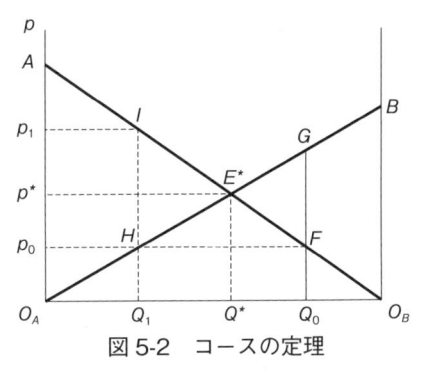

企業 A と漁業者 B だけで社会が構成されていると仮定すると，この資源配分は効率的であろうか．この社会の社会的厚生は企業 A と漁業者 B の粗便益の和である．社会的余剰が最大になるのは，図 5-2 から明らかなように水質の使用量が Q^* となる点である．すなわち，企業 A が水質の使用を $Q_0 Q^*$ だけ減らすことにより，企業 A の粗便益が $Q^* E^* F Q_0$ 減少する一方で漁業者 B の粗便益は $Q_0 G E^* Q^*$ だけ増加するため，社会全体の余剰が $E^* G F$ 増加する．したがって，現状では資源配分は効率的ではないが，漁業者 B が企業 A に水質の使用を Q^* まで減らすように求め，その交渉が成立すれば効率的な水質の配分が達成される．

では，漁業者 B は企業 A にそのような交渉をもちかけるインセンティブをもつだろうか．水質が Q_0 で配分されているとき，企業 B の支払い意思額は $Q_0 G$ であり，企業 A の支払い額 $Q_0 F$ を上回っている．したがって，支払い意思額と企業 A の支払い額が一致する Q^* までは，漁業者は企業 A に補償を支払っても余りある限界便益を得，企業 A は配分が減少した分の補償を得ることができる．したがって，交渉のインセンティブが生じるであろう．

次に，水質の初期配分が異なる場合を考えよう．漁業者 B が既得の権利

第 5 章 ◇ 法制度：環境規制，コースの定理　75

により水質をO_BQ_1だけ使用することができ，企業AはO_AQ_1まで水質を使用することを許されているとする．このとき，企業Aの粗便益はO_AAIQ_1，漁業者Bの粗便益はO_BHQ_1であるから，配分がQ_1からQ^*になれば死荷重損失E^*HIがなくなり，効率性が改善される．この場合は，企業Aが漁業者Bに対して水質の使用量をQ^*まで減らすように交渉し，それが成立すれば効率的な配分が達成される．

以上の例を権利の観点から整理しよう．企業Aが河川の上流に位置し，汚染された水の排出に対して何の制限もないとき，水質の使用に対する権利は企業Aに帰属しているとみなすことができ，水質の初期配分はQ_0となる．一方，既得の理由により水質に対する権利が漁業者Bに帰属するとき，水質の初期配分はQ_1となる．そして，水質に対する権利がいずれの側にあっても，交渉によって権利の譲渡が成立すれば，効率的な水質の配分Q^*が可能となる．

5-3-2　コースの定理の条件

コースの定理は次のように表現される．生産者または消費者が負の外部性の被害を受けていると仮定する．さらに，次の①〜⑥の条件が成立しているとき，外部性に対する権利の初期配分は効率性に影響を与えない．

①完全情報
②消費者と生産者はプライス・テイカーである
③司法はコストをかけることなく合意を強制できる
④生産者の行動原理は利潤最大化，消費者のそれは効用最大化である
⑤所得効果および資産効果は存在しない
⑥取引費用はない

コースの定理は，負の外部性による環境被害が発生していたとしても，当事者間の交渉によって財に対する権利を配分し直すことにより効率性が達成できることを述べており，その含意は環境問題の解決に対する大きな貢献である．ただし，その前提条件はそれほど容易に成立するとは限らない．

①，②および④については，完全競争市場の成立条件と同様である．完全情報については，交渉の当事者，前節の例でいえば漁業者と汚染排出企業が，互いに相手の水質に対する需要曲線や限界外部費用を知っていることが要求される．

　⑤の所得効果および資産効果とは，環境に関する所有権をもっていることそのものに対する対価であり，それが発生しないという条件を表している．環境を汚染する権利を有している経済主体は，環境質の利用の限界費用が低下することからより多くの生産をおこない，より多くの所得を得ることが可能である．また，汚染の権利を有していること自体で，それが侵害されることによる補償を得たりする可能性がある．交渉の当事者は，そのような権利の所有そのものによって行動を変えることがないことを仮定している．

　③および⑥は取引費用に関する条件であり，コースの定理の含意の最も重要な点である．取引費用とは，当事者が交渉の結果，合意に達するための直接・間接のあらゆる費用を含んだ概念であり，心理的負担や時間的な費用も含まれる．権利の設定に関して取引費用がゼロという条件は容易に成立しがたいと考えられることから，取引費用の大きさがコースの定理の政策的意義における重要な検討条件となる．

5-3-3　コースの定理の適用

　コースの定理の含意を活用した環境政策のおもなものには，環境に対する権利の設定における取引費用の考慮，汚染者への支払いがある．取引費用の考慮については，第7章で扱う排出許可証取引市場の制度設計においてみることができる．排出許可証は温室効果ガスの排出の権利であり，許可証取引市場は市場を擬制し価格を媒介しているが，初期配分の割当や排出枠の取引の認定など，当事者間の交渉による配分の決定の性格を併せ持った制度である．コースの定理によれば，これらの当事者間の交渉の過程の取引費用が大きいと，排出許可証取引制度による交渉は成立せず，すなわち，制度への参加が阻害され，交渉による配分は達成されないことになる．そのため，たとえば，排出許可証の制度設計における初期配分の割当にはグランド・ファザリング方式（第7章参照）が採用されているが，それは，この方式による

行政費用とオークション方式による入札費用などの取引費用を比較した結果，採用された方式であると考えることができる．実際の排出量のモニタリング方式も，実測方式と排出係数方式のうち，実測の取引費用を考慮した結果，排出係数方式が採用されている．コースの定理の取引費用に関する含意は，このように取引費用を小さくしようとする制度設計に反映されている．

　一方，汚染者への支払いとは，汚染の被害者が汚染者への支払いをおこなうことによって外部性を内部化する例である．汚染者への支払いは汚染者負担原則に反するが，環境補助金として多くの制度で活用されている．汚染者負担原則は，汚染の権利の配分の原則を示したものであり，交渉の取引費用を節約する制度のひとつと考えることができる．しかしながら，汚染排出企業は，排出企業であると同時に社会的に重要な生産を担っており，業界団体などの形で政治的に大きな力を持っている場合がある．その場合，汚染者負担原則の適用には大きな政治的費用がかかり，つねに適用可能であるとは限らない．実際，汚染者が汚染削減のための投資をする際に税源からの補助金が出るなどの制度があり，これは汚染の被害者である納税者が汚染者への支払いをおこなう構造となっている．支払いがどちらに帰属しても汚染削減の目的は達せられることから，コースの定理の含意が適用された例といえる．

《学習課題》
1. 環境規制の利点と問題点について考えてみよう．
2. コースの定理を説明してみよう．
3. コースの定理の前提条件である取引費用とはどのようなものか考えてみよう．

●参考文献——

植田和弘『環境経済学』岩波書店　1996

環境経済政策学会編・佐和隆光監修『環境経済・政策学の基礎知識』有斐閣　2006
細田衛士・横山彰『環境経済学』有斐閣　2007
Coase, Ronald H. *"The Problem of Social Cost." Journal of Law and Economics* 3　1960

第6章
──経済的インセンティブによる制度──
（税・課徴金，補助金，デポジット制度）

　第5章では，市場の失敗を是正する方法として，当事者の責任を明確にしたり当事者間の交渉をうながしたりする法制度についてみてきた．

　市場の失敗を是正するためのもうひとつの有効な方法は，経済的インセンティブを用いることである．市場の失敗とは，市場価格が資源を効率的に配分する水準に決まらないことであるから，市場価格を効率的な水準まで上げたり下げたりすることができれば，企業や消費者にはそれまでの選択行動を変えるインセンティブが生じる．

　このように，政府が市場価格を操作することによって，市場メカニズムを利用して環境問題を解決する代表的手法には，税・課徴金，補助金，デポジット制度がある．本章では，これらの経済的インセンティブにより外部性を内部化する環境政策を解説する．

> 🔑〔キーワード〕環境税，税・課徴金，ピグー税，ピグー的補助金，ボーモル・オーツ型税，環境税の二重配当論，デポジット制度，拡大生産者責任

6-1　環境税・課徴金

6-1-1　ピグー税

　汚染問題は市場価格が汚染者の私的限界費用のみを反映して，第三者が負担している社会的費用を反映していないという外部性によって生じる問題であった．図6-1は，外部不経済により私的限界費用と社会的限界費用が乖離している様子を表した図である．市場価格が汚染も含めて資源を効率的に配分してくれる水準 Q^* に決まらないために，産出水準は過剰な水準の Q_1 となり，それにともなう汚染の排出も過剰となる．

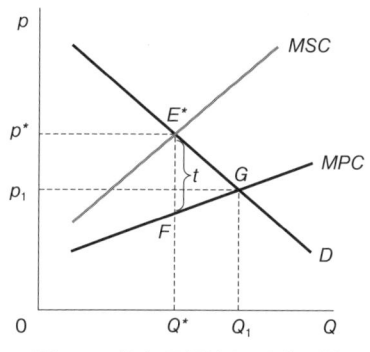

図6-1　外部不経済とピグー税

　このとき，政府が汚染者に対して，私的限界費用と社会的限界費用との乖離分を支払うよう求めれば，汚染者は社会的限界費用を負担することになり，社会的限界費用に見合った産出水準を選択し，それにともなって汚染の排出量も最適な水準に抑えられる．図6-1において，社会的限界費用と需要曲線の交点が E^* であるから，外部性が内部化された価格 p^* で効率的な産出量 Q^* が達成される．そこで，政府が排出企業に対して Q^* における社会的限界費用と私的限界費用の乖離分 E^*F (= t) の支払い，すなわち税を課すことができれば，E^* を達成することができる．すなわち，市場が失敗した汚染の価格付けを，政府の介入によって実現することを意図している．

　このような経済学的根拠による課税は，これを初めて提唱したイギリスの経済学者であるA.C.ピグーの名にちなみピグー税と呼ばれている．

6-1-2　ボーモル・オーツ型税

　社会的に望ましい汚染削減量を達成するピグー税率を決めるためには，汚染排出による社会全体の限界純便益と限界外部費用の情報が必要である．し

かし現実には，課税者である政府がこれらの情報を得ることは難しい．そこで，社会的に最適な汚染削減量を目標にするのはあきらめ，ある汚染削減量を目標にして，それを実現するために課税することが考えられた．これがボーモル・オーツ型の環境税である．

ボーモル・オーツ型の課税は，1971年にW. J. ボーモルとW. E. オーツがピグー税の実施上の困難を解決するために提示した理論である．ボーモル・オーツ型税は，最適な汚染削減量を達成することはできないが，各汚染排出企業の限界削減費用を均等化するという点では効率的である．すなわち，最適ではないかもしれないが，ある汚染削減量を最小の社会的費用で達成することができる．

ボーモル・オーツ型税によって目標とした汚染削減量を達成するためには，社会全体の限界外部費用の情報は必要ではないが，社会全体の限界純便益の情報が必要である．各汚染排出企業は，政府の決定した税率をもとにして自らの削減量を決定する．税率が社会全体の純便益の正確な情報に基づいて決定されていない場合，その税率によって達成される社会全体の汚染削減量は目標とした削減量と一致しない．

ボーモル・オーツ型の課税が目標とするある汚染削減量は，自然科学的知見などに基づいて決定される．政府にはその汚染削減量による社会全体の純便益が正確にはわからないため，その汚染削減量を確実に達成できる税率を最初から決めることはできない．そこで，最初は暫定的にある税率を定め，それによって達成される削減量を見きわめつつ，目標の汚染削減量を達成するように税率を変更させていく必要がある．

ボーモル・オーツ型の課税は，必ずしも正確にわからない汚染削減の社会全体の純便益という情報に頼らず，ある環境基準が設定されれば実行可能であるという点において，一方ではピグー税よりも現実的な手段である．しかし他方では，目標とする汚染削減量を達成するために税率を試行錯誤しながら変更させていくことにはまた社会的なコストや政治的なコストが発生し，容易に実行できることではないかもしれない．

6-1-3 環境税の二重配当論

環境税は2つの意味で社会に便益をもたらすといわれており，環境税の二重配当論と称されている．

第一の配当は，環境税が汚染による外部不経済を内部化することによる社会的便益である．汚染による外部不経済を表した図6-1において，取引に参加していない第三者が被っている費用はE^*GFの死荷重損失であった．環境税が導入されると，産出水準はQ^*となることから

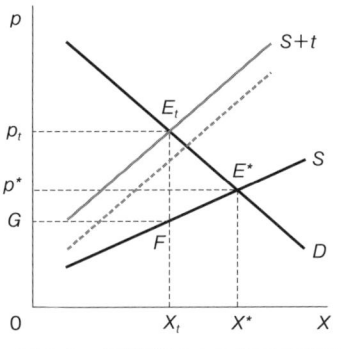

図6-2 環境税による第二の配当

第三者が負担していた死荷重損失がなくなる．すなわち，社会にE^*GF分の余剰が取り戻される．これが環境税による第一の配当と呼ばれる．

第二の配当は，徴収された環境税の使途によって発生する社会的便益である．徴収された環境税は社会に一括して移転されるものと仮定される．その移転先がもともと歪みのある税制により死荷重損失が発生している部門であれば，その死荷重損失を削減することができる．第二の配当とは，環境税収入を歪みのある課税を減税するための財源として充当することによって，歪みのある課税による死荷重損失が減少することをいう．

ある財の生産に課税（税率t）がなされている場合を考えよう．図6-2は，もともと財Xに課税がなされている状況を表している．この課税は外部性を内部化する目的ではないため，課税によって産出水準がX_tになると，消費者余剰は$p_tE_tE^*p^*$分，生産者余剰はp^*E^*FG分だけ減少する．これらのうち，p_tE_tFGは税収として政府部門に移転されるが，E_tE^*F分についてはどの経済主体にも帰属しない．これが課税による死荷重損失である．ここで，もし環境税収入で物品税収入の一部を補うことができれば，税収p_tE_tFGを得るための税率をtよりも下げることができる．すなわち，課税後の供給曲線$S+t$が下方にシフトし，X財市場の死荷重損失を減少させることができる．これが環境税による第二の配当である．

第6章◇経済的インセンティブによる制度：税・課徴金，補助金，デポジット制度

ただし，環境税の課税によって物価上昇とそれにともなう実質賃金の下落が生じると，労働市場において厚生損失が生じるため，第二の配当は相殺されてしまうことが知られている．

　たとえば，炭素税を導入すると化石燃料の価格が上昇し，それにともなって一般的な物価も上昇すると，労働市場において実質賃金が下落する．すると労働供給が減少するため労働供給曲線は左にシフトし，労働市場における生産者余剰が減少するとともに，その分の労働所得税収が減少する．さらに，その減少分を労働所得税率を上げることによって補填するならば，追加的な労働所得課税による死荷重損失が生じる．したがって，炭素税の課税による物価上昇を考慮すると，労働市場の生産者余剰の減少分と労働所得税の税率上昇分による死荷重損失を合わせたものが，課税前の社会的余剰から失われる．この厚生損失分が第二の配当を上回る場合，第二の配当を環境税の便益としてカウントすることはできない．

　この環境税による第二の配当が発生しないという主張の基本的な前提のひとつは，物価上昇による実質賃金の下落によって労働供給が減少することであった．もし実質賃金が下落しても労働供給が減少しなければ，労働所得税収の減少もなければ，税収減を補填するための追加的課税による死荷重損失も発生しない．

　労働市場において非自発的失業が発生している場合を考えると，実質賃金が下落しても供給曲線のシフトは生じない．さらに，環境税の税収を労働課税の減税の財源に充当すれば，第二の配当が生じるのみならず，実質賃金の上昇によって雇用量が増加する．雇用量の増加は，増加分の生産者余剰の増加と労働所得税の増収という社会的便益をもたらす．したがって，環境税が物価上昇をもたらしたとしても，労働市場が不完全である状況で環境税が労働課税の減税の財源に充当されるならば，第二の配当は否定されず，さらに追加的配当をもたらす可能性がある．EU諸国では，慢性的に失業率が高いという状況を背景として，中立的な環境税と労働課税減税がセットで採用されている．

6-2　補助金

6-2-1　ピグー的補助金

　A.C. ピグーは，ピグー税によって外部不経済を内部化できることとともに，汚染者にピグー税と同率の補助金が与えられても，ピグー税を課税したときと同じ水準の汚染削減量を達成できることを示した．これをピグー的補助金という．

　図6-3には，汚染を排出する財の需要曲線 D と企業の私的限界費用 MPC および社会的限界費用 MSC が描かれている．このとき，ピグー税 t（すなわち E^*J）によって達成される産出量は Q^* となる．ここで，税ではなく補助金によって排出企業に産出量削減のインセンティブを与えるためには，企業が生産を減らしたときに失う生産者余剰以上の補助が与えられなければならない．当初の産出水準 Q_1 から Q^* に産出を減らしたときに $t \times (Q_1 - Q^*)$ だけの補助が与えられれば，失われる生産者余剰 IGJ を補填することになるので，企業は産出水準 Q^* まで産出水準を減らすであろう．これがピグー的補助金である．

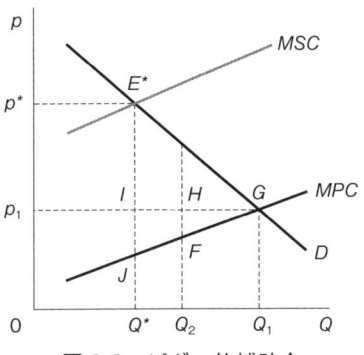

図6-3　ピグー的補助金

6-2-2　環境税と補助金の等価性

　ピグー的補助金の場合，補助率をピグー税率と等しい t としたときに効率的な水準が達成されることをみた．外部性の内部化は，外部費用分を課税しても補助としても同じ結果が達成されることになる．これを，ピグー税とピグー的補助金の等価性という．

　このように，ピグー税とピグー的補助金はともに最適な汚染削減量を達成することができ，資源配分の上では同一の効果を持つ．しかし，汚染者にとっての純便益は，ピグー的補助金が汚染者に帰属するぶんだけ，ピグー税よりも大きくなる．短期的には企業にとっての最適産出量はピグー税の場合と変

わらないが，長期的にはピグー的補助金による便益の増加分が当該生産活動への新規参入のインセンティブになる．したがって，長期的には社会全体の汚染排出量が増加し，効率的な削減量を達成するためにはより多くの補助金が必要となる．すなわち，長期的には，ピグー税とピグー的補助金は，資源配分上，等価ではなくなることが知られている．

6-2-3 補助金の意義

ピグー的補助金の財源が一般財源であるとすると，汚染者の汚染削減費用を負担するのは納税者であることになり，汚染者に有利な所得の再分配が実現してしまう．これは，汚染者負担原則の2通りの意義の両方ともに抵触する．第一に，汚染の原因者が汚染削減費用を一次的に支払うことによって，価格体系に汚染削減費用を反映させることで効率性を達成するという意義が達成されない．第二に，公害補償としての汚染者負担原則が求めるように，汚染の原因者が価格に転嫁させることなく汚染削減費用を負担することによって補償責任を果たすという意義も達成されなくなる．したがって，ピグー的補助金は，汚染という外部性の内部化の政策的な手段としては正当性をもたないとされる．

しかしながら，実際の環境政策においては，補助金を活用した政策は多用されている．たとえば，汚染防止設備投資への低利融資，租税特別措置，低公害車購入時の優遇措置などがある．これらの政策が正当化される理由は，ピグー税のように汚染者に負担のみを求める政策手段の実行可能性および政治的困難，さらにピグー税が前提とする汚染者と被害者の関係の変化に求められる．

第一に，途上国の環境問題の場合，汚染の原因者の費用負担能力が十分ではない場合が多く，ピグー税の負担が不可能であったり，経済成長のための戦略と深刻に相克したりするため，現実の政策手段として選択されにくい．第二に，新たな課税の導入には往々にして産業界の抵抗などが生じ，その調整のための政治的コストが大きい．これらの理由に対して，ピグー的補助金政策は汚染者の汚染削減行動に正のインセンティブを持たせることができ，政策として実現可能性が高い．補助金政策による環境改善の便益が，汚染企

業への所得の再分配によるデメリットを上回るとみなすことができるならば，ピグー的補助金による効率性の改善も正当化される．さらに，補助金の財源を選べば所得の再分配の帰結を考慮することができる．一般財源であるならば，汚染削減費用を広く納税者に負担させることになるが，他の環境税の税収を財源にすることができるならば，当事者の支払いではないが環境負荷に対する支払いとして社会に還元された資源を充当することになり，再分配の歪みは軽減される．

さらにピグー的補助金が用いられる第三の理由として，今日における汚染問題の多くは汚染者が多数かつ特定化が困難であり，自らが汚染者であると同時に被害者でもあるという構造を持つことがあげられる．このような構造を前提とすれば，ピグー的補助金の財源が一般財源であることは汚染者負担原則の意義にかない，所得分配上の歪みももたらされない．

以上により，ピグー的補助金は，効率的な汚染削減量を達成可能であるという理論的根拠のみならず，政治的コストを考慮した政治経済的な理由や所得再分配上の効果の検討に依拠したときに正当性をもちうる政策として導入されているということができる．

6-3 デポジット制度

6-3-1 廃棄物とリサイクル問題

(1) 大量廃棄社会

大量廃棄社会とは，大量廃棄を前提とした大量生産，大量消費，大量処理がおこなわれている社会のことである．経済成長により生産が拡大し，所得が増加し，消費が増加すると，必然的に廃棄物の処理量は増加する．日本は戦後，急速に経済成長の道を歩んできたが，それにともなって廃棄物を大量処理するシステムが整えられ，低成長の時期においても大量廃棄社会が継続している．

大量廃棄社会を支える社会システムが形成されたのは，経済成長が著しかった高度経済成長期である（第1章参照）．まず，経済成長によって総量としての消費が急速に増加した．さらに，産業構造の変化にともなって農村か

ら都市への大規模な人口移動が生じたこと，およびそれに続いて都市圏と地方圏の地域間所得格差を是正すべく全国的に地域開発が実施されたことが，大量消費社会をもたらしたことが指摘されている．

　生産の主役が第一次産業から第二次産業・第三次産業へと変化するにつれ，農村から都市への人口移動が生じると，農村でも都市でも核家族化が進行した．核家族ではそれまでの大家族に比べて消費の単位が個人となるため，消費量が増加する．さらに，全国総合開発計画に基づく地域開発が展開されたことにより大都市圏と地方圏の所得格差が縮小すると，農村であった地方圏において生活様式が都市化し，商品の消費量が増加していった．

　これらの経済成長によるマクロ的要因，核家族化による消費の個人化，および農村部における生活様式の都市化によって増加した消費の帰結として廃棄物量も増加するが，高度成長期にはそれらを処理する大量廃棄物処理施設の整備も進んだ．廃棄物の処理は埋め立てが主流であったが，増加の著しかった家庭ごみの処理については焼却施設が整備され，より効率的に大量のごみを処理するシステムが形成された．ごみの収集・運搬や集中的な焼却による処理システムを可能にしたのは，公共投資によるインフラ整備である．産業基盤の整備により高度経済成長が軌道に乗ると，税収や社会保険料収入が増加し，それらを財源とする国庫補助金や地方債，地方交付税交付金により，生活基盤の整備も拡充されていった．その一環として，大量廃棄物の処理を可能とする施設とシステムが整備されたのである．

　高度経済成長期を通して大量廃棄社会が形成された後，廃棄物をめぐる様相が変化したのは，さらに産業構造が変化し，かつ経済のグローバル化が進展した1980年代後半のバブル経済期である．この時期には，大量消費を支える大量生産の側において，産業廃棄物の問題が顕在化したり，新たに生じたりした．

　産業構造については，製造業の中心が重厚長大型の鉄鋼・造船などから自動車産業やハイテク産業に移行した．自動車産業では，車社会の進展とともに使用済みの廃車が増大し，廃車を処理する際に生じる有害廃棄物であるシュレッダー・ダストの処理が問題となった．たとえば，香川県豊島ではシュレッダー・ダストの大規模な不法投棄問題が生じ，大きな社会問題となった．

また，ハイテク産業については，洗浄工程で用いられる有機溶剤による土壌・地下水汚染が顕在化した．さらに，産業全体にわたってコンピュータの普及によるIT化が進展したことにより，とくに企業のオフィス部門が集まる大都市圏で大量の紙ごみの処理が必要となった．

経済のグローバル化が大量廃棄にもたらした影響としては，グローバル化に対する経済政策として採られた内需拡大策に起因する規制緩和と公共投資が指摘されている．経済のグローバル化により深刻化した日米貿易摩擦問題への対応として，日本は内需拡大のための規制緩和と財政出動を実施した．公共投資の増加は，建設廃棄物の増加をもたらすとともに，生活基盤である廃棄物処理施設の整備を推進した．さらに，大店法などの規制緩和が，車社会を前提とした大型スーパーや大規模ショッピング・センターの立地をうながし，大量消費型の生活様式を後押ししたことも指摘されている．

(2) 大量廃棄社会の限界

大量廃棄社会は，経済成長を支えてきた社会システムの一側面であったが，廃棄物の処理容量の物理的限界や処理にともなう社会問題に直面し，廃棄物を処理するシステムから廃棄物の発生を抑制するシステムへの転換を余儀なくされた．経済成長の過程で廃棄物の減量によって大量処理を可能とする焼却処理施設が整備されてきたが，焼却後の廃棄物は最終的には埋め立て処理を必要とする．埋め立て処分場の整備は土地容量に制約され，さらに，反対運動などにより建設の社会的費用も増加してきた．また，廃棄物処理の費用が高くなると，不適切な処理や不法投棄の問題が生じてきた．これらの問題に対処するためには，従来の大量生産と大量消費を前提とした大量廃棄社会から脱し，廃棄物そのものの発生を抑制し，発生した廃棄物については循環的な利用がおこなわれるようなシステムの構築が求められる．

(3) 循環型社会の構築

大量廃棄社会が極まったバブル経済期を経てその社会システムの限界が明らかになった1990年代から，循環型社会の形成を推進するための法律が相次いで整備された．おもな法律は表6-1のとおりである（第1章表1-2参照）．

表 6-1　循環社会形成のための法整備

1991 年	廃棄物の処理及び清掃に関する法律（廃棄物処理法）の改正
	再生資源利用促進法
1995 年	容器包装リサイクル法
1998 年	家電リサイクル法
2000 年	循環型社会形成推進基本法（循環基本法）
	資源有効利用促進法（1991 年の再生資源利用促進法を抜本改正したもの）
	建設リサイクル法
	食品リサイクル法
2002 年	自動車リサイクル法

「廃棄物の処理及び清掃に関する法律」(1991年制定)は，1970年の公害国会において制定されて以来，廃棄物処理に関する基本的な法律としての役割を果たしてきたが，大量廃棄社会から循環型社会への転換の必要性に対応し，1991年以降改正を重ね，廃棄物の適正処理，排出抑制・再生を進めるための法律へと変化している．「容器包装リサイクル法」(1995年制定)，家電リサイクル法(1998年制定)，建設リサイクル法(2000年制定)，食品リサイクル法(2000年制定)，自動車リサイクル法(2002年)は，問題の大きな大量廃棄物についてその物品の特性に応じた規定がなされたもので，個別リサイクル法と呼ばれている．「循環型社会形成推進基本法」(2000年制定)は，初めて循環型社会を定義するとともに施策の優先順位を明確にしたもので，循環型社会への取り組みを包括する基本法である．資源有効利用促進法(2000年制定)は，1991年制定の再生資源利用促進法を抜本改正したものであり，企業の自主的取り組みを前提として，行政指導により3R（発生抑制〔Reduce〕，再使用〔Reuse〕，再生利用〔Recycle〕）を促進するための法律である．旧法である再生資源利用促進法ではリサイクルのみを対象としていたが，廃棄物の発生抑制および再利用についての規定を加え，資源の包括的な有効利用を強化しようとするものである．

(4) 拡大生産者責任 (Extended Producer Responsibility: EPR)

循環型社会の構築のための重要な政策概念のひとつが拡大生産者責任である（第2章2-1参照）．拡大生産者責任とは，廃棄物の発生・排出抑制のために生産過程のより上流部分の生産者に課される責任である．拡大生産者責任

の重要な点は，生産物の使用後まで生産の上流部分の生産者に物理的あるいは財政的責任が課されることであり，さらに，それらの責任は地方自治体から生産者に移転されること，生産者に環境に配慮した設計をおこなうようなインセンティブが与えられることである．

このような拡大生産者責任を実現するための手法には，①製品回収要求，②経済的手法，③パフォーマンス基準がある．製品回収要求とは，使用済み生産物の回収を生産者の責任でおこなうように求めるものであり，生産した財の廃棄費用が生産者の負担として顕在化することにより生産者に廃棄物の発生抑制と環境に配慮した設計のインセンティブがもたらされる．経済的手法は，生産物の廃棄の費用を直接的にではなく市場の価格シグナルとして顕在化させることにより，生産者に発生抑制と環境に配慮した設計のインセンティブをもたらすものであり，代表的な手法としてデポジット制度が知られている．パフォーマンス基準は，生産物に再生資源物の含有率などを要求するものであり，物理的な基準を課すことによって廃棄費用を顕在化するものである．

次節では，これらのうち経済的手法であるデポジット制度をとりあげる．

6-3-2 デポジット制度の概要

デポジット制度とは，財を回収するために経済的インセンティブを活用する手段であり，預かり金－払い戻し制度と呼ばれる．

財の使用済み容器が繰り返し利用することが可能な容器（リターナブル容器）であり，生産者は容器を回収して再利用するとする．容器が回収されない場合，生産者は新たに容器を生産しなければならない．このとき，消費者が財を購入する際に容器に対して預かり金（デポジット）を支払い，容器を生産者に返却する際にそれが払い戻し（リファンド）されるならば，消費者には容器を壊したり捨てたりすることなく返却するインセンティブが生じる．これによって，生産者は自ら容器を回収する費用と回収されない容器を新たに生産する費用を節約することができる．

しかし，このようなリターナブル容器を回収するという前提での費用節約よりも，使い捨て容器を用いて回収をしない方が費用がかからないならば，

生産者にとってデポジット制度を活用する利点はなくなる.

　しかしながら,使い捨て容器は文字どおり財が使用された後には廃棄されることから,大量生産・大量消費社会のもとでの廃棄量は膨大なものとなり,廃棄物の処理費用が適切に負担されないことによる廃棄物問題の主因となっている.すなわち,デポジット制度から使い捨て容器への移行は,生産者の私的限界費用の観点からは合理的選択であるが,使用済み容器の処理費用や不法投棄を含む社会的限界費用の観点からは負の外部性による市場の失敗の発生ととらえることができる.

《学習課題》
1. ピグー税とボーモル・オーツ型税の違いについて考えてみよう.
2. 環境税と環境補助金が同じ効果となるための条件を説明してみよう.
3. 使い捨て容器が使われている製品に,デポジット制度を導入するための条件について考えてみよう.

●参考文献──
植田和弘『環境経済学』岩波書店　1996
環境経済政策学会編・佐和隆光監修『環境経済・政策学の基礎知識』2006
細田衛士・横山彰『環境経済学』有斐閣　2007

第7章
──経済的インセンティブによる制度──
（排出許可証取引制度）

　経済的インセンティブを活用した環境政策として，近年，とくに広く知られるようになったのが排出許可証取引制度である．この手法は地球温暖化対策のための国際的な取り決めである京都議定書で認められている手法のひとつであり，ヨーロッパを端緒として実際に運用が開始されている．この制度は，前章で扱った環境税などと同じく，経済主体のインセンティブを活用した環境政策であるが，達成される資源配分のもつ意味はかなり異なる．

　本章では，まず市場を創設することによって費用効率性を達成する手法である排出許可証取引制度を概観し，その内容を経済学的に検討する．ついで，京都議定書の発効までの経緯，京都メカニズムの内容を紹介した後，排出許可証取引制度の現実問題への適用に付随する問題点などの検討をおこなう．

> 🔑 キーワード：排出許可証取引制度，費用効率性，排出源，キャップ・アンド・トレード方式，京都議定書，気候変動枠組条約，京都メカニズム，共同実施，クリーン開発メカニズム，グランド・ファザリング方式

7-1 経済的インセンティブによる手法：市場の創出

　第6章では，外部性という市場の失敗への対策として，環境税や補助金などを活用した経済的インセンティブによる手法をみてきた．これらは，市場では適切に価格付けされない財に対して政府が価格付けをおこなうことによって，効率的な資源配分を導く手法であった．したがって，真の社会的限界費用を知ることができるならば，資源の真の希少性が反映される配分を達成することができる．

　一方，本章で扱う排出許可証取引制度という市場の創設による手法は，本来の意味での資源配分の効率性を達成するものではなく，直接規制を達成しなければならないときに，それを最小費用で達成するという意味での費用効率性を目的とする．すなわち，市場メカニズムのもつ性質のうち，取引によって形成される市場価格シグナルによって汚染削減の限界費用が均等化されることを活用するものであり，直接規制の補完的手法と位置づけることができる．

　したがって，汚染物質の全体の排出削減量は，汚染物質や削減に投入される資源の希少性によって決まるのではなく，物理的特性や政治的事情などによって外生的に決定されている．創設された市場によって決定されるのは，個々の排出主体の削減限界費用の相違に応じた削減量である．

7-2 排出許可証取引制度

7-2-1 制度の概要

　排出許可証取引制度は，汚染物質の排出について，目標とする排出総量を排出源ごとに配分し，その排出量を取引する市場を設けることで，市場メカニズムを利用して最小の費用で目標とする排出総量を達成するための政策である．汚染物質の排出は，環境権のうち環境を悪化させる権利ととらえられることから，排出権取引制度と呼ばれることもあるが，排出許可証取引制度における排出量は，通常の財を裏付ける財産権とは異なり，政策的に決定さ

れた初期配分が減少しても補償される必要がないことから，排出権という言葉は使用されなくなってきている．

　排出許可証の市場は交換市場であり，交換可能な排出の総量は汚染による環境リスクの許容度によって物理的に決定されていることが大きな特徴である．したがって，排出量の取引によって排出総量が変化することはない．一定の排出総量を最小費用で実現するという効率性の達成に市場メカニズムが貢献する．

　排出許可証取引のプロセスは，次のとおりである．数年後の目標年に達成すべき汚染物質の排出総量が決定され，その汚染物質の排出源に初期排出量を割り当てる．各排出源は，目標年以降に配分された排出量を排出できるが，割り当てられた排出量は現在の排出量よりも小さいため，目標年までに排出量を削減しなければならない．

　ところで，1単位の汚染物質の排出を削減する費用は，各排出源にとって異なるであろう．排出量の取引市場が存在するならば，排出量1単位の価格と自らの排出削減の限界費用を比較して排出削減限界費用の方が高いならば，実際に排出量を削減するよりも排出量（排出許可証）を購入して排出量を増加させる方が費用を節約できる．逆に，排出量1単位の価格の方が高い排出源にとっては，割り当てられた初期排出量の一部を売却しても目標値は達成できるため，売却する方が削減費用を節約できることになる．このような市場取引の結果，すべての排出源の削減限界費用が排出量1単位の価格と等しくなり，全体として目標の排出総量を低い費用で達成することができる．すなわち，市場メカニズムによる効率的な配分が達成される．

　ここで，排出量が初期にどのように割り当てられるかが，個々の排出源にとって大きな関心事となる．初期の配分量が多いほど，目標年までに削減しなければならない配分量は少なくてすむからである．しかしながら，排出許可証取引市場の市場メカニズムにより，どのような初期配分であろうとも，取引後には効率的な配分が達成される（第3章3-2参照）．

　たとえば，排出削減の限界費用が高い排出源Aの割り当てが小さければ，より多くの排出量を購入する必要が生じるが，相対的に，限界費用が低い排出源Bの割り当ては大きいはずなので，Bには多くの排出量を売却するイ

ンセンティブが生じている．すると，市場に出回る排出量は多くなるため，排出量1単位の価格は下落し，排出源Aは低価格で購入することができる．結果として，排出削減の限界費用は均等化され，どの排出源も費用を節約でき，全体として総排出量目標は最小費用で達成される．

したがって，初期の排出量の割り当てをめぐる関心は，排出許可証取引市場の制度が目的とする効率性の問題ではなく，公平性の問題であるということができる．公平性の問題は，排出許可証取引市場がもたらす結果にはなんら障害とならないが，排出許可証取引市場という政策を導入する際には政治的コストとなる．

7-2-2 制度のメカニズム

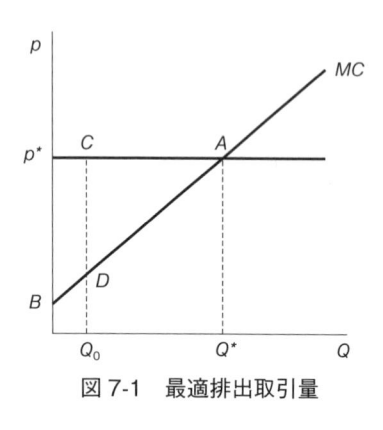

前節で述べた排出許可証取引制度の方式はキャップ・アンド・トレード方式と呼ばれ，最も一般的に運用されている．キャップ・アンド・トレード方式の排出許可証市場のメカニズムをモデルで概観する．

図7-1は，生産に汚染物質の排出をともなう財Qの市場を示している．簡単化のため，需要曲線は完全弾力的であり，均衡価格はp^*であるとする．このとき，取引市場に参加するnの排出企業のうち，i番目の企業の最適産出水準はQ^*であり，そのときの生産者余剰はp^*ABで表される．ここで，排出許可証がキャップ・アンド・トレード方式により無償で配布されるとし，この企業にとっての初期割り当てはQ_0であるとする．総排出量に上限が設定されているので，Q_0を各企業について足しあわせたものが総排出量（Q^C）となる．このとき，初期の企業iの生産者余剰はp^*CDBとなる．

企業iは，排出許可証を購入することで，産出水準をQ_0よりも増加させ，生産者余剰を増加させることができる．では，企業iにとって排出許可証をどれだけ購入することが最適であろうか．

図7-1 最適排出取引量

図7-2には，排出企業iの限界純便益 (Marginal Net Benefit: MNB) と所与の排出許可証価格 p^* が描かれている．限界純便益とは，産出量を1単位増加させたときの生産者余剰の増分であり，産出水準が Q_0 であれば図7-1の CD で，図7-2の DC で表されている．産出量 Q_0 では，限界純便益が排出許可証の価格を上回っている（$DC > p^*$）ので，許可証取引市場で許可証を購入すれば，生

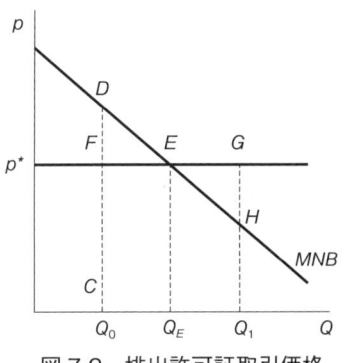

図7-2 排出許可証取引価格

産者余剰を増加させることができる．したがって，企業iは限界純便益が許可証の価格 p^* と等しくなる Q_E まで許可証を購入し，許可証の購入費用 $Q_0 Q_E EF$ を支払った上でなお DEF 分の余剰を得て余剰を最大にすることができる．ただし，総排出量 Q^C は，n個の企業のもともとの総排出量よりも低く定められているため，Q_E は Q^* よりは低い水準となる．

このようなプロセスがn個の企業すべてにおいて生じるため，個々の企業が Q_E の産出水準を，すなわち総排出量の目標（Q^C）が達成される．たとえば，別の企業jにとっては，初期配分が図7-2の Q_1 であり，自らに配分された排出許可分を売却した方が余剰を増加させることができる．売却収入 $Q_E Q_1 GE$ に対して，産出水準を下げることによって失われる余剰は $Q_E Q_1 HE$ だからである．すなわち，各企業は自分の限界純便益 MNB が排出許可証の市場価格 p^* と等しくなる産出水準を選択する．

この結果を資源配分の観点から考えると，総排出量目標が達成されるとともに各企業の余剰は最大となっており，総産出量が制限された条件のもとでの資源配分としては最も効率的な状態が達成されている．

7-2-3 排出許可証市場の問題点

排出許可証市場は，外部費用に基づく総排出量目標を価格メカニズムによる効率性によって達成できる．理論的には，たとえ排出許可証の初期割り当てが偏っていたとしても，排出削減の限界費用が小さい企業からの排出許可

証の供給が増加するため，許可証の価格が下落することにより最終的な配分の効率性に問題は生じない．しかしながら，実際には，次節の京都メカニズムにおける許可証市場の創設に関わる経緯のように，実際の制度の運用には多くの困難が生じる．その理由は，市場メカニズムをうまく働かせるための取引費用が大きいことが問題であると考えられる．

　取引費用のひとつは，参加主体の利害関係による政治的問題である．前節では，排出許可証の初期割り当ては，効率性の観点からは問題にならないことを示した．しかしながら，初期割り当てからの削減の限界便益は均等化されたとしても，これまでの排出量から得られた所得を均等化することにはならない．すなわち，スタートラインからの条件は一緒であるが，現在の所得分配というスタートラインを考慮に入れた場合，しかもそのスタートラインを形成したのがこれまでの排出量である場合，問題は効率性のみではなく公平性の問題となる．この問題は，市場メカニズムの内部では解決されないため，排出許可証市場の制度導入そのものに関する問題となる．

　また，市場に関する取引費用としては，情報費用の問題がある．市場参加者は，お互いの限界削減費用や限界便益の情報について対称でなければならないが，汚染の排出に関するそれらの情報はもともと非市場財であるから，新たに調査・計測しなければならないことが多く，その費用が発生する．さらに，情報が非対称であるとすれば，取引相手をモニタリングするコストも発生する．

　さらに，排出許可証の市場は新しい市場の創設であるから，取引ルールの設定やそのための資料作成などの事務的・行政的な費用が大きいであろう．

　これらの取引費用の問題について，次節の京都メカニズムの制度設計を検討しよう．

7-3　京都議定書における適用例

7-3-1　京都メカニズム

(1) 京都議定書

京都メカニズムとは，1997年の気候変動枠組条約第3回締約国会議

表7-1　気候変動枠組条約成立の経緯

1990年12月	国連総会のもと政府間交渉委員会設置
1992年6月	環境と開発に関する国際連合会議（UNCED、地球サミット）で採択
1994年3月	条約発効

（COP3）で採択された京都議定書で導入された国際制度であり，国際協力による温室効果ガスの排出削減対策のメカニズムである．気候変動枠組条約とは，国際連合による温暖化防止のための最初の条約であり，1992年に採択された（表7-1）．

条約の目的は，気候系に対して危険な人為的干渉を及ぼさない水準での大気中の温室効果ガス濃度の安定化であり，その目的を達成するために5つの原則が定められている．すなわち，(1)衡平の原則，共通だが差異のある責任原則，(2)発展途上国などの個別のニーズ，特別な事情の考慮原則，(3)予防原則，(4)持続可能な発展の原則，(5)協力的・開放的な国際経済体制の確立に向けての協力原則，である．そして，これらの原則を担保しつつ目的が達せられるために，締約国会議（COP）により各国家が定期的に問題を検討し，行動を決定する仕組みが形成されている．

第1回締約国会議（COP1）では，1995年に，途上国に新たな義務を課さないことを条件として，2000年以降の行動を決定するプロセスの開始を採択した．このベルリン・マンデートに基づく交渉の結果，1997年の第3回締約国会議（COP3）で採択されたのが京都議定書である（表7-2）．

京都議定書では，キャップ・アンド・トレード方式による温室効果ガスの排出許可証取引制度が導入された．ただし，前述の5原則のうちの(1)衡平の原則，共通だが差異のある責任原則により，対象国は，条約の付属書Ⅰ国と呼ばれるOECD加盟国と旧社会主義国となっている．対象となる温室効果ガスは，二酸化炭素，メタン，一酸化二窒素，ハイドロフルオロカーボン，パーフルオロカーボン，六フッ化硫黄である．排出量の初期割り当ては，実績主義に基づき，原則として1990年の排出量に基づいて定められ，5年後の目標年に自国の排出量を削減する．ここでも，(1)衡平の原則，共通だが差異のある責任原則が適用され，1990年比でどの程度の排出削減をおこなわなければならないかが決められている．日本については，2008年から

表7-2 京都議定書の成立とその後の国際交渉

1995年3月	第1回締約国会議(COP1)	ベルリン・マンデート	議定書の検討開始
1996年7月	第2回締約国会議(COP2)	ジュネーブ閣僚宣言	議定書には法的拘束力のある数値目標を含み得ること等を明確化
1997年12月	第3回締約国会議(COP3)	京都議定書	先進各国について法的拘束力のある排出削減目標値に合意
1998年11月	第4回締約国会議(COP4)	ブエノスアイレス行動計画	COP6に向けた国際交渉の進め方について合意
1999年11月	第5回締約国会議(COP5)	(開催地ボン)	2002年までの京都議定書発効の重要性を主張
2000年11月	第6回締約国会議(COP6)	(開催地ハーグ)	京都議定書の運用ルールについて合意不成立，会議中断
2001年7月	第6回締約国会議再開会合	ボン合意	京都議定書の中核要素につき基本合意
2001年11月	第7回締約国会議(COP7)	マラケシュ合意	京都議定書の運用ルールの国際法文書に合意
2002年10月	第8回締約国会議(COP8)	デリー宣言	途上国を含む各国の排出削減に関する非公式な情報交換の促進を提言
2003年12月	第9回締約国会議(COP9)	(開催地ミラノ)	京都議定書の実施に係るルールが決定
2004年12月	第10回締約国会議(COP10)	(開催地ブエノスアイレス)	「政府専門家セミナー」開催，「適応対策と対応措置に関するブエノスアイレス作業計画」に合意
2005年2月	京都議定書発効		
2005年12月	第11回締約国会議(COP11)	(開催地モントリオール)	「マラケシュ合意」採択，「2013年以降の枠組み」に関する特別グループの設置について合意
2006年11月	第12回締約国会議(COP12)	(開催地ナイロビ)	気候変動への適応に関する5カ年作業計画の前半期について「ナイロビ作業計画」に合意
2007年12月	第13回締約国会議(COP13)	(開催地バリ島)	2013年以降の枠組み等を議論する場である新AWG(バリ・ロードマップ)について合意
2008年12月	第14回締約国会議(COP14)	(開催地ポズナニ)	気候変動への適応に関する途上国支援の適応基金の枠組みについて合意
2009年12月	第15回締約国会議(COP15)	(開催地コペンハーゲン)	世界全体の長期目標などを定めた「コペンハーゲン合意」が全体会合で採択されず，「合意に留意する」ことを決定
2010年11月	第16回締約国会議(COP16)	(開催地カンクン)	「カンクン合意」採択，先進国および途上国が排出削減目標等を提出し，国連文書としてまとめCOPとして留意すること等を決定
2011年11月	第17回締約国会議(COP17)	(開催地ダーバン)	将来の枠組みに向けた「強化された行動のためのダーバン・プラットフォーム特別作業部会」設定，京都議定書第二約束期間の設定に向けた合意を採択
2012年11月	第18回締約国会議(COP18)	(開催地ドーハ)	「強化された行動のためのダーバン・プラットフォーム特別作業部会」の作業計画決定，京都議定書の第二約束期間を8年とする等の改正案を採択
2013年11月	第19回締約国会議(COP19)	(開催地ワルシャワ)	「強化された行動のためのダーバン・プラットフォーム特別作業部会」において，2020年以降の枠組みについてすべての国が自主的に決定する約束草案を早期に示すことの招請等を決定
2014年12月	第20回締約国会議(COP20)	(開催地リマ)	「気候行動のためのリマ声明」採択，2020年以降の枠組みについてすべての国が自主的に決定する約束草案の提出における事前情報等，および新たな枠組みの交渉テキスト案の要素を決定

2012年までの5年間の年平均排出量が1990年比で6%減となることが義務づけられている．

(2) 京都メカニズム

京都メカニズムは，京都議定書に定められた目標と排出許可証取引の枠組みに関する具体的な制度を定めたものであり，①共同実施 (Joint Implementation: JI)，②クリーン開発メカニズム (Clean Development Mechanism: CDM)，③国際排出量取引 (International Emissions Trading: IET) の3つの仕組みからなる．

共同実施 (JI) とは，おもにOECD加盟国とロシア中東欧諸国間の国際協力のもとでの温室効果ガスの排出削減プロジェクトによって生じた排出削減量が取引できるというものである．また，クリーン開発メカニズム (CDM) とは，おもにOECD諸国と途上国間の国際協力のもとでの温室効果ガスの排出削減プロジェクトによって生じた排出削減量が取引できるというものである．この2つの仕組みにより，技術および資金を供与したプロジェクトによって他国で生じた温室効果ガスの排出削減量を，初期割り当て量から達成済みとして差し引くことができる．さらに，国際排出量取引 (IET) とは，各国の登録簿上で初期割当量の移転をおこなうという排出量の取引方法を定めたものである．

これらの仕組みは，京都メカニズムの最大の目的である全体的な温暖化対策費用の最小化を，排出許可証取引の導入における対象国，とくに先進国のインセンティブを高めることによって達成しやすくするためのものととらえることができる．

7-3-2 京都メカニズムにおける制度設計

京都議定書が採用したのは，キャップ・アンド・トレード方式を念頭においた排出許可証取引であったが，この制度の設計に必要な規定には，次のようなものがある．

(1) 目標年までの期間

（2）排出総量の目標値
（3）初期割当量の配分方法
（4）配分される主体
（5）取引方法
（6）排出量のモニタリング手法
（7）排出許可証保有量の把握手法
（8）一定期間の排出量と期末における排出許可証保有量の照合手法
（9）排出超過に対する法的措置
（10）排出余剰に対する取り扱い
（11）虚偽報告に対する法的措置

　京都メカニズムの目標年は2012年であり，目標年までの期間は5年間と定められている．排出総量の目標値については，1990年の排出量を基準として，差異ある責任原則のもと対象各国の状況に応じて定められており，日本については1990年比6%減である．

　初期割当量の配分方法については，グランド・ファザリングと呼ばれる過去の特定期間の排出実績を基準とする手法が採られており，基準が1990年の排出量となっている．初期割当の配分方法については，グランド・ファザリングの他に，政府などの第三者が公開入札によって初期割当を販売するオークション方式がある．オークション方式は，排出量に対する支払い意思額を反映させることができる点が効率的であり，さらに，収入が発生することから政府収入分の便益が発生する．

　一方，支払い意思が所得の初期分配に依存することから，所得の高い主体に有利な配分が実現する可能性があり，また，入札のための取引費用がかかる．一方のグランド・ファザリング方式は，無償で初期排出量が割り当てられるため，制度の導入にあたって対象者の受容を得やすい．しかしながら，過去の排出量の実績を調査するための行政費用がかかること，および基準とする時点までの排出削減努力の差が反映されないことによる非効率性がデメリットである．

　初期割当が配分される主体は取引参加者であり，対象国であるOECD加

盟国および旧社会主義国となる．取引方法については，取引可能な排出量〔初期割当量，共同実施〔JI〕で発行されるクレジット，クリーン開発メカニズム〔CDM〕で発行されるクレジット，森林など吸収源による吸収量〕を，国別登録簿に排出枠の発行，保有，移転，獲得，取り消し，償却，繰越などを記録することによりおこなわれる．

　排出量のモニタリングとは，期間中の取引主体の排出量を正確に把握するための手法であり，実測によるものと排出係数により換算される手法とがある．実測によるモニタリングは，物理的な測定の困難さや測定設備のために費用が高くなるため，排出の原因となる物質の消費量に排出の係数を掛けて排出量を算出する排出係数換算が採用されている．

　排出許可証保有量の把握手法および一定期間の排出量と期末における排出許可証保有量の照合手法は，それぞれトラッキングおよびマッチングと呼ばれる．前者については登録簿，後者については登録簿とモニタリングによって算出された排出量を照合することによっておこなわれる．

7-3-3　京都メカニズムの課題

　京都議定書の第一約束期間は2012年で終了し，2020年までの第2約束期間に入るとともに，2020年以降の新たな国際的枠組みが構築されつつある．その過程において，気候変動枠組条約および議定書そのものに関わる課題や，京都メカニズムに関する課題が明らかとなり，今後の国際的枠組みの合意に関する論点となっている．

（1）条約および議定書の課題

　温暖化防止という目的に対し，2つの大きな課題があげられている．

　第一に，制度の実効性である．温室効果ガスの大気中濃度を安定化させるためには，世界全体で1990年比半減という大幅な排出削減が必要であるとされる．京都議定書が求める1990年基準の排出量を以ってしても，本来の温暖化防止の目的に対する実効性は定かではなく，さらに実効性を追求するための制度の構築が課題となる．

　第二に，制度への参加が課題となっている．ひとつは，国際協力を前提と

した枠組みでありながら，世界最大の排出国であるアメリカが議定書に批准していないことが大きな矛盾となっている．アメリカは，京都メカニズムの構築において，排出削減について技術的・資金的に優位にある先進国に有利な制度ともいえる共同実施やクリーン開発メカニズムの導入を強力に推進したが，制度には参加せず，2013年以降の後継の国際枠組み（ポスト京都）への交渉に傾注している．他方，途上国については，今後排出の増加が見込まれるにもかかわらず，これまでの先進国による温暖化の結果責任に対する努力義務を途上国が負うことに対する反発により，制度への参加が滞っている．

　以上の2つの課題は密接に関係しており，京都後の制度的枠組みのあり方を考えるにあたっては，衡平性を考慮して途上国が脱炭素発展型の経済成長を実現できるための仕組みを構築することが，制度の実効性を担保するためには不可欠である．

（2）京都メカニズムの課題と今後

　京都メカニズムにおける主要な課題としては，クレジット供給量の拡大，クリーン開発メカニズムからの卒業，2013年以降への共同実施・クリーン開発メカニズムの継続があげられている．

　共同実施およびクリーン開発メカニズムによるクレジットの獲得は，参加国の目標達成にとって大きな意味をもつ．途上国にとっても温暖化防止効果のある技術や資金の移転を享受する機会が増加することから，今後の途上国の排出量取引への参加を促進する要件の整備に寄与する．したがって，クレジットの承認プロセスの迅速化などによって，クレジット供給量を拡大することが課題となっている．

　また，京都メカニズムにおける国際排出量取引の参加国は，OECD加盟国および旧社会主義国となっており，途上国の貢献はクリーン開発メカニズムにおけるクレジットの供与を通じたもののみとなっている．しかしながら，今後の枠組みにおいては途上国の努力目標の設定が課題となっており，国際排出量取引への参加が期待される．差異ある責任原則に準拠しつつも，クリーン開発メカニズムに頼らず排出量取引への参加を可能とするために，初期配分量における配慮などの枠組みの構築が課題となる．さらに，京都メカニズ

ムでは約束期間が定められているため，残存期間の減少にともなって参加国にとって共同実施およびクリーン開発メカニズムのための案件を形成するインセンティブが減少する．したがって，2013年以降の枠組みと京都メカニズムとの整合性を明確にする必要が生じている．

　2013年以降の第2約束期間では，先進国・途上国両方の削減目標・行動が同じCOP決定の中に位置付けられ（カンクン合意），さらに2020年以降の国際的枠組みに向けての国際交渉では，アメリカおよび中国などの新興国を含めすべての国が参加する方向での議論が重ねられている．気候変動枠組条約の目的達成のためには各国の公平性や成果の実効性が引き続き大きな課題であり，京都議定書および京都メカニズムで明らかとなった成果や課題を今後の枠組み構築に活かしていくことが必要である．

《学習課題》
1. 経済的インセンティブを用いた環境政策と前章の法制度を用いた環境政策の利点と欠点をまとめてみよう．
2. 排出許可証市場における初期の排出枠の割当は，資源配分上どのような影響をもたらすかを考えてみよう．
3. 京都メカニズムの課題についてまとめてみよう．

●参考文献――
植田和弘『環境経済学』岩波書店　1996
環境経済政策学会編・佐和隆光監修『環境経済・政策学の基礎知識』有斐閣　2006
細田衛士・横山彰『環境経済学』有斐閣　2007

第III部

制度の評価

第 8 章
──費用・便益分析──

　21世紀は環境の世紀といわれている．持続可能な発展のために経済と環境の調和をはかり，限られた資源，なかでも環境資源の適正な利用をはかることが要請されている．適正な利用をどのように定義するかは難しいところであるが，1990年代に入って資源配分の効率性の観点からさまざまな政策の投資効果を評価する動きがわが国においても出てきた．現在では，費用・便益分析が公共政策決定手法のひとつとして位置づけられおり，環境資源もすでに多くの公共事業で評価の対象となっている．

　しかしながら，費用・便益分析に対してはその理論的根拠に由来する批判や便益（経済的価値）の測定の問題があげられている．本章では，まず費用・便益分析の理論的基礎である経済学の基礎的概念から厚生経済学に基づいた厚生の測度を説明する．ついで，費用・便益分析の可能性と限界を示すこととしよう．本章ではまず費用・便益分析の理論的基礎を理解したうえで，その可能性と限界を考えることが重要である．

> 〔キーワード〕便益，消費者余剰，補償変分，等価変分，パレート効率性，カルドアーヒックス基準，アローの不可能性定理

8-1　費用・便益分析の概観

　費用・便益分析（Cost-Benefit Analysis: CBA）の目的は，政策の実施についての社会的な意思決定を支援し，社会に賦存する資源の効率的な配分を促進することである．費用・便益分析は，経済学の分野で消費者余剰の概念が確立された頃から実際の政策に適用され始め，現在にいたるまで政策の効率性評価の中心的役割を担っている．

　合衆国では，1936年に「洪水制御法」においてCBAの概念が初めて採り入れられ，1950年の連邦河川流域委員会の報告書を契機として，水資源開発の標準的なガイドラインの中で適用が指示された．1960年代には，国防総省のシステム分析の一部として策定された施策立案・実行計画・予算編成システムPPBS（the Planning, Programming and Budgeting System）において体系的に導入された．個別事業ではなく，政策全般に対してCBAの適用を指示したのは1981年のレーガン政権の大統領令12291であり，主要な規制に対して規制インパクト分析（Regulatory Impact Analysis: RIA）を求めた．1994年のクリントン政権の大統領令12866では，規制の費用と便益を評価することが明示的に指示されている．議会においては，1995年に1億ドル以上の費用をもたらす規制に対してCBAをおこなうことを定めた．さらに，「2000年度財務・一般政府歳出承認法（FY2000 Treasury and General Government Appropriations Act）」では，行政管理予算局（the Office of Management and Budget: OMB）が規制の費用と便益に関する情報およびそれを測るためのガイドラインを出すことが定められ，連邦政府の政策形成の評価ツールとして不可欠な手法となっている．

　一方，日本では，政策の投資効果を資源配分の効率性の観点から評価する動きが表立って出てきたのは，1990年代に入ってからである．戦後復興期から高度経済成長期にかけては，あらゆる社会基盤が充足していなかったため，投資効果を比較検討することなく積極的な公共投資がおこなわれてきた．1990年代に入りバブル経済が崩壊し，経済・財政状況が厳しくなる中で，公共投資の無駄遣い，固定的な分野別配分，環境問題への関心の高まりなど

から，国民の公共投資に対する批判が高まってきた．社会基盤整備への公共投資の効率性と有効性が強く意識されるようになったのである．このような流れの中で，1997年，行政改革会議最終報告において政策に関する評価機能の充実の必要性が提言され，橋本内閣総理大臣（当時）から，建設・運輸など公共事業関係省庁に対し，既存事業の再評価，事業採択段階における費用対効果分析（費用・便益分析）の活用が指示される．1999年には，公共事業関係省庁（旧建設省，旧運輸省，農林水産省）がそれぞれ策定した事業評価実施要領において費用対効果分析が新規事業採択評価の一部として位置づけられることとなり，事業分野ごとに具体的なやり方を示したマニュアルが策定された．2001年には，中央省庁など改革の一環として政策評価制度が導入された．その中で，費用・便益分析は，総務省が策定した「政策評価に関する標準的ガイドライン」の3つの評価方式（事業評価，実績評価，総合評価）のうち，事業評価の手法のひとつとして位置づけられている．

8-2 費用・便益分析の厚生経済学的基礎

8-2-1 消費者の厚生

政策を評価する手法として，費用・便益分析の概念を初めて提唱したのは，フランスの土木エンジニアであったジュール・デュピュイ（Arsene Jules Juvenal Dupuit: 1804-66）である．デュピュイは，当時，古典派経済学者によって事業の経済性の無視を批判されていた政府の土木公団のエンジニア・エコノミストであったことから，公共事業の効用を厳密に確定することを最大の課題としていた．彼は橋の建設を事例として，限界効用概念に基づき，のちに消費者余剰と名付けられる考え方を示し，それと費用とを組み合わせて公共事業の社会的厚生を数値的に表現しようとした（Dupuit, J., 1844）．

デュピュイの余剰は，消費者がある財を買う際に実際に支払った金額と，支払おうと思っていた金額との差で表される．図8-1は，価格と消費量の関係を表した「消費曲線」を表す（消費曲線は，経済学における需要曲線とは異なり，数量が縦軸に，価格が横軸にとられている）．np量に関する効用は，実際に支払うOpを最低限としてそれよりも大きい．したがって，np量に対する消

費者の「絶対的効用」は $OrnP$ で表される．np 量に対する支払いをしたあとに，消費者に残された効用である「相対的効用」は，そこから生産費 $Ornp$ を引くことで求められ，三角形 pnP となる．この「相対的効用」はまさに，のちに消費者余剰の概念を示している．

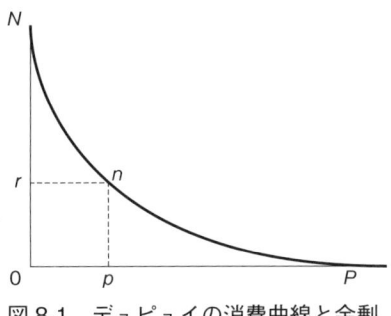

図8-1　デュピュイの消費曲線と余剰
（栗田〔2001〕より作成）

(1) 消費者余剰

デュピュイの「相対的効用」による余剰の概念を英語圏に紹介し，新古典派経済学の理論体系の中に位置づけたのがマーシャル（Marshall, A., 1920）である．

図8-2は，消費者の効用最大化行動から導かれるマーシャルの需要曲線を表している．消費者は，所与の所得と価格体系のもとで，自らの選好に基づいて効用を最大にするように財を選択すると仮定される．選好が選択に反映されるための条件として，完全性，推移性，反映性が仮定される．さらに，選好に基づく選択を効用関数として表現するために，連続性の仮定がおかれる．効用最大化問題は以下のとおりである．

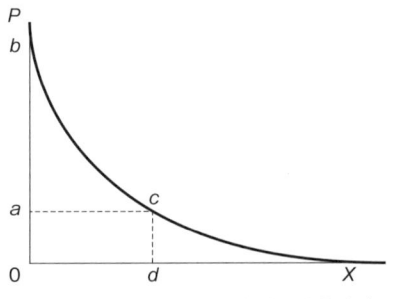

図8-2　マーシャルの需要曲線と消費者余剰

$$Max \ U = U(\boldsymbol{x})$$
$$s.t. \ \sum p_i x_i = I \quad (1)$$

$\boldsymbol{x}$ は X 財の数量を表すベクトル $\boldsymbol{x} = (x_1, ..., x_i, ..., x_n)$ を，I は所得を表す．これを解くと，x_i 財の需要を価格と所得で説明するマーシャルの需要関数が得られる．

$$x_i = x_i(\boldsymbol{p}, I) \quad \boldsymbol{p} = (p_1, ... p_i, ..., p_n) \quad (2)$$

　図8-2は財 X に関する需要関数を，価格と数量の平面に表したものである．デュピュイの余剰の概念を適用すれば，消費者余剰，すなわち，財の Od 量を購入する消費者の純便益，は三角形 abc で表される．しかし，効用最大化行動に基づく需要曲線で消費者余剰を定義する場合，消費者余剰がすなわち真の効用の貨幣測度となるとは限らない．それは，ある状態が変化して効用が変化したときの消費者余剰の変化は，状態の変化の順序に依存する性質（経路依存性）をもつことによる．すなわち，状態の変化によって複数の財の価格が変化したり，価格と所得が同時に変化したりする場合，変化の順序によって消費者余剰の値は異なってくるためである．

　消費者余剰の値が一意に定まるためには，経路独立性の条件を満たすことが必要とされる．複数の財の価格が変化する場合には，価格が変化した財の需要に対する所得弾力性が等しければ，経路独立性が満たされる．また，財の価格と所得が同時に変化する場合には，所得弾力性がゼロである場合に経路独立性が満たされる．前者の条件は，所得が変化した場合，価格が変化した財の消費量はすべて同じ割合で変化しなければならないことを示す．後者の条件は，所得が変化しても財の消費量はまったく変化しないことを示す．このような消費行動をもたらす選好は，現実的ではない場合が多い．

　さらに，消費者余剰の値が一意に定まる場合でも，消費者余剰が真に効用を表す測度であるためには，貨幣に対する限界効用（Marginal Utility of Money: MUM）が価格や所得の変化に対して一定であるという条件が満たされなければならない．状態によって貨幣に対する限界効用が異なれば，もはや貨幣という共通の測度によって状態間の比較をすることができないからである．MUMが一定であるという条件もまた，実証的には満たされることが難しい．

　マーシャルが明らかにした経路独立性および貨幣の限界効用一定の条件は，現実の消費行動ではほとんど満たされないと考えられたため，効用の貨幣測度として消費者余剰を用いることの妥当性に疑問が投げかけられた．

(2) 補償変分と等価変分

続いて消費者余剰の測度に関する理論を展開したのが，ヒックスである．2財 (x_1, x_2) のうち，x_1 財の価格 p^0 が p^1 に低下したときの消費者の効用最大化問題を考える．ここで，x_2 財が x_1 財以外の財を表す価格 $1 (p_2 = 1)$ の複合財であると仮定すると，x_2 財はニューメレール（価値尺度財，一般的には貨幣）であり，その数量は貨幣単位で表される．すなわち，予算制約線の x_2 財の切片は所得 I を表す．

$$\max U = U(x_1, x_2) \\ s.t.\ p_1 x_1 + x_2 = I \quad (3)$$

図8-3に示されるように，p^0 が p^1 に低下すると，消費可能な財の組み合わせは $x^0 = (x_1^0, x_2^0)$ から $x^1 = (x_1^1, x_2^1)$ となり，消費者の効用は U^0 から U^1 に増加する．ヒックスは，この効用の変化を補償変分および等価変分と呼ばれる所得の変化で表した．

補償変分（Compensated Variation: CV）とは，価格が低下したとき，消費者を価格変化前の効用水準にとどめておくとしたら，その人から取り去らなければならない金額である（価格が上昇した場合には，消費者を価格変化前の効用水準にとどめておくとしたら，その人に与えなければならない金額である）．

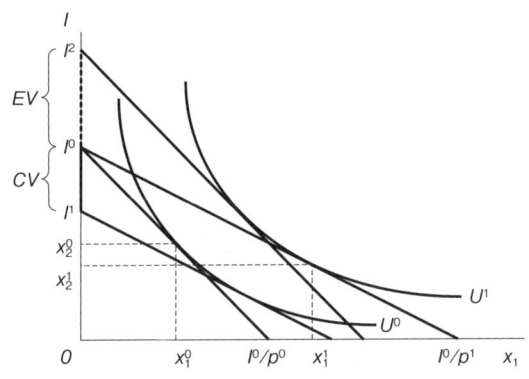

図8-3 補償変分と等価変分（価格が低下する場合）

図8-3によれば，補償変分は，価格低下後の予算制約線 $I^0 - I^0/p^1$ を，価格低下前の効用水準 U^0 を達成するように平行移動したときの所得変化 I^0I^1 で表される．

等価変分（Equivalent Variation: EV）は，価格が低下したとき，価格低下がなかったとしても，消費者が価格低下後の効用水準を達成するとしたら，その人に与えなければならない金額である（価格が上昇したときには，価格上昇がなかったとしても，消費者が価格上昇後の効用水準を達成するとしたら，その人から取り去らなければならない金額である）．図8-3では，価格低下前の予算制約線 $I^0 - I^0/p^0$ を，価格低下後の効用水準 U^1 を達成するように平行移動したときの所得変化 I^0I^2 で表される．

同じ効用の変化を表す貨幣測度であるにもかかわらず，消費者余剰，補償変分および等価変分は一般に異なる値を示す．マーシャルの消費者余剰は，$x_1 = x_1(p, I)$ について，p^0 から p^1 までを積分したものであり，価格低下前の状態0と低下後の状態1では効用水準が異なっている．これに対し，補償変分および等価変分では，それぞれ価格低下前，価格低下後に効用水準が固定されている．効用水準が固定された場合の需要を表すのが，ヒックスの需要関数である．効用水準が変化しない場合，支出を最小にすることによって効用を最大にすることができる（双対性）．

$$\text{Min } E = \sum p_i x_i \\ \text{s.t. } U(\boldsymbol{x}) = \bar{U} \quad (4)$$

これを解くと，財の需要を価格と効用で説明するヒックスの需要関数 $x_i^H = x_i^H(\boldsymbol{p}, U)$ が得られる．

図8-4は，価格低下による効用の変化を示す3つの余剰の関係を，需要曲線によって図示したものである．p^0 から p^1 への価格低下に対し，U^0 から U^1 への効用変化をともなうa点 (x^0, p^0) とc点 (x^1, p^1) を結ぶのがマーシャルの需要曲線 D である．一方，効用水準を U^0 に保ったままのa点 (x^0, p^0) とd点 (x^2, p^1)，もしくは U^1 に保ったままのb点 (x^3, p^0) とc点 (x^1, p^1) を結ぶのがヒックスの補償需要曲線 $H(U^0)$ および $H(U^1)$ である．補償需要曲

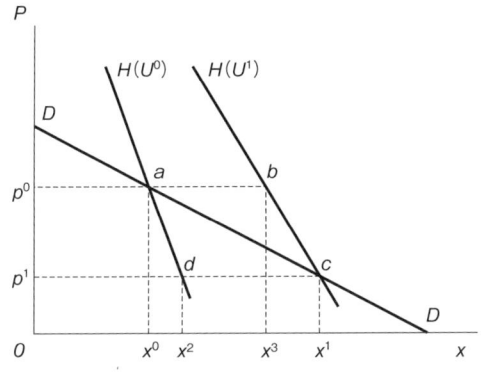

図8-4 マーシャルの消費者余剰・補償変分（CV）
・等価変分（EV）

線上の変化は，効用の変化に対して所得が補償されるため，価格変化による需要の変化分（価格効果）のみを表している．したがって，Xが正常財である場合，所得効果は正なので，マーシャルの需要曲線の方が価格に対して弾力的であり，3つの需要曲線の間には図8-4のような関係が成立する．

補償変分は$x = x(p, U^0)$について，等価変分は$x = x(p, U^1)$について，それぞれp^0からp^1までを積分したものである．図8-4では，p^0adp^1が補償変分を，p^0acp^1が消費者余剰を，p^0bcp^1が等価変分を表す．

補償変分による貨幣測度は価格効果のみを測ることができるため，マーシャルの消費者余剰の場合に問題となった所得効果による経路依存性の影響を受けない．したがって，厚生の変化を測る上で，理論的に適正な測度であるということができる．3つの貨幣測度が一致する場合，すなわち，消費者余剰を用いても補償変分または等価変分と同じ値を得ることができるのは，x財の需要の所得弾力性が0である場合である．そのような条件を満たす効用関数は，x財以外の特定の財にすべての所得効果が表れる準線型効用関数であり，その場合，理論的に3つの測度は一致する．

次に問題となるのは，補償変分と等価変分とでは，どちらが効用の変化を測るのに適しているのかという問題である．支出最小化問題を解くことによって得られる支出関数を用いると，補償変分と等価変分は次のように表すことができる．

$$CV = e(p^1, U^1) - e(p^1, U^0)$$
$$EV = e(p^0, U^1) - e(p^0, U^0) \quad (5)$$

　補償変分は，効用の変化を変化後のある価格体系 p^1 で評価する．ここで，効用が U^0 から U^1 に変化することは変わらないが，変化後の価格体系が p^2 であったとすると，同じ効用の変化に対して異なる貨幣換算額が導かれる．したがって，同じ効用をもたらす政策代替案が複数あるとき，補償変分ではそれらの政策間に一貫した順序付けができないという問題がある．逆に，初期の価格体系が複数あっても，最終的な変化後の価格体系がひとつであれば一貫した順序付けをおこなうことができる．これは，U^1 をもたらす価格体系 p^1 の状態にいたるまでに代替財や補完財の価格変化の経路が複数ある場合，それぞれの経路をもたらす政策代替案を適切に順序付けることができることを表す．

　一方，等価変分は補償変分とは反対に，価格変化前の価格体系 p^0 を基準として測るため，同じ効用をもたらすが価格体系が異なる複数の代替案を順序づけることができる．しかし，ひとつの価格体系にいたるまでの価格変化の経路が複数ある場合，それぞれの政策代替案を適切に順序付けることはできないことになる．

　したがって，補償変分と等価変分のどちらが適しているかは政策のタイプによって異なる．たとえば，価格変化が複合的におこるが，政策代替案がひとつしかなく変化後の価格体系が一意に定まる場合には，補償変分が適していると判断することができる．

　ところで，補償需要関数による補償変分と等価変分は，理論的には効用の変化を正確に表すことのできる測度である．しかし，ある政策によって市場価格が変化した場合，補償需要関数は実際の市場で観察することができない．一方，マーシャルの需要曲線は，変化前および変化後の需要と価格を観察することによって推定することができる．したがって，解決策として，補償変分および等価変分と消費者余剰との差，すなわち所得効果がそれほど大きくなければ，消費者余剰を理論的に正確な補償変分および等価変分の近似として用いることが考えられる．

ウィリグ (Willig, 1976) は，補償変分および等価変分と消費者余剰との差を推定し，多くの場合，その差は無視しうる程度の大きさであることを明らかにした．したがって，実際には，効用変化の測度として消費者余剰を用いても構わないことになる．ただし，所得への影響が大きいと考えられるような価格変化をもたらす政策については，消費者余剰で近似することによるバイアスが大きくなる可能性があることに注意が必要である．

8-2-2 生産者の厚生

生産者の厚生の測度は，生産者余剰である．生産者余剰は，企業の短期供給曲線と価格で囲まれた部分を表す．

図8-5は，企業の短期供給曲線を表す．市場価格が平均可変費用（Average Variable Cost: AVC）を上回れば，企業は固定費用がカバーされるため生産をおこなうことができる．市場価格が AVC に満たない場合には操業を停止する．さらに，市場価格が平均総費用（Average Total Cost: ATC）を上回れば，すべての費用を支払った上で利潤が発生する．供給曲線は，限界費用曲線（Marginal Cost: MC）の AVC を上回る部分となる．市場価格が p^0 のとき，生産者余剰は p^0abp^1 となる．

生産者余剰は市場価格と限界費用との差であるが，これは短期的には企業が固定生産要素を所有していることによって発生する．固定生産要素は，「固定」の名が示すとおり，短期的には供給量が限られているため，所有していると限界費用よりも高い対価を受け取ることができる．限界費用を超過する受け取り分をレントという．短期的には，その固定生産要素を所有している企業にレントが帰属するため，余剰となって表れる．長期的には，固定生産要素は可変生産要素となり，当該企業にとってのレントはなくなる．生産者余剰 p^0abp^1 は，短期であるこ

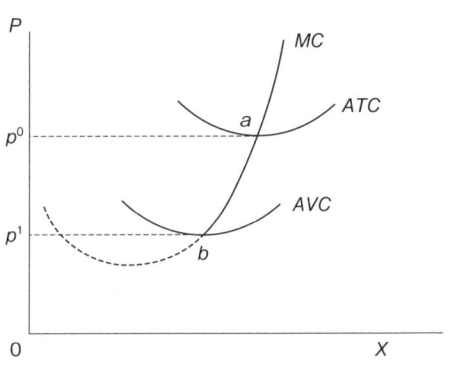

図8-5 企業の短期供給曲線

第8章◇費用・便益分析　117

とによって，対価の受取が生産量に応じて発生する費用を超えるために〔生産者に〕発生する準レントを測ったものである（長期には，短期において固定生産要素であったものも可変生産要素となり，生産要素の所有者がレントを得ることになる）．

　生産者余剰が生産者の厚生を表す測度として適切であるためには，生産要素が完全価格弾力的であるという仮定が満たされなければならない．可変投入物の価格弾力性が無限大であるという仮定が成り立たない場合，生産者余剰は生産者の厚生を表さない．投入量の増加によって生産要素の価格が上昇するとき，企業の限界費用曲線は上方にシフトするため，もとの限界費用曲線は供給曲線を表さないからである．したがって，生産者余剰を限界費用曲線によって測るためには，生産要素市場で価格が完全弾力的であることが前提条件となる．たとえば，その財の生産のために労働の投入量を変化させても，労働市場における価格（賃金）が変化しないという条件が必要である．

8-2-3　厚生基準と社会的選択

　費用・便益分析（CBA）は，ある政策によって社会全体として発生する消費者余剰と生産者余剰の和とその政策による費用とを比較することにより，ある政策の採択を決定することになる．以下では，その決定基準の理論的根拠を示す．

（1）パレート効率性

　CBAは資源配分の効率性を測るための評価手法である．第3章で述べたように最適な資源配分を表す基準をパレート効率性という．パレート効率的な状態とは，少なくとも他の1人の状態を悪くすることなくしては，誰の状態も改善することができないような資源配分の状態と定義される．パレート効率性が達成されるためには，経済活動の生産，交換，分配のそれぞれの局面において効率性の条件が満たされていることが必要である（3-2参照）．

　第3章（3-2）で述べたように，効用可能性フロンティア UU は，交換の効率性と生産の効率性を同時に満たす A と B の効用の組み合わせを示している．すなわち，効用可能性フロンティア（図8-6）上では，すべての効用

の組み合わせについて資源配分の効率性が達成されている．図8-6を見てわかるようにBの効用水準はAの効用水準を下げなければ上げることができない．したがって，効用可能性フロンティア上の点はパレート効率的な資源配分を表す．効用可能性フロンティアの内部の点cはパレート効率的ではなく，ab上の点に移動することによって厚生の状態を改善することができる．この状態の変化をパレート改善という．

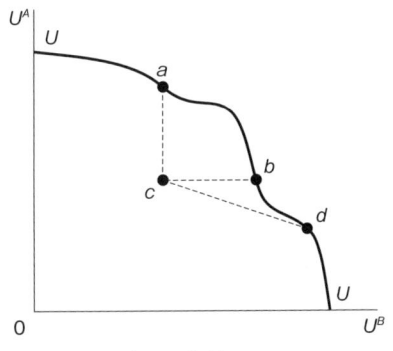

図 8-6　効用可能性フロンティア
（図 3-17 参照）

(2) 潜在的パレート効率性

実際の CBA においては，潜在的パレート効率性が評価の基準となる．ある政策が厚生を増加させるときには，現実には他の人の厚生が犠牲となる場合が多い．パレート効率性の基準を厳密に適用すると，大きな社会的便益が見込まれる政策であっても採択されない可能性が大きい．そのため，より現実的な基準として提唱されたのが，カルドア－ヒックス基準である．

カルドア－ヒックス基準（仮説的補償原理）：ある政策によって厚生が改善される人が，その政策によって厚生が悪化する人を完全に補償することができ，補償をしてなお改善された状態であるとき，その政策を採択せよ．

カルドア－ヒックス基準の概念は，CBA においては純便益が正となること，すなわち潜在的パレート効率性基準を表す．

潜在的パレート効率性基準：純便益が正となる政策を採択せよ．

　ある政策によって損失を被る人がいたとしても，その政策によって便益を受ける人が損失を被る人を補償してもなお正の便益が残るならば，その政策は潜在的パレート効率性基準を満たすことになる．図8-6における点

cから点dへの変化は，Bの効用は増加しているがAの効用は減少しているのでパレート改善ではない．しかし，Bの効用の増加は，Aが被った効用の減少を補償してもまだ余りあるため，社会全体で享受できる効用は点cの状態よりも増加している．このような変化を潜在的パレート改善という．

ここで注意すべきことは，仮説的補償原理の名が示すとおり，政策の採択の可否を判断するにあたって実際に補償がおこなわれる必要はないということである．仮に補償をした場合の状態が，政策を実施しない場合よりも厚生が改善された状態であると見込まれるならば，実際に補償をしなくても政策を採択する判断の根拠となる．

8-3 費用・便益分析（CBA）のプロセス

CBAを実施する際の基本的な流れと留意点を以下に簡単に示す．

(1) 代替案の特定

費用・便益分析の対象となる政策，および比較対象とする代替案を特定する．代替案の比較は政策を実施した場合（With）と実施しない場合（Without）との比較であり，実施の前（Before）と後（After）の比較ではない．

また，政策による費用と便益の及ぶ主体を特定する．政策の影響が，空間的，時間的にどこまで及ぶとみなすかによって，誰の便益と費用を算入するのかは異なってくる．道路建設の例であれば，受益者である道路利用者は整備対象地域の住民のみか，外部からの旅行者や通過交通なども便益を得るかを特定する．また，道路建設が環境に与える影響が現世代の地域住民だけではなく，将来世代にも及ぶ可能性があると考えられる場合には，将来世代の便益を考慮するか否かを決定する．

(2) 政策のインパクトおよび測定指標の選定

政策がもたらす物理的なインパクト，およびそれを測る指標を特定する．また，政策のインパクトは，多くの場合，複数年にわたって発生するため，

政策の効果が持続する期間のインパクトを予測する必要がある．

(3) インパクトの貨幣換算

定量化されたインパクトを貨幣換算する．貨幣換算とは，インパクトを市場における需要，供給，または均衡価格の変化として把握し，その余剰変化を算出することである．市場価格は，インパクトを貨幣換算する際に有用な情報を提供する．しかしながら，市場が不完全競争（例：独占）の場合，市場への政府の介入（例：関税，補助金）がある場合，市場がない場合，には注意が必要である．市場が無いまたは市場が完全ではない場合，観察可能なデータで余剰を把握することができない．このような場合，代替財や資産の市場を代理市場としてシャドウ・プライスを求める方法や，アンケートによって直接的に支払い意思額を求める方法が開発されている．詳しくは，第9章で述べる．

(4) 費用と便益の割引

期間にわたる費用と便益を年ごとに足し上げる際には，将来の費用と便益を割り引いて現時点の価値に修正する．これを現在価値（Present Value: PV）という．割引率は「将来利用できる一定量の資源は，現在利用できる同量の資源よりも価値が低い」という考え方を反映している．現在価値の計算式は，以下のとおりである．ただし，B は便益，C は費用，t は年，n は政策の期間，s は社会的割引率を表す．

$$PV(B) = \sum_{t=0}^{n} \frac{B_t}{(1+s)^t} \qquad PV(C) = \sum_{t=0}^{n} \frac{C_t}{(1+s)^t}$$

CBAによる政策の順位は割引率によって変化することもあり，割引率の選択は重要な意味を持つ．一般に，低い割引率を採用すると，便益が発生する時期にかかわらず総便益の高い政策が選ばれ，高い割引率を採用すると，早い時期に便益が発生する政策が選択される．

社会的割引率の値は，概念としては資本の機会費用，および時間選好によって決まることになる．時間選好の考え方によれば限界的時間選好率が，資本

の機会費用の考え方によれば民間投資収益率が適切な割引率である．完全市場が成立している場合には，市場利子率と限界的時間選好率，および民間投資収益率は一致するため，市場利子率を用いればよい．しかし現実には課税などにより市場に歪みがあり，3つの値は一致しない．どの値を割引率として採用するかについては議論が分かれる．理論的に合意を得た社会的割引率の決定方法はない状態である．

実際には，政策的に定められた値を用いるのが一般的である．現在，アメリカの予算管理局では7%，カナダの連邦債評議事務局では10%，日本では4%といった値が定められている．

(5) 費用と便益の比較

費用・便益分析の主たる目的は，資源を効率的に使用する政策の採択を支援することである．その採択基準としては，純現在価値法（Net Present Value: NPV)，費用便益比率法(Benefit Cost Ratio: B/C)，内部収益率法(Internal Rate of Return: IRR) がある．

純現在価値法は，政策の便益の現在価値と費用の現在価値との差であり，以下の式により求められる．

$$NPV = PV(B) - PV(C)$$

政策のNPVが正であれば採択，負であれば非採択の判断（カルドア－ヒックス基準）がなされる．

費用便益比率法は，政策の便益の現在価値と費用の現在価値との比率，

$$B/C = PV(B)/PV(C)$$

を判断基準とする．すなわち，B/Cが1より大きければ，その政策は採択と判断される．B/Cによる政策の順位付けは，NPVによる順位付けと異なることがある．たとえば，便益が10で費用が1の政策Aと，便益が100で費用が90の政策Bを考えた場合，NPVでは政策Bが採択と判断される．

一方，B/Cによれば政策Aが採択と判断される．NPVでは，費用がかかったとしても社会的により大きな便益が得られるのであれば採択するのに対して，B/Cは社会的な便益の最大化ではなく，より費用効率的な政策を採択する基準となる．したがって，社会的余剰を最大にするという政策本来の機能を評価するためにはNPVが適切である．政策の費用が固定されている場合には，B/Cによる評価の順序付けはNPVによるものと等しくなる．

経済内部収益率（IRR）とはNPV=0となるような割引率である．IRRが民間投資収益率などの資本の機会費用より高い場合には，当該政策は資本を他の用途に利用した場合よりも効率的であることを示し，採択と判断される．IRRによる政策の順位付けもまた，政策実施期間にわたる便益と費用の発生パターンによってはNPVと異なる場合があり，必ずしも社会的余剰の最大化を表す指標ではない．むしろ資本投資の効率性を測るのに適した指標であり，融資の評価に適用されることが多い．

（6）感度分析

感度分析は，インパクトの予測やインパクトの貨幣換算の過程における不確実性に対処するためにおこなう．インパクトの予測値やシャドウ・プライスとして不確実な値しか得られない場合，それらの期待値に幅を持たせてシミュレーションをおこない，評価結果の頑健性を検討する．

8-4 費用・便益分析の限界

8-4-1 カルドアーヒックス基準に対する批判

潜在的パレート効率性基準としてのカルドアーヒックス基準は，厚生が悪化する人を1人も許さないパレート効率性基準よりも緩い基準である．政策の採択基準として，パレート効率性基準ではなく潜在的パレート効率性基準を用いる理由として，5つの考え方がある．第一に，1人でも厚生が悪化するならば政策が採択されないという条件が緩められることにより，厚生が悪化する人はいるものの，大きな社会的便益を発生させる政策が排除されない．第二に，つねに純便益が正の政策を採択し続けていれば社会全体の富が

最大化されるため，再分配される富が増加し，最終的には再分配によって厚生の状態が悪化した人も状態がよくなると考えられる．第三に，多くの政策が実施されれば，それぞれの政策によって厚生が改善する人と悪化する人は異なるため，トータルでは個人にとっての厚生の改善と悪化は平均化される．第四に，仮説的に補償が可能かどうかという点のみに注目するため，政策決定過程において，政治的に声の大きいステイクホルダー（stakeholder）にとっての厚生のみが重視されてしまうことを防ぐことができる．そして最後に，個々の政策を効率性基準で採択していれば，公平性のための再分配政策は，個々の政策ごとに配慮する必要はなく一括しておこなえばよいことになり，行政コストが節約される．

以上の考え方によってCBAでは潜在的パレート基準を用いている．にもかかわらず，CBAに対する批判はより根本的な考え方から生まれているものであり，CBAの適用にあたってはこの点を十分に考慮することが必要となろう．したがって，以下では公平性に関して少し詳しくみてみることとしよう．

支払い意思額を表す需要曲線は，予算制約のある効用最大化問題の解であることから，富の初期配分に依存して決まる．また，富の初期配分によって，社会の構成員の貨幣の限界効用も異なるものと考えられる．その場合，低所得者と高所得者とでは，支払い意思額として示す同じ1万円が同じ価値を表さないことになる．

このとき，受益者から損失を被るものに対して，実際に補償をおこなうパレート効率性基準が適用されるならば，社会全体の厚生が増加するため問題はない．しかし，CBAで用いられる潜在的パレート効率性基準では，個人の富の配分と貨幣の限界効用が異なる場合，貨幣単位では仮説的に補償すると正の価値があっても，損失を被る人の効用の減少分は受益者の効用の増加分よりも大きいかもしれない．すなわち，潜在的パレート効率性基準では，個人の効用間の比較をしないと，社会全体の厚生が増加するかどうかを判断できない．したがって，政策のインパクトが異なる所得階層にもたらされる場合，潜在的パレート効率性基準に基づくCBAの評価の妥当性は小さくなる．

富の初期配分は，パレート効率性そのものの妥当性にも問題を提起する．

政策の結果達成されるパレート効率的な資源配分の状態は，初期の富の配分によって変わる．もともと所得に差のある状態を出発点とした場合，誰の状態も悪化しないことを求めるパレート効率性基準では，必然的に，改善後の状態も依然として高所得者への配分が大きい状態に決まる．このような富の初期配分の影響を問題にする場合，パレート効率性基準は厚生を評価する基準として不完全であり，効用，初期配分，消費を含む社会厚生関数を用いるべきであるという主張もある．このような社会厚生関数の表現は，配分の望ましさに対する価値判断を内包する．価値判断は社会の構成員の合意によって形成されるが，アロー（Arrow）の不可能性定理によれば，民主主義的手続きによって一意の価値判断（社会的厚生関数）を決めるのは不可能である可能性が高い．

8-4-2　アローの不可能性定理

費用・便益分析の基礎である経済学では，個人の選好は推移律を満たすものとみなされている．すなわち，推移律を満たす選好とは，YよりXが，ZよりYが好まれるならば，ZよりXが好まれる，という関係が成り立つことである．社会を構成するメンバーの個人的な選好が推移律を満たしていれば，集計された選好は推移律を満たす社会的なランク付けをおこなえるかというと，それは不可能であることが「アローの不可能性定理」によって知られている．

「アローの不可能性定理」は，2人以上が3つ以上の政策から選択をしなければならないとき，表8-1の条件を満たさなければならないならば，推移律を満たす社会的順序は保証されないことを証明した．

個人の選好がこれらの条件を満たしている場合，集計された選好による選択肢のランク付けは循環的になってしまう可能性がある．CBAにおける純便益による意思決定ルールも，個人の選好をベースとして政策のランク付けをおこなうという点で，不可能性定理が記述する状況と同様である．

表8-1の条件を満たす個人の選好に基づいた選択肢のランク付けが循環的になる簡単な例を占めそう．表8-2は3つの選択肢X, Y, Zに関する個人A, B, Cの選好順序を示している．ここで，選択肢の対の組み合わせについてどち

表8-1　アローの不可能性定理における選好の条件

非限定領域の公理：	個人は, 推移率を満たすならばどのような選好も持ちうる.
パレート選択の公理：	ある選択肢が2番目よりも全員一致で選好されうるならば, 2番目の選択肢が採択されることはない.
独立性公理：	2つの選択肢の順序付けは, 他の選択肢に影響されることはない.
非独裁の公理：	ある一人が他の人の選好に対して独裁的な力を持つことはない.

表8-2　個人A, B, Cの選好順序

順位＼個人	A	B	C
1	X	Z	Y
2	Y	X	Z
3	Z	Y	X

らを選択するかという投票をおこなうとする．すると，

　　X対Yの場合には，個人AとBは$X \succ Y$であるので，多数決でXに決まる；
　　Y対Zの場合には，個人BとCは$Y \succ Z$であるので，多数決でYに決まる；
　　X対Zの場合には，個人BとCは$X \succ Z$であるので，多数決でZに決まる，

というようにランク付けが循環することとなる．

　純便益による意思決定ルールが推移律を満たす社会的順序付けを保証するためには，さらに条件が必要である．需要曲線の背後にある個人の効用関数の領域条件は，正かつ限界効用が逓減することであるが，これだけでは不十分である．さらに，個人の効用関数は，個人の需要関数が所得の合計によって市場需要関数に集計されうることが必要とされる．そのためには，2つの条件が成立していなければならない．すなわち，すべての個人の財に対する需要は所得の増加に対して線形的に増加し，その増加率は個人間で等しいこと，また，個人はすべて等しい価格集合に直面していることである．後者は，市場で取引されている財については妥当であるが，前者は厳しい仮定である．この意味で，需要曲線で表される支払い意思額は，政策の相対的な効率性を測る基準として完全ではない．

　CBAで政策の効率性を評価すること，すなわち支払い意思額によって把握した純便益を効率性基準として用いるということは，個人の選好が，集計

需要関数が存在できるような条件を満たしていることを暗に仮定していることに留意する必要がある．

8-4-3 費用・便益分析に対する他の批判

費用・分析に対する多くの批判は，上述のように費用・便益分析が効率性に偏った判断を示すものであり，公平性への配慮が足りないというものである．しかしながら，他の点についても費用・便益分析の限界が示されている．たとえば，ある政策によるインパクトが環境に及ぶ場合，環境の質のように市場が成立しない財の貨幣的評価に関しては，第9章で示すようにさまざまな評価法が提案されている．しかしながら，今現在，多くの人々が納得する評価法は示されていないといえよう．また，インパクトをすべて貨幣で評価するということや，貨幣で評価できない多様なものの評価を費用・便益分析では扱うのが難しいということ．さらに，蓄積性を有するものや間接的インパクトの扱い，不確実性の扱い，などに関して適切な扱いがなされているか，また，このようなインパクトがある場合に割引率を用いることが適切か否かという点に疑問が投げかけられている．

《学習課題》
1. 消費者余剰を具体的な財で考えてみよう．
2. 所得や財の価格が変化するときを想定し，貨幣の限界効用が一定であるという条件が成立しないことを確かめてみよう．
3. 潜在的パレート基準についてあなたの考えを述べなさい．
4. 費用・便益分析の適用可能性を具体的な事業を対象として考えてみよう．

● 参考文献──

栗田啓子「解題」『デュピュイ　公共事業と経済学』日本経済評論社　2001（近代経済学古典選集〔第2期〕）

萩原清子編著『環境の評価と意思決定』東京都立大学出版会　2004

Boardman, A.E., Greenberg, D.H., Vining, A.B., Weimer. D.L, *Cost-Benefit Analysis - Concept and Practice,* Prentice Hall　2001

Dupuit, J. *"De la mesure de l'utilite des travaux publics."* Annales des Ponts et Chaussees　1844

Hanley, N. and Spash, C.L., *Cost-Benefit Analysis and the Environment,* Edward Elgar　1993

Just, R. E., Hueth D. L. and Schmitz, A., *Applied Welfare Economics and Public Policy,* Prentice-Hall　1982

Marshall, A., *Principles of Economics,* 8th ed., Macmillan　1920

Nas, Tevfik, F., *Cost-Benefit Analysis: Theory and Application.* SAGE Publication Inc., 1996　萩原清子監訳『費用・便益分析』勁草書房　2007

Willig, R. D., *"Consumer's Surplus Without Apology."* American Economic Review, 66, no.4, 589-597　1976

第 9 章
―― 環境の価値の経済的評価 ――

　前章の費用・便益分析のプロセスの便益の評価において環境の価値の評価は近年とくに必要となってきている．しかしながらその評価の方法はそれほど簡単ではない．本章では，環境の（価値の）評価をさまざまなアプローチによって試みる方法を紹介する．まず，環境の価値を利用価値と非利用価値に分ける考え方を示す．環境の価値を評価する手法は大きく2つに分けられるが，はじめに環境財と関係のある市場（代理市場）データを用いる手法を，ついで人々への直接質問によって評価をおこなう手法を紹介する．

　環境の価値の評価に関しては，手法の手順を説明する本や資料も手に入るようになっている．また，とくに直接質問によって評価をおこなう仮想的市場法（CVM）は考え方の基礎にある補償変分や等価変分の十分な理解なしに安易に使われることが多くなっている．したがって，本章はこれまでの章の理解を確認しながら各手法の適用可能性を考えることが重要である．

> 🔑 〔キーワード〕利用価値,非利用価値,費用節約アプローチ,回避費用アプローチ,旅行費用アプローチ,ヘドニック・アプローチ,CVM,コンジョイント分析,離散的選択モデル

9-1 環境の価値

　環境の価値は利用価値と非利用価値からなると考えられている（表9-1参照）(Freeman, 1993)．利用価値は取水やレクリエーションなど実際に利用することにともなう価値である．一方，非利用価値としては，存在価値（環境が保全されて存在しているということへの満足）や遺贈価値（子孫へ環境を残そうということへの意志）があるとされている．

　最初に非利用価値を考慮しようとした考え方の出発点は以下のようなものである．つまり，ある人は実際にはその場所に行かなくても，他の人が利用できるような場所が存在し，また，将来世代が利用できるということを知ることで満足するであろう．クルティラ（Krutilla, 1967）は非利用価値として，存在価値（環境資源が存在するということに対する支払い意思額），遺贈価値（将来世代に自然資源を賦与することから得られる満足に対する支払い意思額）をあげた．しかし，この非利用価値については現在でも意見が分かれており，この価値そのものを評価することへの疑問も出されている．用語自体も統一されておらず，利用価値と並んで，存在価値，固有の価値，という表されかたをすることもある．また，経済学者の多くは非利用価値の存在を認め，小さくない値であるとは思ってはいるが言葉の使い方や定義などに疑問を呈示している．とくに，非利用価値を持つにいたる動機やその測定に対して批判的である．

　非利用価値についての主としてその測定法に関する問題はあるものの，非利用価値そのものの存在はおおよそ認められているようである．したがって，環境の総経済的価値は，以下のように表される．

総経済的価値＝利用価値＋非利用価値

　ところで，総経済的価値はいつどのような場合においても評価されるべきものとは考えられない．非利用価値を含む総経済的価値の評価が必要とされる状況は次のような場合とみなされよう．

表 9-1 環境の価値

利用価値	実際の利用価値：レクリェーション，取水など
	直接的利用：木材，レクリェーション，医薬品，居住，利水など
	間接的利用：流域保護，大気汚染の減少，ミクロの気象など
	オプション価値：上述の将来の利用
非利用価値	存在価値：環境が保全されて存在しているということへの満足
	遺贈価値：子孫へ環境を残そうということへの意志

表 9-2 経済的評価手法

データの種類	行動の種類	
	実際の行動	仮想的状態
	（顕示選好データ：RPデータ）	（表明選好データ：SPデータ）
直接的	費用節約アプローチ	仮想的市場法
		離散的選択モデル法
間接的	回避費用アプローチ	仮想的順位法
	旅行費用アプローチ	仮想的行動法
	ヘドニック・アプローチ	コンジョイント分析
	離散的選択モデル法	離散的選択モデル法

①不可逆性があるとき
②不確実性があるとき
③唯一性が認められるとき，たとえば，絶滅の危機にある種，独特の景観など

9-2 環境の価値の経済的評価手法

　人々の厚生は，財やサービス（私的財，公共財）の消費ばかりでなく，環境（資源）からの財やサービス（通常これらは非市場財である）の量や質にも依存している．これら財・サービスの変化が人々の厚生にどのような影響を与えるかがその経済的価値を測る基礎となっている．このような厚生変化を測るものとして，消費者余剰，補償変分（CV），等価変分（EV）がある．
　これらを実際にどのように計測するかということから，環境の経済的評価手法は，環境財と関係のある市場（代理市場）データを用いるもの（顕示選好データ），と人々への直接質問によって評価をおこなうもの（表明選好デー

タ），とに大きく分けられる（表9-2参照）（萩原・萩原，1993；萩原，1996）．

9-2-1　環境財と関係のある市場（代理市場）データを用いるもの（顕示選好法：RP（Revealed Preference）データ）

(1) 費用節約アプローチ（Cost Saving Approach）

都市用水供給の場合には，水源の水質（原水）は生産要素のひとつであり，水質の変化によって生産費用は変化する．水質が都市用水の生産において他の生産要素と完全代替財である場合には，原水水質の改善は生産要素投入費用の削減につながる．この費用節約額が水源の環境汚染を防ぐことによる水質改善効果の評価となる．

実際にこの手法を適用した例を簡単に紹介しよう．

まず，滋賀県の琵琶湖を水源としている大津市の3つの浄水場の浄水生産の費用関数を推定した．この費用関数を用いて，単位費用が一定で水質が5.9ppm（1979年の値）から2.0ppmへと改善されると想定すると，費用節約は2.04円／m^3となる．1980年の琵琶湖からの水供給量は約20億m^3／年であるので，この水質改善により40.8億円／年の費用節減となることが示された．なお，浄水生産における化学的物質の投入は浄水生産において水質の完全代替財ではないため，上記の金額は水質改善による真の便益の過小評価となっていると考えられる（Hagihara and Hagihara, 1990；萩原，1990ほか）．

(2) 回避費用アプローチ（Averting Expenditure Approach）

水源での環境汚染による原水水質の悪化によって水道水に異臭を感じる人が多くなっている．そのため，多くの人々が湯冷ましやミネラルウォーターを利用している．このような行動は異臭味を回避する行動とみなされる．この回避行動と水質が完全代替であれば，観察可能な回避行動から回避支出額を求め水道水質の経済的評価をおこなうことができる．

この手法の適用例を紹介しよう．まず家庭で水を使うときの水質に関するアンケート調査を大津市でおこなった．大津市の消費者は，琵琶湖から導水している2つの浄水場から水の供給を受けている．アンケートは，以下の順

でおこなった．

①家庭で水を使うときに臭いなどを感じているかについて聞く．
②水を使うときの行動（たとえば，水を流しっぱなしにする，沸騰させてから使用する，など）を聞く．

①の調査の結果，水を使うときにしばしばおよびときどき異臭味を感じている世帯は約70％であった．そして②の調査によると大津市の世帯の半数以上が何らかの行動（回避行動）をとっていることがわかった．人々は異臭味を感じないときには回避行動はとらないとすると，回避支出（何らかの行動に要する費用）は大津市の浄水場の原水，すなわち琵琶湖の水質改善の便益を表すものとみることができる．こうして便益を求めると，琵琶湖の水を使用している淀川下流住民全体では200億円／年という数値が得られた．

なお，上記アンケートでは回避行動によって水質に満足を得る結果となっているかも聞いているが，ほとんどすべての人が満足していないと答えている．つまり，回避行動は家庭用水の水質の完全代替とはなっていなく，回避支出の削減によって求められる水質変化による便益は過小評価されているということがいえる（Hagihara and Hagihara, 1990；萩原，1990ほか）．

(3) 旅行費用アプローチ（Travel Cost Approach）

人々が湖や河川を訪れるという場合を想定する．水質の改善は人々がそこでレクリエーション活動をしなければ何の価値もない（ここでは利用価値のみ考えている）．もしそうであれば，水質とそこへの訪問回数で測られるレクリエーション活動は弱い補完関係にある．湖や河川の環境汚染による水質の悪化があった場合に水質改善による便益は，水質の改善前と後のその場所への訪問の需要曲線（変数に水質を含む）の間の面積（消費者余剰の差）から求めることができる．

(4) ヘドニック・アプローチ（Hedonic Approach）

この手法は居住資産価値と環境条件の差に相関が認められる．たとえば，

きれいな空気という環境質は地価あるいは住宅価格に資本化される（キャピタリゼーション仮説）という点を根拠としている．すなわち，人々は環境のよい（たとえば，きれいな空気，土壌汚染がない，浸水の心配がない，など）住居を求めるであろうということから，改善前後の資産データを利用して浸水や環境汚染リスクを測ろうというものである．

地価や住宅価格を被説明変数とし，これを説明する環境質（大気や土壌の質，浸水の可能性，など）を変数とする市場価格関数を推定した上で，そのパラメータから環境質の評価をしようとするものである．

すでに，騒音，大気，水質，廃棄物，緑などのアメニティなどの環境質や社会資本（交通サービス，上・下水道サービス，河川の防災空間，公園などの空間）機能などにヘドニック・アプローチが適用され価値が計測されている．

この手法の適用条件を少し詳しく説明しよう．まず，上述のキャピタリゼーション仮説が成立する条件は，

①消費者の同質性（すべての消費者が同じ効用関数と所得をもつ）
② 地域の開放性（地域間の移住は自由で移動コストは0）

である．

また，社会資本整備の便益の測定が可能となるのは，つぎのいずれか1つの条件が成立する場合である．

①社会資本整備プロジェクトが小さく，環境質や社会資本水準の変化が小さい
②影響を受ける地域の面積が小さい
③土地と他の財の間に代替性がない

これらの条件が成立しない場合には，評価値は過大評価になったり，過小評価になったりする．しかし，以上の適用条件は厳しいので，可能ならば(3)の旅行費用アプローチなどによる消費者余剰でおこなう方がよいとされている．

(5) 離散的選択モデル法（Discrete Choice Model Method）

離散的選択モデルはランダム効用理論に基づいている．基本的には(3)の旅行費用アプローチの発展型であり，以下に述べる仮想的市場法（CVM）あるいはコンジョイント分析とも結合可能である．つまり，データとしては，顕示選好（RP）データとともに表明選好（SP）データを用いることも可能である．ランダム効用理論は，完全合理性の仮定に基づいてはいるが，ランダム項の解釈によって，人々の気まぐれを反映するものとなっている．なお，この手法の適用例を以下の9-3で示す．

9-2-2 人々への直接質問によって評価をおこなうもの（表明選好法：SP（Stated Preference）データ）

(1) 仮想的市場法（Contingent Valuation Method: CVM）

（仮想的順位法〔Contingent Ranking Method: CRM〕，仮想的行動法〔Contingent Activity Method〕なども含む．）

この手法では，非市場財，すなわち，実際の市場で取引されない財やサービスの貨幣評価を個人に質問する．たとえば，環境汚染を低減することに対して個人がどれだけ支払うかが表明されるような市場（仮想的市場）をつくる．そして，ある特定の場所での水泳や釣りができるようになるような環境汚染の低減案に対する評価を個人に尋ねる．たとえば，以下のような質問をする．

環境汚染が低減され，水泳が可能となるような水質に改善されると想定する．この環境汚染低減策に対してどれだけ支払う意思があるか（補償変分〔CV〕）．

環境汚染低減策がおこなわれないと想定する．このとき，水質の改善後と同じくらいの満足を得るためには最低限どれだけの補償が必要か（等価変分〔EV〕）．

(2) コンジョイント分析（Conjoint Analysis）

これは，さまざまな属性別に人々の選好を評価する手法の総称である．上

記(1)の仮想的順位法とほぼ同じアプローチであるが,より明確に多属性を扱う.

なお,SPデータによる方法に関しては,バイアスの存在などさまざまな問題点が指摘されており,その解決のためさまざまな提案がおこなわれている.したがって,その使用にあたっては十分な注意が必要である.また,RPデータが利用可能な場合にはできるだけRPデータを用いる方法の適用を考えるのが望ましい.

9-3 環境の経済的評価の事例

9-3-1 水辺の環境評価

従来,日本の河川整備は,河川周辺住民の安全や生活の安定を確保するための治水整備と,社会経済活動を維持するための利水整備に重点を置いて実施されてきた.しかし,都市化の進展による河川環境の変貌や人々の身近な自然環境への関心の高まりとともに,水辺や緑の保全・創出が望まれるようになってきた.このような社会的要請に応えるため,河川法の改正において河川管理の目的に新たに環境の整備が付け加えられるとともに,国および多くの地方自治体では,所管河川流域の水環境整備計画が検討されるようになってきた.

また,水辺整備においてばかりでなく,治水整備や利水整備の際にも人々の環境に対する要望を反映することが必要となってきている.こうした状況に対応して,人々の環境に対する要望を把握するためさまざまな環境評価手法が提案されている.

本節では,上で紹介した離散的選択モデルを適用して水辺環境の評価をおこなった事例を示す(Hagihara ane Hagihara, 2004;清水,2001;萩原,2004).

(1) 水辺利用モデルの基本的考え方

水辺環境の創出のための基本的考え方は,住民(個人)による水辺の利用状況から水辺環境を評価し,住民にとって最も望ましい(個人の効用を最大

化する）水辺環境（水辺環境の整備理念，整備項目，整備レベルなど）を決定するということである．

したがって，「個人が水辺利用行動の基本的な意思決定単位であり，個人はある選択状況の中から最も望ましい選択肢を選択する」という基本的前提をおく．水辺利用行動の選択肢のもつ「望ましさ」，あるいは「効用」は，その選択肢のもつ特性と，その個人の属性によって異なると考えられる．

ランダム効用理論では，この効用が確率的に変動すると考える．その理由としては，次のものがあげられる．個人の行動は必ずしもつねに合理的選択行動に厳密に従うとは限らない．気紛れといった形で別の行動ルールをとることも考えられる．また，利用可能な選択肢の範囲やその特性についての情報不足や個人の社会的属性その他の要因など観測不可能なものもある．

ランダム効用理論では，効用関数を観察可能な部分と観察不可能な部分に分け，観察不可能な部分をランダム変数として表す．

$$U_{ij}=V_{ij}+\varepsilon_{ij} \quad (1)$$

ただし，U_{ij} は個人 i が行動 j を選択したときの効用，V_{ij} は効用の確定項，ε_{ij} は確率項である．$U_{ij}>U_{ik}$ のとき，行動 j は個人 i によって選択される．個人 i が行動 j を選択する確率は，

$$\pi_{ij}=\Pr\{V_{ij}+\varepsilon_{ij}\geq V_{ik}+\varepsilon_{ik}; j\neq k, j,k\in A_i\} \quad (2)$$

である．ただし，A_i は個人 i が選択可能な行動の集合である．

ここでは V_{ij} は以下のような間接効用関数とする．

$$V_{ij}=V_{ij}(q, p_{ij}, y_i, m_i) \quad (3)$$

ただし，q は水辺の特性，p_{ij} は個人 i が行動 j をとるための費用，y_i は個人の所得，m_i はその他個人の属性である．ここで q は河川の水質や水量などとともに水辺に緑が多いとか歩きやすいなど人々の主観的な認識で水辺の特性

を表している．また，m_i としては，子どもがいる，犬などのペットがいる，時間的にゆとりがあるなどの個人的要素が含まれている．

式(1)の確率項が独立のガンベル分布に従うとすると，水辺を利用する($j=1$)・利用しない($j=2$)の二肢選択問題として次式のロジットモデルが与えられる．

$$\pi_{i1} = \exp(V_{i1})/[\exp(V_{i1}) + \exp(V_{i2})] \quad (4)$$

(2) モデルの適用

上記のモデルを川崎市の二ヶ領本川の周辺住民を対象に適用した．アンケート調査は，1997年4～5月に二ヶ領本川の周辺住民1000人を対象に，計測データ（水辺までの時間），認識データ，および個人属性データ（家族構成，ペットの有無など）に関しておこなった．調査票の配布および回収は郵送でおこなった．有効回収数は395票であった．回答者の性別は男女おおよそ半々，年齢構成は40～59歳が全体の半数を占めている．

認識データは，水質のよさ，木の多さ，水量の多さなど26項目の水辺の現状に対してプラスのイメージからマイナスイメージまで5段階の評価をしてもらった（表9-3参照）．

(3) モデルの推定

アンケートでの5段階の認識データを用いて，モデルを適用した結果を表9-4に示す．

(4) 経済的評価

本モデルから経済的（金銭的）評価をするためには何らかの金銭概念を導入することが必要となる．旅行費用モデルでは通常，距離に応じた旅行費用（交通機関の運賃などで表される）が用いられるが，本節で対象とする水辺はこのような意味での費用はかからない．したがって，水辺への到達時間の時間価値が用いられるのが普通であろう．しかし，ここで考えなければならないのは，いったい誰の時間価値かということである．交通などで使われる時

表9-3 二ヶ領アンケートによる観測変数と指標変数

No	調査項目	内容	形式	No	調査項目	内容	形式
	観測変数							
1	水質の良さ	水がきれい⇔汚い	5段階評価	2	臭いの有無	いやな臭いがしない⇔する	5段階評価
3	ゴミの有無	ゴミが少ない⇔多い	5段階評価	4	水量の多さ	水量が多い⇔少ない	5段階評価
5	木の多さ	木が多い⇔少ない	5段階評価	6	花の多さ	花が多い⇔少ない	5段階評価
7	草の多さ	草が多い⇔少ない	5段階評価	8	魚の多さ	魚が多い⇔少ない	5段階評価
9	昆虫の多さ	昆虫が多い⇔少ない	5段階評価	10	鳥の多さ	鳥が多い⇔少ない	5段階評価
11	人の多さ	人が多い⇔少ない	5段階評価	12	歩道の有無	遊歩道や歩道が多い⇔少ない	5段階評価
13	堤防の傾斜	堤防が緩やか⇔急勾配	5段階評価	14	遊ぶ場所の有無	遊ぶ場所が多い⇔少ない	5段階評価
15	公園の有無	公園が多い⇔少ない	5段階評価	16	休む場所の有無	休む場所が多い⇔少ない	5段階評価
17	トイレの有無	トイレが多い⇔少ない	5段階評価	18	駐車(輪)場の有無	駐車(輪)場が多い⇔少ない	5段階評価
	指標変数							
19	風景の良さ	風景や景観がよい⇔悪い	5段階評価	20	歩きやすさ	歩きやすい⇔歩きにくい	5段階評価
21	静かさ	静かである⇔騒がしい	5段階評価	22	近づきやすさ	水際まで降りやすい⇔降りにくい	5段階評価
23	危険の有無	危険を感じない⇔感じる	5段階評価	24	気軽さ	気軽に行ける⇔行けない	5段階評価
25	わかりやすさ	場所がわかりやすい⇔わかりにくい	5段階評価	26	親しみやすさ	親しみやすい川⇔親しみにくい	5段階評価

表9-4 類型化サンプルによる結果

特性変数	パラメータ	t値
水がきれい	1.101	3.87
木がある	0.653	2.71
休む場所がある	0.508	2.09
河川までの距離	−0.002	−1.36
時間的にゆとりがある	1.361	2.77
水辺に関心がある	1.868	5.07
再現精度 的中率 全体		86.1%
利用する		89.8%
利用しない		70.7%
尤度比	$\rho^2 = 0.60$	

間価値は賃金を得るような労働をしている大人を対象としているため賃金率などが使われている．しかし，本例での水辺利用者としては子どもやお年寄りも想定しており，上記の概念での時間価値を使うことはできないと考えられる．経済的評価はこの時間価値を明確にしてからでなければ実際には求められないことになる．

　しかしながら，時間費用の問題が解決し，さらに所得の限界効用一定ということが認められるならば，水辺環境の評価は，水辺整備前後の効用の差として求めることができる．たとえば，時間価値を一律21.2（円／分・人）として移動時間費用を求める（ただし，ここでの時間価値は次式で求めた．〔時間価値（円／時間）＝現金給与総額（円／月）／総実労働時間（時間／月）×就業比率〕）．水辺整備後の主観的水質認識レベルを現況での主観的水質認識レベルより＋1になったとしてCV値を求めてみると，約7300（円／月・人）となる．なお，この値は水質に対する現況の主観的認識レベルが3の人が4の認識をする，あるいは，現況の主観的認識レベルが4の人の認識が5になったとして与えられるものである．さらに，この値に二ヶ領本川利用人口を掛けるとこの水辺の経済的評価を得ることができる．

　最後にもう一度注意しておくが，時間価値の問題があるかぎりここで得られる環境の経済的評価額の絶対値については，但し書き付きにならざるをえない（萩原ほか，1998）．

9-3-2　飲料水の水質リスクの評価

（1）飲料水における水質リスク

　飲料水の水質について以前は，単に臭いがあるとか，水質が悪いというとらえ方がされ，リスクとしては考えられていなかった．しかしながら近年，発現経路の確定しにくい汚染やトリハロメタン，クリプトスポリジウム，内分泌撹乱物質（いわゆる環境ホルモン）などが上水道において大きな問題となり，環境リスクのひとつとして飲料水の水質リスクを考慮することが必要となってきた．

　トリハロメタンは浄水処理の塩素消毒をおこなう過程で水中の有機物と塩素が結合してできるものであり，発ガン性が指摘されている．クリプトスポ

リジウムは人に感染する唯一の水系胞子虫類であり，欧米をはじめとする世界中の水道で深刻な問題になりつつあったが，日本では1996年6月に埼玉県で集団感染が発生し問題となっている．普通の健康な人では，数日から数週間の下痢症状で治癒するが，免疫の弱っている人や幼児，高齢者などでは下痢が続き，時として致命的になるといわれている．また，内分泌撹乱物質として総称される，影響も具体的な物質名もほとんど解明されていない未知の化学物質もある．さらに，発現経路が確定しにくいものとしては，ノンポイントソースといわれているもので，農地やゴルフ場などからの汚染物質の流入がある．最近では，東京などを中心とした大都市の雨水が大気中や道路上の汚染物質を下水に流し，公共水域を汚している（堤・萩原，2000）．トリハロメタンによる発ガン性やクリプトスポリジウムの水道原水への流入の可能性については，不確実性が高く，また，内分泌撹乱物質については未知の部分が多い．したがって，飲料水における水質リスクは「不確実性」ないし，「未知のリスク」としてとらえられる．

　このような不確実性あるいは未知のリスクに対して，水道供給事業体では高度浄水処理の導入や規制・監視の強化をおこなっている．これらの対策は費用をともなうものであり，とくに高度浄水処理としてオゾン処理や生物処理をおこなう場合には莫大な費用がかかる．このように供給側で莫大な費用をかけて水を供給している一方で，消費者の側では，浄水器を設置する，飲料水としてミネラルウォーターを使用する，というようなリスク回避行動をとっている．社会全体としての資源の有効利用という観点からは，私的回避行動をとることを可能とする代替財が存在する状況下で，どの程度の公的投資としての高度浄水処理が必要であるかを考えてみることも必要であろう．つまり，上述のようなリスクを考慮に入れて消費者が公的投資をどのように評価しているかについて考察することが必要である．

　以上のように，飲料水の場合には，個々の消費者がリスク回避行動として浄水器の設置などを選択しているという現状がある．したがって，水質リスクの評価をおこなうに際しては，水質リスクの生起確率および被害の程度を個人が認識していると想定した上でのモデルが有効である．また，消費者がリスク回避行動（私的被害対策）をとる一方，これも先に示したように政府

は被害やその生起確率を減らすためになんらかの公共政策を実施している．以下では，被害の生起確率を減少させた場合（リスク回避政策）のリスク変化の評価を求める．

　リスク概念に基づいたモデルにより，公的投資の限界的増加に対する個人の支払い意思額（WTP）は，被害の程度が一定であるときのπの減少に対する私的負担と公的負担の限界生産性の比，またはRとGの技術的限界代替率に等しい．したがって，観察可能である$\pi(R,G)$がわかればWTPを求めることができる．ただし，ここでπは被害の生起確率，Rは私的負担，Gは公的負担を表している（Hagihara et al., 2004）．

(2) モデルの適用

　モデルでは高度浄水処理のような所与の政策（公共投資）のもとで何らかのリスクが発生しているとみる．個人は公共投資やリスクの情報を考慮しながら回避行動（私的投資）をどのようなレベルにすれば自らの満足水準を最大化できるかを考えることになる．

　高度浄水処理のような公共政策とか規制を強化するといった政策変化があれば，個人の直面するリスクは変化し，それにともなう個々の最適行動の結果としての私的投資レベルが変化するであろう．そうした変化をとらえ，私的投資（私的負担）によるリスクの減少効果と，公的投資（公的負担）によるリスク減少効果の比で，リスクを評価しようというのが基本的な考え方である．

　ところで，認知心理学の知見によれば（Slovic, 1987），人間のリスク認知は必ずしも客観確率に基づくものではなく，致命性や未知性といった主観的要因によって決まるとされる．また，未知性は上述の確率と重大性に対する確信の度合いに依存する．さらに，この確信は情報に依存している．それゆえ，リスク認知は主観的確率，重大性，その確率や重大性についての確信，および情報環境に支配される．

　人々の主観的確率や重大性に関する知識は限られている．たとえば，人々はリスクに関するデータの質や自らのリスク認知能力を過大に評価し，実際にさらされているリスクを誤って認知するかもしれない．そのため，リスク

の評価が適切なものとならない可能性がある（Desvousges et al., 1998）．つまり，リスク削減のための私的負担は，実際のリスクに対し過大評価あるいは過小評価となり，評価額に歪みを生じている可能性が考えられる．

また，期待効用理論は状態が生起する見込みとして主観的確率を用いるが，その確率に対する確信が情報環境によって異なる場合，同じ確率は本質的に同じ見込みを表さない．たとえば，トリハロメタンによる水質汚染と内分泌撹乱物質による影響が同じような確率で発生すると思っていたとする．前者が発生メカニズムや結果に関する情報をある程度持った上での確信の高い確率判断であるのに対し，後者は，情報がないため先験的になんとなく危なそうだという確信の低い確率判断であったとするならば，それらの確率判断は質的に異なるものである．したがって，確率に確信の程度を入れたり情報環境を反映させたりすることで，限定合理的状況下でのモデルを構築することが必要となろう．

さらに，水質リスクに対する選好が顕示選択として表されるかが重要となる．致命性を規定する主観的確率や重大性の判断に対して確信が高まるほど，人々は回避行動や代替物の購買などの行動をとりやすくなる．この致命性に関する確信とリスクを許容する閾値（これは個々人で異なる）との比較で行動の意思決定がおこなわれるものと考えられる．

（3）アンケート調査

飲料水の選択行動に際して，消費者のリスク意識と行動選択の関係を把握するため，学生を対象としてアンケート調査をおこなった．内容は，消費者の飲料水に関する行動，そのときの安全性（リスク）意識の有無，情報による行動変化に関するものである．

調査の結果から，安全性（リスク）が飲料水の選択にあたって一規定要因となること，水道水に対するリスク意識は他の選択肢に対するリスク意識よりも高いこと，リスク情報により選択行動は変化しうることが示された．

ところで，情報による選択行動の変化に関しては，以下のように説明することができよう．すなわち，ベイズ的意思決定理論では，消費者の選択は主観的確率とそれに対する確信度によって決定される．さらに，その主観的確

率と確信は情報量に依存する．つまり，情報量が増えるにつれて主観的確率は変化し，また，主観的確率に関する確信も高くなり，主観的確率の値と専門家によって決められた客観的確率がいずれ一致するといわれている（松原，1992）．それゆえ，主観的確率の確信度がそれほど高くない場合には，情報が加わると主観的確率が変わり，それに基づいて選択が変わることとなる．

(4) モデル適用の条件

危険事象は処理過程でのみ発生するものと想定する．水質リスクを発ガン率とし，公的負担として発ガン率に直接寄与する総トリハロメタンを処理する高度浄水処理投資を，私的負担として個人が水道水の代替とする市場財の購入額を想定する．

本節の水質リスク評価モデルでは，リスク削減を目的として投資をおこなう主体が，リスクと投資による削減の効果についての情報を正しく認識していることが仮定されている．しかしながら，上述したような不確実性や未知のリスクを有する環境リスクの場合には，公的主体の方が専門的な調査に基づいた情報を入手しやすいという状況にあるとみられる．公的主体から私的主体への情報の媒体としては，情報公開制度や広報，ハザードマップなどさまざまである．しかし，これらが制度や情報伝達の面で未成熟であることから，公的主体に比べて私的主体側の情報の不足や誤認の可能性が有りうる．

したがって，モデルの適用に際しては，消費者側の情報の不足や誤認の可能性およびリスク認知が主観的リスク認知によって過小・適正・過大評価となる可能性を考慮に入れることが必要である．そこで，以下のようにモデルの適用条件を設定した（朝日・萩原，1999）．

まず，消費者への情報に関しては，リスクと公的投資に関する情報が適確に伝わっているか否かの2つの場合を想定している．ここでの解釈は情報の適確性であるが，つぎのように別の解釈も可能である．つまり，情報が完全であるとして，リスクの大・小という分け方と公的投資効果の大・小という分け方という見方も可能である．つぎに，認知バイアスに関しては，過小評価の場合，適正評価の場合，過大評価の場合の3ケースを想定している．

モデルの適用条件別の発ガンリスクを減少させる公的（高度浄水処理）投

表9-5 公的投資に対する限界的支払い意思額（WTP）

(単位：円)

		リスクまたは公的投資に関する情報			
		リスク小 or 高度 処理除去能：60%		リスク大 or 高度 処理除去能：30%	
主観的リスク認知	過小評価	I-1	100,923	I-2	50,462
	適正評価	II-1	63,526	II-2	31,763
	過大評価	III-1	51,774	III-2	25,887

資に対する個人の限界的支払い意思額（WTP）を表9-5に示す．

(5) 水質リスクに対する評価

①水質環境に関する情報が評価に与える影響

表9-5より，公的投資に対する評価値はリスク小あるいは高度浄水処理による水質リスク除去効果（除去能）が大の場合の方がリスク大あるいは除去能が小の場合より大きくなっている．これは，水質汚染地域での評価（公的投資へのWTP）が低い，あるいは，効果のない公的投資の評価が低いことを示している．つまり，消費者はリスクが大きくなると自己防衛行動，すなわち，私的に水質リスク回避行動を採るためである．これは，本節で用いた基本モデルが公的投資と私的投資のトレードオフ関係を用いるモデルであることの必然的結果でもある．

②リスク認知が評価に与える影響

表9-5より，公的投資に対する評価値の関係は，つぎのようになる．
すなわち，

評価値（リスクを過小評価）＞評価値（リスクを適正に評価）＞評価値（リスクを過大評価）

である．これは，リスクが大きいと誤認した場合，公的投資の評価は低くなるということである．つまり，リスクが大きくなると自己防衛行動，すなわち，私的に水質リスク回避行動を採るためである．これも上と同じように，本節で用いた基本モデルが公的投資と私的投資のトレードオフ関係を用いるモデ

ルであることの必然的結果でもある．

(6) 環境リスクの評価への示唆
　情報環境とリスク認知に関するいくつかのケースを想定しておこなった数値計算結果からより広い環境リスクの評価に対して以下のような示唆を得ることができた．

　①本節で用いたモデルは回避行動（代替財の存在）を仮定したモデルであり，リスクが大きい場合には公的投資に対する評価が低く現れる．このことより，回避行動（代替財）の少ないリスクの場合にはリスクの大小による評価値への影響は小さいものと推測される．すなわち，回避行動（代替財）の少ないリスク，たとえば，飲料水以外の量を必要とする水利用の場合には，回避行動が限られるため公的投資による消費者の厚生の改善が期待されよう．
　②リスク認知によって評価値が大きく左右されることから，情報やリスク認知の重要性を指摘することができる．リスクのイメージや行政の対策，ならびに私的代替財に対する過度の信頼や不信によって評価に大きなバイアスが発生する可能性がある．したがって，リスク・コミュニケーションにより，情報の適確な提供や消費者の選好の把握に細心の注意が必要である．

　最後に，本節で公的投資に対する評価値を求めるために用いられた調査は予備的なものである．このため，今後，高度浄水処理水の供給を受けている住民を対象としておこなうことが必要である．また，被害内容や被害程度の認知やその主観的生起確率をどのように把握するか，などに関してさらなる検討が必要であることを断っておく．

《学習課題》
1. 費用節約アプローチを適用できる例を考えてみよう.
2. 回避費用アプローチを適用できる例を考えてみよう.
3. 世界自然遺産に指定された場所をあげ，旅行費用アプローチを適用してどのような評価が可能か考えてみよう.
4. 仮想的市場法（CVM）を用いて評価する対象を想定し，本文で示した質問例を参考にして質問を考えてみよう.

● 参考文献――

朝日ちさと・萩原清子「安全意識調査による水質リスクの経済的評価」『第13回環境情報科学論文集』pp.223-226　1999

清水　丞『都市域における水辺の環境評価に関する方法論的研究』東京都立大学大学院都市科学研究科博士論文　2001

堤武・萩原良巳編著『都市環境と雨水計画　リスクマネジメントによる』勁草書房　2000

萩原清子『水資源と環境』勁草書房　1990

萩原清子・萩原良巳「水質の経済的評価」『環境科学会誌』Vol.6, No.3. pp.201-213　1993

萩原清子「環境の経済的評価――とくに水環境を中心として」『京都大学防災研究所水資源研究センター研究報告』第16号. pp.13-21　1996

萩原清子編著『環境の評価と意思決定』東京都立大学都市研究所　2004

萩原良巳・萩原清子・高橋邦夫『都市環境と水辺計画』勁草書房　1998

松原望『統計的意思決定』放送大学教育振興会　1992

Desvousges, W. H., Reed J. F. and Spencer, B. H., *Environmental Policy Analysis with Limited Information,* Edward Elgar　1998

Freeman III, A. M., *The Measurement of Environmental and Resource Values: Theory and Methods,* Resources for the Future　1993

Hagihara, K. and Hagihara, Y., *"Measuring the Benefits of Water Quality Improvement in Municipal Water Use: the Case of Lake Biwa." Environment and Planning C: Government and Policy.* Vol.8, pp.195-201　1990

Hagihara, K. and Hagihara, Y. *"The Role of Environmental Valuation in Public Policymaking: the Case of Urban Waterside Area in Japan." Environment and*

Planning C: Government and Policy, Vol.22, pp.3-13 2004

Hagihara, K., Asahi, C. and Hagihara Y., *"Marginal Willingness to Pay for Public Investment under Urban Environmental Risk: the Case of Municipal Water Use." Environment and Planning C: Government and Policy*, vol.22, No.3, pp.349-362 2004

Krutilla, J., *"Conservation Reconsidered." American Economic Review*. Vol.57, pp.777-786 1967

Slovic, P., *"Perceptions of risk." Science*, Vol.236 pp.280-285 1987

第10章
──多基準分析──

　近年，社会の多様化を背景として，貨幣換算が容易でない非市場財の存在を分析評価に組み入れることが要請されるようになってきた．また，さまざまなステイクホルダーによる基準や評価を考慮することの必要性が高まってきた．つまり，複数の目的，多様な（重要度の違いや階層構造を有する）目的（基準），効率性ならびに公平性の観点，をどのように取り込むかという問題意識が芽生えてきた．そこで，複数の目的（基準）をそのままの尺度で評価し，それを何らかの方法で統合しようという多基準分析（Multi-Criteria Analysis: MCA）が注目されつつある．

　しかし，多基準分析と呼ばれている分析の範疇にはさまざまな手法が含まれており，その分析手順，理論的根拠，内在する問題点なども一様ではない．そこで本章では，「多基準分析」手法を「多基準分析とは，複数の基準で代替案を評価し，意思決定を支援しようとする分析手法」であると定義したうえで，まず，多種多様な多基準分析手法を概観し，最後に簡単な事例を示すこととしよう．

> 🔑 〔キーワード〕多基準分析，多目的，多基準，意思決定，ステイクホルダー

10-1　環境政策の意思決定

　環境政策をおこなうか否か，あるいは，おこなうとすればどのような形でおこなうかを決めることは，社会的な意思決定といえるだろう．（個人的なものであれ社会的なものであれ）意思決定は，選択できる選択肢（代替案）を確定し，その結果を予想し，その結果の評価によって最適な選択肢（代替案）を決定することである（繁枡，1995）．人々はさまざまな状況下でこのような意思決定をおこなっている．

　個人的意思決定問題，さらには，この個人の選好をどのように社会的意思決定に反映させていくかはきわめて大きな問題であり，意思決定論の研究領域として膨大な量の研究成果が公表されている（たとえば，佐伯，1980；佐伯，1986；市川，1996；Sen, 1970；Keeney and Raiffa, 1976, 1993；Keeney, 1992 ほか）．

　また，個人的および社会的意思決定が実際には，ひとつの視点からだけでなく，いくつかの視点からおこなわれている，あるいは，おこなわれるべきであることに注目して，多目的，多属性，多基準などの用語を用いての意思決定が検討されている（Keeney and Raiffa, 1976, 1993；ネイカンプほか，1989；Vincke, 1992；Yoon and Hwang, 1995；Clemen, 1996；Olson, 1996 など参照）．

　さらに，社会的意思決定をおこなう場合に，代表となる意思決定者を想定し，その意思決定者が他のステイクホルダー（利害関係者，10-3-1 参照）の意思を取り込むことで社会的意思決定につなげるという考え方や，複数のステイクホルダー間にコンフリクトが存在する場合を明示的に扱い，議論や交渉によって社会的な合意に達するように働くファシリテーター（助言などをおこなう進行役）の存在を想定したもの，さらには，ゲーム理論の枠組みを用いての合意形成など，さまざまな提案がおこなわれている（たとえば，岡田ほか，1988；Keeney, 1992 など）．

　次節では，多目的あるいは多基準を考慮に入れた分析手法である多基準分析を紹介する．多基準分析の範疇に入る手法はいくつかあるが，その中から，多目的最適化モデル，多属性効用理論，価値関数，線形加法モデル，AHP，

アウトランキング手法（ELECTREやコンコーダンス分析）について簡単に説明しよう．

10-2 多基準分析の概観

10-2-1 多目的最適化モデル

(1) 効用最大化モデル (Utility maximization model)

人々が，複数の目的の組み合わせから，各自の主観的判断に基づき自己の効用，すなわち，複数の目的から得られる満足を最大化するような組み合わせを選ぶものと仮定して分析をおこなう．

効用（あるいは厚生）モデルは，関連する目的関数（あるいは決定基準）のすべての組がウェイト付けによって先験的に効用関数に統合されうるという仮定に基づいている．

このモデルはいくつかの決定基準間のトレードオフ（限界代替率）を先験的に特定化することが必要である．目的関数間のトレードオフの決定はかなり困難ではあるが，意思決定者とのやりとりによってトレードオフを把握することは可能である．

(2) 階層最適化モデル (Hierarchical optimization models)

階層最適化モデルは，異なった目的関数のすべての集合は相対的優先度の低下とともに順位付けられるという仮定に基づいている．（意思決定者によって特定化される）決定基準の階層的順位付けの後，低位の目的関数は高位の目的関数の後でのみ考察されるという最適化手順が実行される（Hagihara, 1985；萩原, 1990）．明らかに，この手順においては，$w_1, w_2, \cdots w_j$ と表される両立しない目的関数についての相対的優先度に関する情報が必要である．

以上の他にも多目的最適化モデルとしては，ゴール・プログラミング・モデル，ペナルティー・モデル，ミニ・マックス・モデル，パレート最適モデルなどがある．

10-2-2　多属性効用理論

(1) 期待効用理論と効用関数

　人間の価値観を定量化することを目的とした期待効用理論の歴史は，1783年に聖ペテルスブルグの逆説を記述的に説明しようとしたD. ベルヌーイにさかのぼる（Luce and Raiffa, 1957）．人々の行動原理として，ベルヌーイは「人々は期待金額を最大化して行動しているのではなく，期待効用を最大化している」と説明し，お金に対する効用関数として対数関数を提案した．ただし，①この効用関数をどのようにして測定するのか．②なぜ期待効用が人々の合理的な行動の規範となるのか．についてはふれなかった．

　V. ノイマン＆モルゲンスタイン（Von Neumann and Morgenstern, 1947）はいくつかの公理（5つ）を設定し，期待効用最大化が人々の合理的行動の規範となることを証明して，初めて規範的モデル（normative model）を与えた．

　ここで，意思決定者（Decision Maker: DM）が選択することができる代替案の集合を $A=\{a, b....\}$ とする．DM が代替案 $a \in A$ を選択したときに，結果 x_i が得られる確率を p_i，代替案 $b \in A$ を選択したときに結果 x_i が得られる確率を q_i とし，起こりうるすべての結果の集合を

$$X=\{x_1, x_2...\}$$

とする．このとき，

$$p_i \geq 0, q_i \geq 0, ... \forall i$$
$$\sum_i p_i = \sum_i q_i = \cdots = 1$$

を満たす．また，X 上の効用関数を u とするとき，代替案 a, b,… を採用したときの期待効用は，おのおの

$$E_a = \sum_i p_i u(x_i), E_b = \sum_i q_i u(x_i), \cdots$$

で与えられる．このように，結果がひとつの属性（評価項目）によって規定されるとき，$u(x)$を単属性効用関数という．

(2) 多属性効用関数

各代替案を選択したときの結果$x \in X$がn個の属性$X_1, X_2, \cdots X_n$によって特長づけられているものとする．現実には多目的評価における複数の評価項目がこれに相当する．

n属性効用関数を直接求めることは，実際にはほとんど不可能である．そこで，意思決定者の選好に関して複数の属性間に種々の独立性や依存性を仮定して，直接測定すべき効用関数の属性の次元を減少させる分解表現を求めることが重要な課題となる．種々の独立性の中で，最もよく実際に適用されてきたのは効用独立性（Keeney and Raiffa, 1993）とその特別な場合としての加法独立性（Fishburn, 1965）である．

以下では，加法独立性を簡単に説明しよう．

一般に，評価項目（属性）が複数個あって，総合的な評価をおこなうときに，各評価項目の重み付き和によって評価することが多い．これは，各評価項目間に暗に相互効用独立性はもちろんのこと，さらに厳しい加法独立性を仮定していることを意味する．このような仮定をおくということは，各評価項目間の相互作用をいっさい認めないことを意味し，現実の選好状況を反映しない場合が多い．

たとえば，次のような例を考えてみよう（田村ほか，1997）．

評価項目として，経済消費レベル，と環境汚染レベル，があるとする．加法独立性が成立するということは，以下のことが成立することを意味している．ここで，経済消費レベルと環境汚染レベルの組み合わせで表されるくじをひくという状況を考えよう．Aのくじは，経済消費レベルも環境汚染レベルもともに最悪な状況と両者がともに最良の状況とがおのおの0.5の確率で得られるくじであるとする．Bのくじは，経済消費レベルと環境汚染レベルのどちらか一方が最良で，他方が最悪の状況がおのおの0.5の確率で得られるくじとしよう．評価項目が加法独立であるということは，これらの2つのくじが同程度に好ましいことを意味する．しかし，現実に大方の人々は，

Bのくじをより好ましいと思うのではなかろうか．

(3) 合理的意思決定のパラドックス

多属性効用理論の主たる問題は，効用関数を導くために満たさなければならない強い仮定である．基本的に，費用・便益分析（CBA）における社会的厚生理論と同じ公理を拠り所としている．それゆえ，CBAに向けられる批判の多くが多属性効用理論にも向けられる．

合理的意思決定モデルと考えられている期待効用モデルと現実の意思決定の乖離をパラドックスという．以下にパラドックスの例を示す．

①選好の非独立性

期待効用モデルの中で最も重要な役割を果たしている公理が独立性公理である．この公理により，代替案（たとえば，確率分布で表される）の効用は，得られる可能性のある結果の効用の期待値で表すことができる．

独立性公理が成立しない現象は，確実性効果（certainty effect）や共通帰結効果（common consequence effect）と呼ばれている．アレ（Allais）のパラドックスは確実性効果の例である．たとえば，つぎのような2つの確率分布の間の選好を考える．

P：確実に1億円を得る．
Q：確率0.98で3億円を得，確率0.02でなにも得られない．

この場合，確実に1億円を得られる確率分布Pの方が多くの人にとって魅力的となる．

②確率の非加法性

リスク下における独立性公理が成立しない種々の現象は，不確実性下の意思決定問題として定式化しなおすことにより，不確実性下の独立性公理が成り立たない現象とみなすことができる．不確実性下とリスク下での意思決定の違いは，リスク下では事象の生起する確率が与えられているのに対して，

不確実性下では明確に与えられていない．このあいまい性に起因した選好判断による独立性の不成立が起こる．このことをエルズバーグパラドックスという．

③選好の非推移性
a. 非推移的無差別
推移性には，無差別関係～の推移性と，強選好関係＞の推移性がある．

人間の識別能力の限界からくる非推移的な無差別関係の例（Luce, 1957）
コーヒーの例：砂糖 x 粒いりのコーヒー　～　砂糖 x + 1 粒いりのコーヒー
　　　　砂糖 x + 1 粒いりのコーヒー　～　砂糖 x + 2 粒いりのコーヒー
…
　　　　砂糖 x + n － 1 粒いりのコーヒー　～　砂糖 x + n 粒いりのコーヒー

～が推移的であれば，

　　　　砂糖 x 粒いりのコーヒー　～　砂糖 x + n 粒いりのコーヒー

が成立することになるが，n が非常に大きい場合には不合理．

b. 選好サイクル
一般に n 個の代替案 $a_1,\cdots a_n$ に対して，$a_i \succ a_{i+1}(i=1,\cdots,n+1)$ であるにもかかわらず，$a_n \succ a_1$ となるとき，選好サイクルが存在するといわれる．

c. 選好反転現象
たとえば，ギャンブルどうしの選好比較はギャンブルの確率によりおもに決定される一方，値付けは得られる利得額や失うであろう損失額によりおもに影響される．

④フレーミング効果

人々が意思決定問題に直面した場合，その問題を心理的にどのように解釈するかが人々の意思決定の結果に大きな影響を与える．まったく同じ意思決定問題を与えられ，各選択肢の客観的特徴がまったく同じでも，その問題の心理的な構成のしかた（フレーミング）によって結果が異なることがある．

10-2-3　価値関数（Multiple Attribute Value Theory: MAVT）

結果 $x \in X$ が n 個の属性（評価基準）$X_1, \cdots X_n$ によって特徴付けられているものとする．以下では，キーニー＆ライファ（Keeney and Raiffa, 1993）によって示された価値関数の作成手順を簡単に説明しよう（佐藤・萩原，2004a，2004b，2004c）．

1. まず，評価基準の値 x の変域（$x^0 < x < x^*$）を設定し，$v(x^*)=1$，$v(x^0)=0$ のように正規化する．
2. この x の変域内の点 x^m で，x^0 であるときに x^m になることと，x^m であるときに x^* になることが無差別となる点（価値中点）を意思決定者に尋ね，この x^m に対応する価値 $v(x)$ の値を 0.5 とする．
3. 同様にして x^0 と x^m の価値中点 $x^{0.25}$ を求め $v(x^{0.25})=0.25$ とし，x^m と x^* の価値中点 $x^{0.75}$ を求め $v(x^{0.75})=0.75$ とする．順次同様に価値中点を求めていく．適当なところでこれらの価値中点を滑らかな曲線で結べば価値関数が得られる（図10-1参照）．

しかしステイクホルダーごとに異なる価値関数を構築する場合にこの手法を適用すると，以下のような問題点が生じる．

（1）ステイクホルダー間で整合性のとれた価値関数の決定ができない．

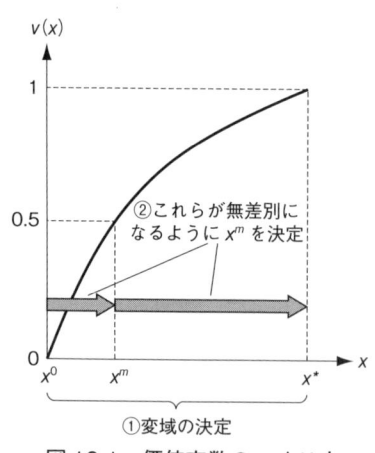

図10-1　価値変数のつくり方

(2) 価値中点を尋ねるための質問がわかりにくい．

　(1)の問題点に関して，キーニー&ライファの手法では，評価基準ごとに独立に変域が決定されるため，それによって得られる各ステイクホルダーの価値関数は整合性がとれているといえるのかどうか不明である．なお，佐藤・萩原（2004a, b, c）では，この点を改善した満足関数を定式化し，吉野川可動堰問題に適用し，その有効性を検証している．

10-2-4　AHP（階層分析法：Analytical Hierarchy Process）

　シンプルな AHP は3つのステップからなる階層構造を有している．最上位には意思決定問題における主目的（目標と呼ばれる）が示される．ついで，第2と第3は基準（評価項目）と代替案からなる．もちろん，もっと複雑な階層構造の構築も可能である．AHP は，この階層構造における評価項目の重要度から代替案を評価する．すなわち，基準間と代替案間におけるそれぞれの一対比較をもとにウェイトとスコアを引き出す手法であり，サーティによって1980年に考案された（萩原，2004）．

　しかしながら，一対比較の際に用いられる 1-9 のスケールに関する問題点（AとBとが1：3の関係，BとCが1：5の関係にあるとき，AとCが1：15になるということが，不可能である，など）や新たな代替案の導入によってもともとの代替案のいくつかの順位を変えてしまうという「順位の逆転現象」がありうる，ということから AHP の使用には注意を払うことの必要性も指摘されている．

10-2-5　アウトランキング手法——コンコーダンス分析

　アウトランキング手法は，「アウトランキング（優越）」の概念によるものであり，1960年代にフランスでロイ（Roy, B.）が中心となって開発され，おもにヨーロッパ大陸において適用され広められてきた手法である．アウトランキング手法としては，ロイが1968年に発表した ELECTRE（Roy, 1996 など参照），コンコーダンス分析（Nijkamp, 1975），PROMETHEE（Vincke, 1992）などがある．コンコーダンス分析は，ELECTRE 法をもとにネイカン

プ (Nijkamp) がオランダで開発した手法であり，定性的なデータのインプットによるアウトランキングの手順を提供している．

コンコーダンス分析は最初，フランスで発展した（フランスではコンコーダンス分析は通常 ELECTRE（エレクトル）法〔Elimination et choix traduisant la realite〕と呼ばれている）．費用・便益分析との共通の特徴は，代替計画案の関連決定基準の結果（複数）を統合する計画インパクト行列から出発することである．しかしながら，コンコーダンス分析のウェイト付け体系は費用・便益分析の貨幣尺度とは非常に異なっている．ウェイト付け体系の導入は，各一対の計画案に対して別々にコンコーダンス尺度とディスコーダンス尺度を構築し，それに基づいて代替計画に関する総体的（一対）選好をおこなうことを意味している．

コンコーダンス分析については，以下の10-4で事例によって説明する．

10-2-6　線形加法モデル

基準が相互に独立であると証明されるか論理的に想定され，また，不確実性が明確に組み入れられていなければ，単純な線形加法モデルが適用できる．
モデルは以下のように表される．

$$S_i = W_1 S_{i1} + W_2 S_{i2} + \cdots + W_j S_{ij} = \sum_{i=1}^{n} W_j S_{ij}$$

ただし，S_i は代替案 i の総スコア，S_{ij} は代替案 i の基準 j における選好スコア，W_j は各基準のウェイトである．

線形加法モデルは直感的でわかりやすく，多基準分析の中心となっている．しかし一方で，その使いやすさのために誤用される可能性もある．誤用を避けるためには，基準の相互独立性が確保された上で，スコアとウェイトのインプットが信頼のおけるものでなくてはならない．

加法モデルについては，相互効用独立性と加法独立性を仮定しているため，現実の選好状況を反映しない場合が多く，記述的モデルとしては問題が多いことが指摘されている（田村ほか，1997参照）．

10-3 多基準意思決定分析の手順

完全な多基準分析には通常，次のような8段階のステップがある（堀江・萩原，2003；萩原，2004）．

①意思決定の文脈の確認　②代替案の確認　③目的と基準の確認　④スコアリング　⑤ウェイティング　⑥スコアの統合　⑦結果の吟味　⑧感度分析

ここで，①〜④はインパクト（あるいはパフォーマンス）行列を構成するプロセスであり，多基準分析による意思決定支援のベースとなる．⑤〜⑧については，ウェイティングの考え方，あるいはスコアの統合をおこなうか否かなどによって手順は異なり，さまざまな手法が提案されることになるプロセスである．

10-3-1 意思決定の文脈の確認

最初の段階はつねに，意思決定の文脈の理解を確認することから始まる．つまり，何のために多基準分析を実施しようとしているのかを明確にし，分析の参加者を選び，ステイクホルダーを確認したうえで，分析のやり方をデザインする．

分析を実施する目的はいくつか考えられる．複数の代替案から唯一最良のものがどれであるかを明らかにすること，総合的な順位付けをすること，各基準ごとの順位を知ることや，代替案の数を絞ることである．

分析の参加者は，プロジェクトなどの実施主体，ステイクホルダーの代表，専門家，その他分析の助けになる情報をもつ人々などを含む．ステイクホルダー（stakeholder）とは，一般に利害関係者のことを指し，対象となるプロジェクトなどによって何らか（プラスまたはマイナス）の影響を受ける可能性のある人物という概念で用いられている．

意思決定支援のために多基準分析をおこなう場合，ステイクホルダーをど

のようにとらえて分析に組込むかが重要である．なぜならば，多基準分析には誰の立場で評価するかによってスコアリングが大きく異なる基準が含まれるからである．たとえば開発予定地周辺の環境保全に関する基準を考えてみよう．環境保護派と開発推進派ではまったく異なるスコアがはじき出されるであろう．また，予定地の近隣住民と離れた所に住む住民とでも違うであろう．ステイクホルダーの範囲をどこまでとすればいいのか，さらに，ステイクホルダーによって受ける影響の違い，濃淡をどのようにとらえたらいいのか，そしてこのようなステイクホルダーの選好をどのように反映させればいいのかが大きな問題である．したがって，実施主体，専門家などの各参加者の役割を含め，分析のやり方を適切にデザインすることが求められる．

10-3-2　代替案の確認

考慮すべき一連の代替案を確認しリストにする．しかし，最終的な確固としたものではなく，分析の進行にともなって修正や追加がなされ，よりよい代替案が設定される可能性があることを念頭におかなければならない．

10-3-3　目的と基準の確認

各代替案のインパクト（パフォーマンス）を評価するための基準を確認する．基準はブレーンストーミングなどによって引き出すことができる．その際に見落とされている視点がないかを確認するためには，ステイクホルダーを直接巻き込むこと，ステイクホルダーからのさまざまな情報を調査分析すること，意思決定チームによってステイクホルダーの立場をロールプレイすること，などの方法によってさまざまな視点を包括することが必要である．

そして，目的のための価値ツリー（value tree）を構成することによって，基準をグループ化し系統立てる．これは，引き出された一連の基準がその問題に適切かどうかをチェックするプロセスであり，ウェイティングの際にも役立つ．また，目的間のトレードオフの構造を全体的な観点から確認することを容易にする．

このような基準の選択にあたっては，次の条件を確認する必要があることが指摘されている．

第一に，「完全性（Completeness）」．これは重要な基準をすべて含んでいること，つまり，重要な視点を見逃してないか，代替案を比較するために必要な基準をすべて含んでいるか，目的の重要な局面を基準として押さえているか，などである．

　第二に，「重複性（Redundancy）」．無駄に繰り返されている基準がないことである．これは後述する相互選好独立性や二重計算にも関係する．重複を防ぐためには，意思決定全体の文脈において，まずは完全性をめざして見逃しのないよう基準を並べる．その上で並べた基準をグループ化し整理していく過程で，重複の可能性を確認しながら取捨あるいは一本化していく方が確実であると考える．このような手順を踏むことによって，先に進んだ段階から再びフィードバックする場合にも，基準選択の確認が容易になる．

　第三に，「操作性（Operationality）」．各代替案をそれぞれの基準によって評価できることである．それぞれの基準は判断可能なように明確に定義されなければならない．必要な場合には，よりはっきりと定義できる副基準に分解することになる．

　第四に，「相互選好独立性（Mutual independence of preferences）」．基準は相互に選好が独立でなければならない．つまり，ある基準における評価が他の基準における評価に影響を受けないことが必要であり，相互独立ではない基準についてはひとつに結合させることなどが必要となる．

　第五に，「二重計算（Double counting）がない」こと．二重計算は相互選好独立性と密接に関係する．

　第六に，「サイズ（Size）」について．基準の数が多すぎないことが必要である．通常は6〜20程度，あるいは人間の評価プロセスの比較能力からして基準と副基準で各々8項目が限界である，という指摘がある．

　第七に，「長期的影響（Impact occurring over time）」について．費用・便益分析など貨幣換算を基礎とした手法では割引率を用いる手法が確立されているが，多基準分析において時間選好問題はあまり積極的に扱われておらず，共通の手法はない．割引や，短期的・長期的といった時間区分で影響を扱うことになる．

10-3-4 スコアリング（各基準に対する各代替案のインパクト〔パフォーマンス〕）の確認

スコアリングは以下のプロセスでおこなわれる．まず，代替案による影響をそれぞれの基準ごとの尺度で明らかにする．貨幣尺度，定量的尺度だけでなく，定性的表現で記すこともある．この段階（スコアリングをしない段階）でのインパクト（パフォーマンス）行列そのものを意思決定者に提供することが分析の目的である場合がある．

次に，基準により代替案にスコアをつける．代替案のスコアを決める方法は3つあり，いずれも0～100のスケールに変換される．この際，方向感覚は共通していなければならない（スコアの高いものがより選好される）．

1つめのアプローチは，価値関数の考え方を使うもので，影響の評価を0～100のスケールの価値スコアに変換する．ここで多くの場合価値関数は線形であると見なされるが，場合によっては非線形関数を用いることが望ましいこともある．

2つめのアプローチは，直接にランキングすることであり，一般的な測定尺度が存在しない場合や測定に取り組む時間的あるいは予算的余裕がない場合につかわれる．この場合も0～100の範囲の数が各代替案の価値に割り当てられる．

3つめのアプローチは，意思決定者から，各代替案のインパクト（パフォーマンス）を判断する表現の言葉を一対比較によって引き出す方法で，AHPがこれにあたる．一対比較は各基準に関して代替案のインパクト（パフォーマンス）を確認する手段として一般に受け入れられているが，上述したように，内的一貫性に対する懸念，順位の逆転現象，言葉と得点とのリンクの根拠についてなど理論的には批判がある（Olson, 1996参照）．

そして最後に，基準ごとのスコアの一貫性の確認がある．

10-3-5 ウェイティング

ウェイティングは各基準におけるスコアを統合する際に必要であるが，恣

意性を孕んでいるために多基準分析の批判の要因となっている（萩原，2004参照）．多基準意思決定分析で用いられるウェイティングにはさまざまな考え方があり，普遍的に受け入れられるウェイティングの方法はない．ここではプライシング・アウト（Pricing Out）とスイング・ウェイティング（Swing Weighting）を紹介する．

プライシング・アウト（Clemen，1996参照）は，属性の価値をある特定の属性（通常は貨幣）の価値に換算する手法である．ある属性における便益の増分に対して支払うであろう最高額か，あるいは便益の減分を受け入れるであろう最低額として理解することは容易であるが，ほとんど市場の無い属性についての算定は困難であり，無理におこなおうとすれば，複数の基準をそのままの尺度で評価し統合するという多基準分析の利点を捨てなければならない手法であるといえる．

スイング・ウェイティング（Clemen，1996ほか参照）は，意思決定者が仮想的代替案の個々の属性を相互に比較する一種の思考実験を必要とする．手順としては，まず各属性において最も選好されない最悪のレベルにあるケースをベンチマークとして設定する．次に，属性のうちひとつだけを最も選好される最良のレベルにできるならばどれを選ぶかを尋ね，選ばれた属性に100のウェイトを与える．そして順次重要と考える属性を最悪から最良へと「スイング」させながらウェイトを引き出していくのである．

一般に，属性あるいは基準の重要性を直接的にウェイトづける方法や一対比較では，属性レベルのレンジに対してウェイトの反応が十分ではないというレンジ問題が存在する．これに対して，スイング・ウェイティングには属性がとる価値の幅（レンジ）に敏感であるという利点があることから，近年では多基準意思決定分析で一般的なウェイティング手法となっている．

しかし，仮想的に代替案をイメージすることによって個々の属性を比較し，その重要性を何らかの数値（割合）で表現することは容易でない場合もある．そこで，より簡易な手法として，ランク・オーダー・セントロイド・ウェイト（Rank Order Centroid [ROC] weight）が提案されているが，ここでは詳細は示さない．

10-3-6　スコアの統合

このプロセスは採用する手法によって大きく異なる．ここで重要なことは結果の吟味で多くの場合感度分析によりなされる．

感度分析とは，分析の過程におけるさまざまなあいまいさや不一致が，最終的な結果に何らかの違いをもたらす範囲を調べるものである．

一般に，感度分析は分析結果の再確認的プロセスとして位置付けられているが，多基準意思決定分析においては，より積極的な役割が認められる．代替案を複数の基準で評価する場合，基準間のトレードオフが大きければ大きいほど，とくにウェイトの選択には議論があるであろうし，スコアリングについてもステイクホルダー間で認識が異なってくる．スコアリングやウェイティングについて，あいまいさや不一致がある部分のインプットを変えてみることで，代替案の順位がどのようになり，その違いがどの程度であるかを確認することによって，合意形成への足がかりを得ることができる可能性がある．上位の代替案が限定されていて，それら代替案間の違いが小さいものであれば，合意形成にそれほどの困難はないであろう．一方，代替案の順位の逆転が大きい場合には，意思決定の文脈を再確認しながら新たな代替案の設定を含めたフィードバックが求められることになるかもしれない．

10-4　コンコーダンス分析による河川改修の優先度の決定

多基準分析のうち，コンコーダンス分析を用いて意思決定をおこなう例を以下で示すこととしよう（吉川，1985）．

ある河川の改修工事を検討するにあたって河川の上流，中流，下流での改修の効果が異なっている場合に，改修の優先度を決定する問題を考える．

コンコーダンス分析の方法では，各代替案によって生じる各評価項目ごとのインパクト情報と各評価項目のウェイトを外生的情報とする．そして，各代替案がどの程度優れているかを表すコンコーダンス指標と，どの程度劣っているかを表すディスコーダンス指標という選好情報を用いて，代替案間の

表 10-1　河川改修の効果

代替案	評価項目	被害軽減額（A）	影響を受ける取水施設数（B）	環境保全面積の増分（C）
(1) 上流改修		150 億円	2	50ha
(2) 中流改修		230	4	120
(3) 下流改修		350	22	20
評価項目のウェイト		0.6	0.2	0.2

（参考文献　吉川和広編著　『土木計画学演習』p.194 の例題を引用）

優劣を順序づけるという手法である．

　まず，当該河川の上流，中流，下流それぞれの区間での改修の効果を治水・利水・環境保全の観点から検討する．その結果を表 10-1 に示す．また，治水，利水，環境という評価項目ウェイトが表 10-1 のように与えられているものとする．

　コンコーダンス分析は，次のような3つの段階を経て実施される．すなわち，

ステップ1：コンコーダンス指標の算定
ステップ2：ディスコンコーダンス指標の算定
ステップ3：選好順序の決定

ステップ1：コンコーダンス指標の算定

　コンコーダンス集合は代替案の一対比較に基づいて作られる．

　代替案 v に関する代替案 u のコンコーダンス集合 $\bar{C}_{uv}$ は代替案 u が v より選好されるすべての基準 j から構成される．すなわち，

$$\bar{C}_{uv} = \{j | p_{ju} \geq p_{jv}\}$$

と定義する．ここでは，j は評価項目，p_{ju}，p_{jv} はそれぞれ代替案 u，v の効果内容を表すものとする．たとえば，$u=1, v=2$ とすると

$$\bar{C}_{12} = \{j | p_{j1} \geq p_{j2}\} = \{B\}$$

である．

　代替案 u がより多くの基準に関して代替案 v に優越すれば $\bar{C}_{uv}$ はより多くの要素を含むことは明らかである．そこで，相対的優越性は次のコンコーダンス指標 c_{uv} によって示すことができる．すなわち，$\bar{C}_{uv}$ に含まれる評価項目のウェイト $w_j\,(j \in \bar{C}_{uv})$ の総和として求められる．

$$c_{uv} = \sum_{j \in C_{uv}} w_j$$

　したがって，代替案 c_{uv} の値が大きいことはコンコーダンス集合に含まれる基準に関して，代替案 u が v より選好されることを意味している．もし，$c_{uv}=1$ ならば，代替案 u は v に完全に優越する．また，もし $c_{uv}=0$ ならば，代替案 u はいかなる基準に照らしても v より劣るということである．

　$u=1$, $v=2$ の場合には

$$c_{12} = \sum_{j \in C_{12}} w_j = 0.2$$

となる．この手順を各代替案の対のすべてに対しておこない，表10-2のコンコーダンス行列を求める．

表 10-2　コンコーダンス行列

代替案	(1)	(2)	(3)	計
(1)	—	0.2	0.4	0.6
(2)	0.8	—	0.4	1.2
(3)	0.6	0.6	—	1.2
計	1.4	0.8	0.8	—

ステップ2：ディスコンコーダンス指標の算定

　2つの代替案 u と v を比較すると，一般に代替案 u のいくつかの結果は v より優れているが他の結果では，u が v より劣るという結論が得られる．したがって，u の v に対する相対的優越性に関する尺度に加えて，代替案 u が v より劣ることを示す指標を求める．

　まず集合 $\bar{D}_{uv}$ を

$$\overline{D}_{uv} = \{j | p_{ju} < p_{jv}\}$$

で定義する．上と同様に $u=1$, $v=2$ とするとき

$$\overline{D}_{12} = \{j | p_{j1} < p_{j2}\} = \{A, C\}$$

として求められる．

　代替案 v に対する代替案 u が劣っている程度を表わすディスコンコーダンス指標 d_{uv} は，

$$d_{uv} = \max_{j \in \overline{D}_{uv}} \{|p_{ju} - p_{jv}| / d_j^{max}\}$$

で算定する．ここで M を代替案の総数とすると d_j^{max} は

$$d_j^{max} = \max_{1 \leq u,v \leq M} \{|p_{ju} - p_{jv}|\}$$

と定義される．

　$0 \leq d_{uv} \leq 1$ である．代替案 u の v との差が最大のとき $d_{uv}=1$ となり，差が最小のとき $d_{uv}=0$ となる．

　$u=1$, $v=2$ の場合は，

$$d_A^{max} = \max_{1 \leq u,v \leq 3} \{|p_{Au} - p_{Av}|\} = p_{A3} - p_{A1} = 200$$
$$d_C^{max} = \max_{1 \leq u,v \leq 3} \{|p_{Cu} - p_{Cv}|\} = p_{C2} - p_{C3} = 100$$

であるから

$$d_{12} = \max\{80/200, 70/100\} = 0.7$$

第10章◇多基準分析　167

となる.このような手順を,コンコーダンス指標の場合と同様にすべての代替案に対しておこなうと,ディスコンコーダンス指標行列が表10-3のように求められる.

表10-3 ディスコンコーダンス行列

代替案	(1)	(2)	(3)	(4)
(1)	—	0.7	1.0	1.7
(2)	0.1	—	0.6	0.7
(3)	1.0	1.0	—	2.0
(4)	1.1	1.7	1.6	—

ステップ3:選好順序の決定

ステップ1,ステップ2で求めた c_{uv}, d_{uv} に基づき,選好順位を決定するためのコンコーダンス優越指標 c_u とディスコンコーダンス優越指標 d_u を計算する. c_u, d_u は次のように定義する.

$$c_u = \sum_u c_{uv} - \sum_v c_{uv}$$
$$d_u = \sum_u d_{uv} - \sum_v d_{uv}$$

ここでは, $c_u > c_v$ ならば代替案 u を選好し, $d_u < d_v$ ならば代替案 u を選好することとする. c_u, d_u を上の $u=1$, $v=2$ として求め,選好順序を求めたものが表10-4に示されている.これより,河川改修は,中流,下流,上流の順でおこなうことが望ましいとの結論が得られる.

なお,上記の例では,評価項目のウェイトは与えられたものとしているが,このウェイトの決定にステイクホルダーとしての生活者の参加が可能である.

表10-4 選好順位

代替案	c_u と順位		d_u と順位	
	c_u	順位	d_u	順位
(1)	−0.8	3	0.6	3
(2)	0.4	1	−1.0	1
(3)	0.4	1	0.4	2
計	0	—	0	—

参加形態については，アンケート調査によるものや，審議会などへの参加によるものなどが考えられる．

《学習課題》
1. 多目的，多基準となるような問題を考えてみよう．そして，具体的に目的として何があるか，基準として何があるかあげてみよう．
2. 具体的な問題を取り上げて，10-3 で示した多基準意思決定分析の手順に沿って順に示しなさい．
3. ウェイトを決めるためのひとつの方法として会議形式がある．この決め方の長所と短所を考えてみよう．
4. どのようにウェイトを決めるのがよいかを考えてみよう．

● 参考文献──
市川伸一編『認知心理学4 思考』東京大学出版会 1996
岡田憲夫・キース・W・ハイプル・ニル・M・フレイザー・福島雅夫『コンフリクトの数理──メタゲーム理論とその拡張』現代数学社 1988
佐伯 胖『「きめ方」の論理 社会的決定理論への招待』東京大学出版会 1980
──『認知科学の方法』東京大学出版会 1986
佐藤祐一・萩原良巳「河川開発と環境保全のコンフリクト存在下における意思決定システムに関する研究」『地域学研究』第34巻第3号, pp107-121, 2004a
──「住民意識に基づく河川開発代替案の多元的評価モデルに関する研究」『環境システム論文集』pp117-126, 2004b
──「水資源開発におけるステイクホルダー間のコンフリクトと合意形成を考慮した代替案の評価モデルに関する研究」『水文・水資源学会誌』Vol.17, No.6, pp635-647, 2004c
繁桝算男『意思決定の認知統計学』朝倉書店 1995
田村坦之・中村豊・藤田眞一『効用分析の数理と応用』コロナ社 1997
萩原清子『水資源と環境』頸草書房 1990

萩原清子編著『環境の評価と意思決定』東京都立大学出版会　2004（都市研究叢書25）

堀江典子・萩原清子「多基準分析の今日的意義と課題」『総合都市研究』第82号, pp.93-103, 2003

吉川和広編著『土木計画学演習』森北出版　1985

P. ネイカンプ・ヴァン・デルフト・P. リートヴェルト，金沢哲雄・藤岡明房訳『多基準分析と地域的意思決定』頸草書房　1989

Clemen, R.T., *Making Hard Decisions*, Duxbury Press　1996

Fishburn, P.C., "Independence in utility theory with whole product sets" *Operations Research*, 13(1), pp.28-45　1965

Hagihara, K., "The Role of Intergovernmental Grants for Environmental Problems," *Environment and Planning C: Government and policy*, Vol.3, pp.439-450　1985

Hanley, N. and Spash, C.L., *Cost-Benefit Analysis and the Environment*, Edward Elgar, 1993

Keeney, R.L., *Value-Focused Thinking: A Path to Creative Decisionmaking*, Harvard University Press　1992

Keeney, R.L. and Raiffa, H., *Decisions with Multiple Objectives*, Cambridge University Press 1993 First published in 1976 by John Wiley & Sons.

Luce, R. D. and Raiffa, H., *Games and Decisions*, Wiley　1957

Nijkamp, P., *Theory and Application of Environmental Economics*, North-Holland　1975；藤岡明房・萩原清子・金沢哲雄監訳『環境経済学の理論と応用』勁草書房　1985

Olson, D. L., *Decision Aids for Selection Problems*, Springer-Verlag　1996

Roy, B., *Multicriteria Methodology for Decision Aiding*, Kluwer Academic Publishers 1996

Sen, A. K., *Collective Choice and Social Welfare*, Holden-Day, 志田基与師監訳（2000）『集合的選択と社会的厚生』勁草書房　1970

Vincke, P., *Multicriteria Decision-aid*, Wiley　1992

Von Neumann, J. and Morgenstern, O., *Theory of Games and Economic Behavior*, second edition, Princeton University Press　1947

Yoon, K. P and Hwang, C-L., *Multiple Attribute Decision Making: An Introduction*, Sage Publications　1995

第11章

——環境アセスメント——

　道路，鉄道，ダム，廃棄物処理場，発電所などを建設することは私たちの生活をより豊かなものとするための事業であるが，これらの事業によって周辺の環境が悪化したり，周辺住民の生活が脅かされることがある．このような影響を前もって予測したり評価するための一つの手法として環境アセスメント（環境影響評価：Environmental Impact Assessment；EIA）がある．

　本章では，現行の環境アセスメントをまず紹介する．ついで，現在導入のガイドラインが策定されている戦略的環境アセスメントについて述べる．最後に，より広い枠組みでの環境アセスメントのあり方として社会的インパクトアセスメントを紹介する．

　なお，正確に言えば，Environmental Impact Assessment，すなわち，環境影響評価というべきであるが，本章では，広く使われている環境アセスメントという言い方をすることを断っておく．

> 🔑〔キーワード〕環境アセスメント，スコーピング，戦略的環境アセスメント（SEA），社会的インパクトアセスメント（SIA）

171

11-1　環境アセスメントとは何か

普遍的な環境アセスメントの定義は今のところない．しかし，最も重要なことは，「それがプロセス」であるということである．つまり，公的，私的にかかわらず提案された行動の環境への潜在的な結果に関心を有しながら意思決定を支援するためにデザインされた「プロセス」であり，これらの行動決定に組み込まれるものである．

たとえば，国際影響評価機関（IAIA）や英国の環境評価研究所（Institute of Environmental Assessment: IEA）では以下のように定義している．

環境アセスメントとは，主たる決定や関与がなされる前に開発提案の生物物理的，社会的，他の関連する影響を明らかにし，予測し，評価し，軽減するプロセスである．

11-2　環境アセスメントの起源と発展

1960年代，日本では公害問題が深刻となっていたが，世界各国でも，たとえば，レイチェル・カーソンの「沈黙の春」などに啓発され，環境への関心が高まった．

1970年以前には，事業による影響の評価は，たとえば，費用・便益分析（CBA）によっておこなわれていた．エジプトのアスワン・ハイ・ダムや米国内の数多くの水資源開発プロジェクトがCBAによって評価されていた．CBAに関しては，すでに第8章で述べたような限界が，とくに環境に関連する評価について示されている．

環境アセスメントはもともとはCBAでは除外される影響を含めるように考えられた．1969年制定，1970年施行の米国の「国家環境政策法（National Environmental Policy Act: NEPA）に基づいて世界で初めて環境アセスメントがおこなわれるようになった．NEPAで示された初期の環境アセスメントのプロセスは米国の環境質評議（審議）会で以下のような概要として示され

ている．

　①各世代は将来世代の被信託者とならねばならない．
　②安全で生産的で，かつ社会的に満足される環境が維持されなければならない．
　③環境の安全かつ許容可能な利用は認められるべきである．
　④将来世代への遺産とオプションが守られるべきである．
　⑤資源のポテンシャルと人口成長のバランスが奨励されるべきである．
　⑥再生可能および再利用可能な資源の使用が奨励されるべきである．

　しかしながら，初期の環境アセスメントの適用においては，生物物理的環境のみに評価が偏り，それと人間との関係やより広い潜在的な影響については考慮に入れられなかった．そのため，初期の環境アセスメントは単にすでに決まった事業を正当化するための手段にすぎないとの批判を浴びた．
　1970年代半ばから1980年代初頭にかけて，事業評価のために重要な項目を検討するスコーピング（検討範囲の絞込み）がおこなわれるようになった．評価項目はこの時期に，単なる生物物理的環境からより広く地域的影響や社会的影響を含むようになった．
　1980年代から1990年代には，1987年の環境と開発に関する世界委員会や1992年および1997年の地球サミットなどの国際会議が開催され，環境アセスメントの文脈での環境は単に生物物理的環境ばかりでなく，地域，より広い地域，国レベル，および過去・現在・未来に関する「生物物理的環境だけでなく，社会的経済的環境の要素も含むもの（たとえば，労働市場，人口，住宅構造，教育，健康，価値，ライフスタイル，ジェンダーなど）」となった．
　環境アセスメントは1990年代には，システムズ・アプローチおよび多次元アプローチとなって重要な環境管理手段となった．しかし，まだ環境アセスメントは環境問題を防ぎ，最小化する道具としてしか見られていなかった．
　環境と開発に関する世界委員会（WCED）の報告書「我ら共有の未来」（1987）で初めて「持続可能な発展」が定義されて以来，1992年の国連環境開発会議において持続可能な発展の概念が国際的に合意された（「環境と開発

に関するリオ宣言」).

　持続可能性が主導権をもつようになってくるとともに，環境アセスメントの適用は単に事業レベルから政策（policy），計画（plan），計画実行の詳細（program），の意思決定へと要求されるようになってきた．こうして，環境アセスメントがおこなわれる事業段階に先立つ，政策，計画（plans, programs）の意思決定段階から，環境アセスメントが必要であるとの考えから戦略的環境アセスメント（SEA）が生まれてきた．

11-3　環境アセスメントのプロセス

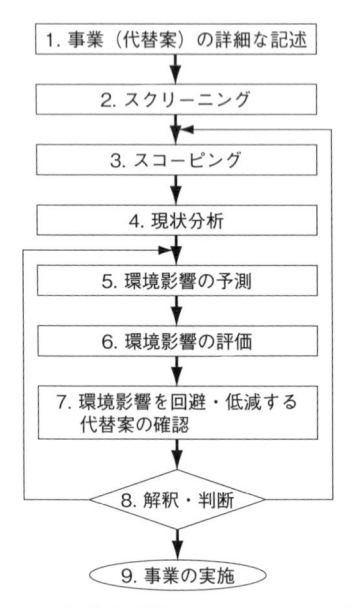

　一般的な環境アセスメントのプロセスは第2章で示したシステムズ・アナリシスの手順にしたがっている（図2-2参照）．ただし，すべての環境アセスメントのプロセスが図11-1で示されたとおりでもなく，同じ要素を含んでいるということではないことに注意されたい．

　以下，図11-1に沿って，少し詳しく説明しよう．

図11-1　一般的な環境アセスメントのプロセス

1. 事業（代替案）の詳細な記述
2. スクリーニング
3. スコーピング
4. 現状分析
5. 環境影響の予測
6. 環境影響の評価
7. 環境影響を回避・低減する代替案の確認
8. 解釈・判断
9. 事業の実施

①代替案をも含む事業の詳細を示す．
②スクリーニング：環境アセスメントの対象にするか否か，対象事業を選定する．
③スコーピング：検討する代替案の範囲やこれらによる影響を評価するための項目，評価項目の範囲を絞り込む．

④現状分析：環境の現在の状態に対する分析．
⑤環境影響の予測：大気質や，水質，騒音などの評価項目別に予測する．また，景観や，動植物などの生態系の変化についても個別に予測する．
⑥環境影響の評価：環境基準や目標値が設定されている一部の項目（大気質や水質）は，これらを基準に評価される．しかし，多くの項目はこのような基準がないので，代替案相互の相対評価がおこなわれる．
⑦環境影響を回避・低減するための代替案の確認
⑧解釈・判断：これまでの項目についてまとめられた環境影響評価書（Environmental Impact Statement）に関する専門的立場および住民などからの意見表明や審査意見も参考に総合的に判断する．
⑨事業の実施（フォローアップ）：事業および影響を回避・軽減する対策の実施．ただし，事業着手後の調査などを続けておこなう．

以上の各段階すべてにおいて住民など利害関係者などを含む生活者の参加が望ましいとされている．しかしながら，環境アセスメントそのものに関する理解や評価技術の限界や環境アセスメント実施やフォローアップにかかる費用の問題，さらには環境アセスメントのプロセスでの生活者参加の限界，社会・文化的影響の軽視，政治的な問題，などなど克服しなければならない課題は多い．

11-4　戦略的環境アセスメント（Strategic Environmental Assessment: SEA）

　環境に影響を及ぼす多くの決定は事業が決定されるかなり前におこなわれている．
　たとえば，高速自動車国道の場合には，まず国の政策としての道路整備5カ年計画 などが策定される（政策）．ついで，どの地域のどの区間（起点・終点）に建設するかという（上位）計画（plan, program）段階の決定がおこなわれ，具体的な経路が決定される（事業計画）．
　したがって，事業計画段階で環境アセスメントをおこなっても回避・低減

できない影響を取り除くには，事業計画の前の段階からアセスメントをおこなうことが必要であるという考えは，1969年制定のNEPAですでに示され，計画段階での環境評価はおこなわれていた．しかしながら，1987年の「我ら共通の未来」報告，1992年の地球サミットを経て，世界的に政策に関する環境アセスメントの必要性が認められ，持続可能な発展を実現する具体的な方法として，環境アセスメント（SEA）が脚光を浴びるようになった．

国際影響評価学会（IAIA）では，SEAを次のように定義している．

> 「SEAは，提案された政策・計画プログラムにより生ずる環境面への影響を評価する体系的なプロセスである．その目的は，意思決定にできるかぎりはやい適切な段階で経済的・社会的な配慮と同時に環境の配慮が十分におこなわれ，その結果適切な対策がとられることを確実にすることである．」（原科，2000）．

環境省によるガイドラインでは，「戦略的環境アセスメント（SEA）とは，個別の事業実施に先立つ「戦略的（Strategic）な意思決定段階」，すなわち，個別の事業の計画・実施に枠組みを与えることになる計画（上位計画）や政策を対象とする環境アセスメント」と定義している．

戦略的環境アセスメントは環境アセスメントの対象となる事業（Project）の前の段階，すなわち，さまざまな施策の中で個々の計画や事業の方向性を示す政策段階（Policy）といつ，どこで，どのように，どの事業を実施する必要があるかを示す上位計画段階（Plan, Program）で環境アセスメントをおこなうというものである（図11-2）．

すでに，合衆国，カナダのほか，EU加盟27国中25ヵ国がSEA制度を導入している（2007年1月末現在）．アジアでも，中国，韓国のほか，ベトナム，香港で導入しており，フィリピン，タイで制度を創設中である（2005年12月末現在）．

日本では，すでに先駆的に，堤・萩原（1977）が3段階（地域の課題計画，構想計画，基本・実施計画）での環境アセスメントを内部化した地域計画の策定過程の提案をおこなっている．

各種事業の立案・実施の流れ

```
政策（policy）
様々な施策の中で個々の計画や事業
の方向性を示すもの
          ↓
計画・プログラム（plan; program）
いつ，どこで，どのように，どの
事業を実施する必要があるかを
示すもの
          ↓
事業（project）
個別事業の設計・供用・環境保全対策
などを詳細に示すもの
          ↓
事業の実施
```

戦略的環境アセスメント
Strategic Environmental Assessment

計画を策定する者が実施
関係者の参加
複数の代替案の比較評価

環境アセスメント
Environmental Impact Assessment

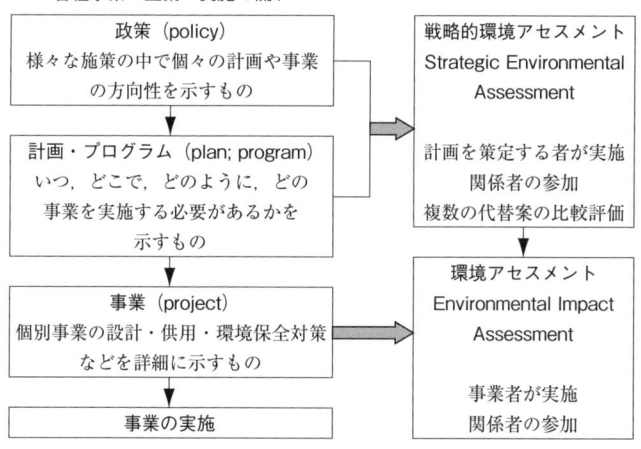

事業者が実施
関係者の参加

図 11-2　戦略的環境アセスメントの位置づけ

　しかし，ようやく2000年の新環境基本計画の中で，戦略的環境アセスメントを位置づけ，上位計画や政策での環境配慮を，具体的にどうすすめたらよいかなど，制度化の検討を進めることが定められた．
　ついで，2006年に策定された第3次環境基本計画で戦略的環境アセスメントに関する共通的なガイドラインの作成を図ることなどが盛り込まれた．そして，戦略的環境アセスメント総合研究会において，共通的なガイドラインの検討をおこない，2007年3月に，戦略的環境アセスメント導入ガイドラインが研究会報告としてまとめられた．
　戦略的環境アセスメントの実施によって，事業の位置・規模などの検討段階で，著しい環境影響を把握し，複数案について環境面から比較評価をおこなうことにより，重大な環境影響が事前に回避，低減される．たとえば，戦略的環境アセスメントは，以下を順におこなう．

①道路・鉄道のルート，ダム，飛行場・廃棄物最終処分場などの位置や規模などについて複数案を設定する．
②複数案について環境影響の程度を比較評価する．
③環境面から見た各案の長所・短所，とくに留意すべき環境影響を整理する．

第11章◇環境アセスメント　｜　177

さらに，環境影響評価法に基づいたアセスメントをおこない，環境保全措置を検討することとなる．

国内の地方自治体レベルでは，すでに埼玉県が戦略的環境アセスメントを制度化しており，その後，東京都，広島市，京都市で制度が導入されている．

11-5　日本の環境影響評価制度

11-5-1　現行制度の成立

環境アセスメントは1969年にアメリカにおいて世界で初めて制度化され

表 11-1　環境アセスメント関連年表

年	事項
1956年	水俣病患者公式に確認
62	レイチェル・カーソン「沈黙の春」出版
67	公害対策基本法制定
69	国家環境政策法（NEPA）制定（アメリカ）；世界初の環境アセスメント制度
70	公害国会
71	環境庁発足
72	アセスメント閣議了解；公共事業について，アセス制度を導入
	ストックホルム人間環境宣言
	自然環境保全法制定
75	有吉佐和子「複合汚染」出版
76	環境庁むつ小川原総合開発計画へのアセス指針を提示
	川崎市全国初のアセス条例制定
	環境影響評価法案の提出を試みるが失敗
80	神奈川県・東京都アセス条例制定
81	旧「環境影響評価法案」，6度目の提出で国会審議へ
83	環境影響評価旧法案廃案
84	「環境影響評価の実施について」閣議決定（閣議アセス）；法律ではなく，行政指導による制度化
92	リオで地球サミット
93	環境基本法制定；環境アセスメントを法的に位置づけ
94	環境基本計画策定
97	環境影響評価法制定；環境アセスメントの法制化
99	環境影響評価法施行
2006	第3次環境基本計画の策定；戦略的環境アセスメントに関するガイドラインの作成を図ることが盛り込まれた
2007	戦略的環境アセスメント導入ガイドライン策定

注：原科（2000）表1-2および環境省：「環境アセスメント制度のあらまし」および「戦略的環境アセスメント導入ガイドラインのあらまし」を参考に作成

て以来，世界各国でその制度化が進んできた．日本では1972年に公共事業について環境アセスメントが導入されたことに始まり，その後，1980年ごろまでに，港湾計画，埋立て，発電所，新幹線についての制度が別々に設けられた．このような別々の制度による環境アセスメントが実施されるなかで，統一的な制度の確立が必要となり，1981年「環境影響評価法案」が国会に提出されたが，1983年に廃案となった．

　法案の廃案後，法律の代わりに政府内部の申し合わせにより統一的なルールを設けることとなり，1984年に「環境影響評価の実施について」が閣議決定された．地方公共団体においても条例・要綱の制定が進められた．

　1993年に制定された「環境基本法」第20条で環境影響評価制度の推進が規定され，制度の見直しに向けた検討が始まり，1997年に「環境影響評価法」が成立した．

11-5-2　日本の「環境影響評価法」の手続き

　「環境影響評価法」では，環境の悪化を未然に防止し，持続可能な社会を構築していくために環境アセスメントをおこなうことが必要であるとしている．環境影響評価法は規模が大きく環境に大きな影響を及ぼすおそれのある事業について環境アセスメントの手続きを定め，環境アセスメントの結果を事業内容に関する決定（事業の許認可など）に反映させることにより，事業が環境の保全に十分に配慮しておこなわれるようにすることを目的としている（環境パンフレット）．

　11-3で示した環境アセスメントのプロセスに沿って日本の環境影響評価法を簡単に説明しよう（図11-3参照）．

（1）環境アセスメントの対象となる事業の決定

　環境影響評価法で環境アセスメントの対象となる事業は，道路，ダム，鉄道，空港，発電所などの13種類の事業である．このうち，規模が大きく環境に大きな影響を及ぼすおそれがある事業は「第1種事業」として定められ，環境アセスメントの手続きを必ずおこなうこととされている．この「第1種事業」に準ずる事業は「第2種事業」として定められ，手続きをおこなうかど

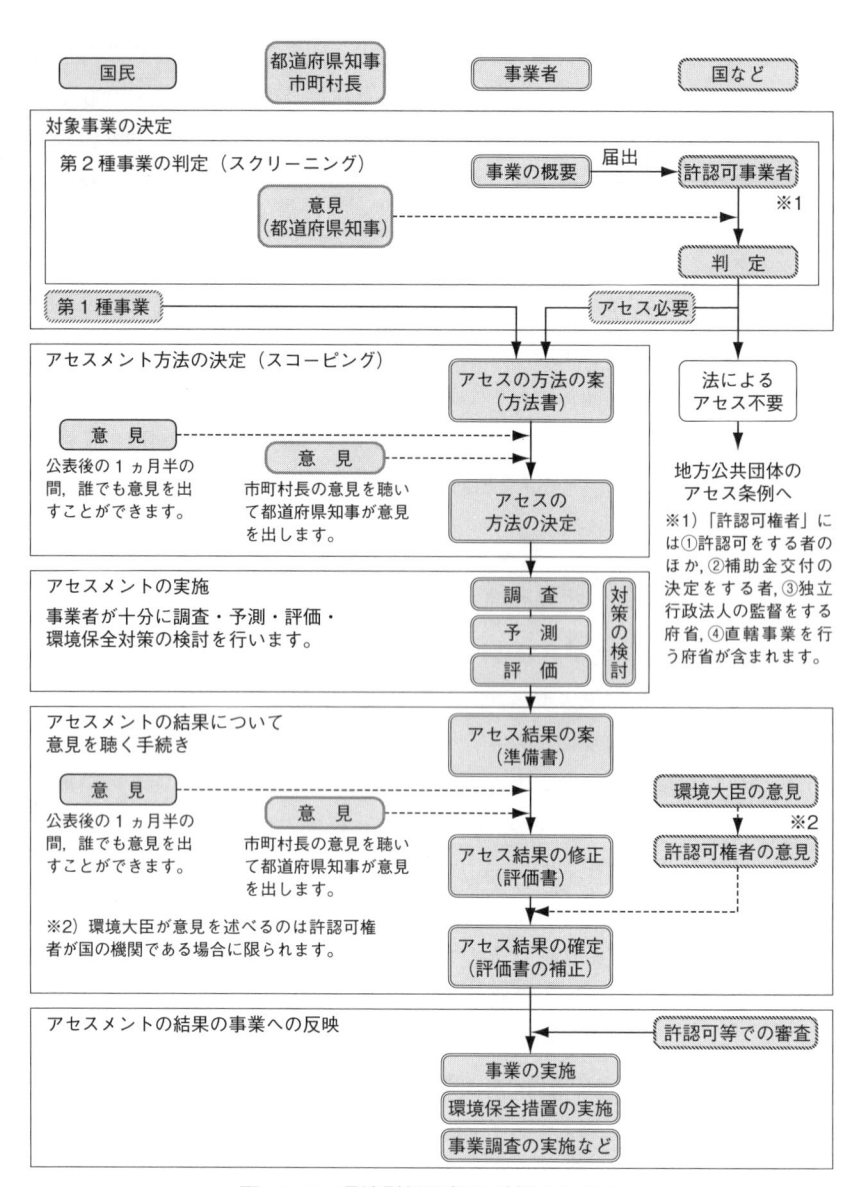

図11-3 環境影響評価の手続きの流れ

関係者: 国民／都道府県知事・市町村長／事業者／国など

対象事業の決定
- 第2種事業の判定（スクリーニング）
  - 事業者：事業の概要 → 届出 → 許認可権者 ※1
  - 意見（都道府県知事）
  - 判定
- 第1種事業 → アセス必要
- 法によるアセス不要 → 地方公共団体のアセス条例へ

アセスメント方法の決定（スコーピング）
- 事業者：アセスの方法の案（方法書）
- 意見：公表後の1ヵ月半の間，誰でも意見を出すことができます。
- 意見：市町村長の意見を聴いて都道府県知事が意見を出します。
- アセスの方法の決定

アセスメントの実施
事業者が十分に調査・予測・評価・環境保全対策の検討を行います。
- 調査
- 予測
- 評価
- 対策の検討

アセスメントの結果について意見を聴く手続き
- アセス結果の案（準備書）
- 意見：公表後の1ヵ月半の間，誰でも意見を出すことができます。
- 意見：市町村長の意見を聴いて都道府県知事が意見を出します。
- 環境大臣の意見 → 許認可権者の意見 ※2
- アセス結果の修正（評価書）
- アセス結果の確定（評価書の補正）

※2）環境大臣が意見を述べるのは許認可権者が国の機関である場合に限ります。

アセスメントの結果の事業への反映
- 許認可等での審査
- 事業の実施
- 環境保全措置の実施
- 事業調査の実施など

※1）「許認可権者」には①許可をする者のほか，②補助金交付の決定をする者，③独立行政法人の監督をする府省，④直轄事業を行う府省が含まれます。

（出典）環境省：環境アセスメントのあらましより転載

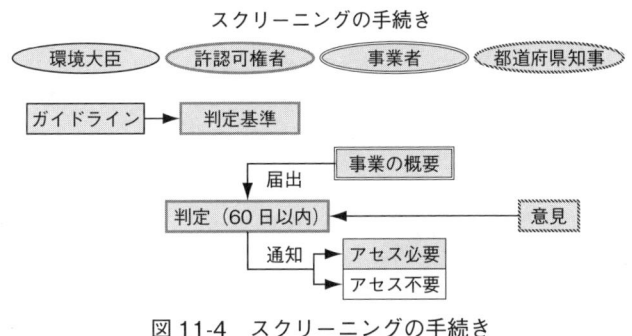

図 11-4　スクリーニングの手続き
(出典) 環境省：環境アセスメント制度のあらましより転載

うかを個別に判断する（上記 11-3 の②スクリーニングに相当する〔図 11-4 参照〕）．この段階では，都道府県知事が意見を表明することができる．

(2) 環境アセスメント方法の決定（上記 11-3 の③スコーピングに相当する〔図 11-5 参照〕）

　同じ道路を建設する場合でも，自然が豊かな山間部を通る場合と，人口稠密な都市部を通る場合とでは，環境への影響は異なる．したがって，対象となる道路事業で評価する範囲や項目を検討する．

　この段階では，生活者は誰でもスコーピングの結果を記した方法書に対して意見を出すことができる．さらに，市町村長の意見を踏まえて，都道府県知事が事業者に意見を述べる．

(3) 環境アセスメントの実施

　事業者は，スコーピングの後，調査・予測・評価をおこなう．また，これと平行して，環境保全のための対策を検討し，この対策がとられた場合における環境影響を総合的に評価する（上記 11-3 の④から⑧〔図 11-4 参照〕）．

(4) 事業者による「準備書」の作成（図 11-6 参照）

　上記 11-3 の④から⑧までを「環境影響評価準備書」としてまとめる．

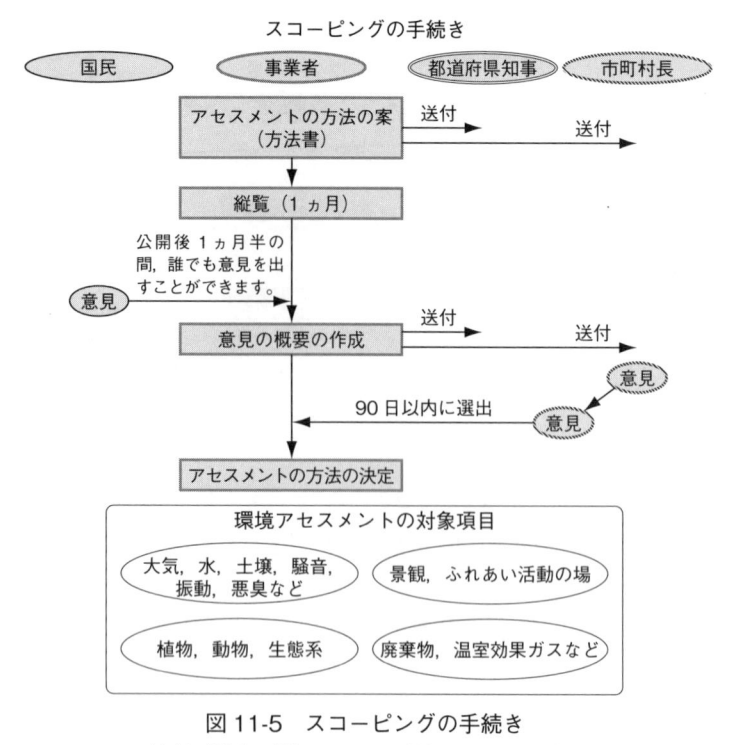

図 11-5 スコーピングの手続き
（出典）環境省：環境アセスメント制度のあらましより転載

この準備書の内容について生活者はすべて意見書を提出できる．また，市町村長の意見を踏まえて，都道府県知事が事業者に意見を述べる．

(5) 事業者による「評価書」の作成

準備書に対する意見を検討し，準備書の内容を見直した上で，「評価書」を作成する．事業の許認可をおこなう大臣と環境大臣に「評価書」が提出され，審査される．続いて，「評価書」の公告・縦覧をおこなう．
　許認可権者が国の機関である場合には，環境大臣が評価書に対して意見を述べることができる．

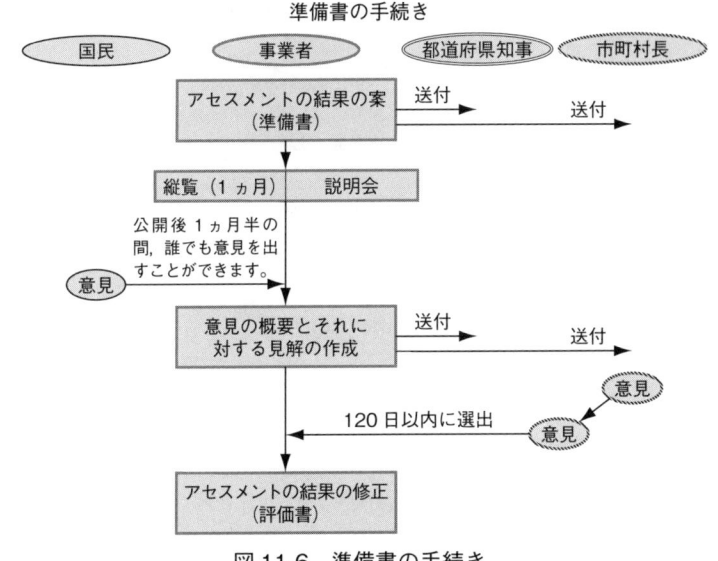

図 11-6 準備書の手続き
(出典)環境省:環境アセスメント制度のあらましより転載

(6) 事業の実施

以上は国の「環境影響評価法」のプロセスであるが，地方自治体では生活者参加がより積極的におこなわれている．たとえば，公聴会を開催して住民の意見を聴く，第三者機関による審査の手続きを設ける，手続きに入る前の環境配慮を義務付ける，手続きをおこなった後の事後モニタリングを義務付けるなど，各自治体の独自性が現れている（原科，2000；環境省）．

11-5-3 スコーピングから予測・評価まで

紙数の制約から，ここでは影響評価項目の選定から予測・評価までについて簡単に説明するにとどめる（より詳しくは，原科〔2000〕を参照されたい）．

日本の国や地方自治体での環境影響評価の対象となる環境項目はおおよそ表11-2に示すとおりである．

従来から物理的要素としての大気，水，土については重要視されている．一方，生態系への影響についての必要性は指摘されていたものの具体的な予測評価はあまりおこなわれてこなかった．しかし，環境影響評価法では評価

表 11-2 予測評価の対象となる環境項目の分類

環境	対象項目
地域環境の物理的要素	・大気環境(大気汚染,騒音,振動,悪臭等) ・水環境(水質汚濁,地下水汚染等) ・土壌環境(土壌汚染,地形・地質等) ・その他
生物の多様性や生態系	・植物 ・動物 ・自然生態系
人と自然との豊かな触れ合い	・景観 ・自然との触れ合いの活動の場 ・(レクリェーション,里山,里地)
環境への負荷	・廃棄物 ・地球温暖化 ・その他
その他	・低周波空気振動 ・電波障害,日照阻害 ・文化財 ・地域分断 ・安全 など

(出典)原科(2000)表 4-1 を転載

項目のひとつとして明確に位置づけられている.

表 11-2 のその他の項目は環境影響評価法では扱われていないが地方自治体で評価項目としてあげられているものである.

スコーピング段階では,以上のような項目に対して,対象事業や周辺地域の特性を考慮して予測・評価をおこなう環境項目を選定する.評価項目の選定方法およびその特性は表 11-3 に示すとおりである.

日本では,チェックリスト法にアドホック法を付加した形がほとんどであったが,環境影響評価法施行後は,マトリックス法に準じた項目選定がおこなわれている(原科,2000).

マトリックス法による項目選定の例を表 11-4 に示す.

ここでは,内陸部に建設する高速道路に関連する項目を考えてみよう(原科,2000).たとえば,土地造成によって森林を伐採することになれば,土壌汚染や動植物への影響が生じる可能性がある.また,完成後自動車が走行する段階では,大気汚染,騒音,さらに地域コミュニティへの影響が考えら

表 11-3 評価項目の選定方法

名　称	方　　法	特　性
チェックリスト法	事業の種類ごとに予想される環境影響を予め列挙	事業の種類によって項目が自動的に特定される。リストにあがっていない項目を選択する余地なし。
マトリックス法	環境に影響を与える行為と環境影響との関連を表形式で提示	チェックリスト法に比べ，より柔軟な選択が可能。
ネットワーク法	事業が及ぼす環境影響の因果関係を図示	波及効果などの複雑な関係が表現可能。
アドホック法	複数の専門家による討論・検討の結果を基礎	多様な専門家を集めることにより項目もバラエティに富む。結果が人選に左右される可能性あり。

(出典) 原科 (2000) 表 4-2 を転載

表 11-4 マトリックス法による項目選定の例

		環境汚染項目				自然生態系			社会環境		
		大気汚染	水質汚染	土壌汚染	騒音・振動	陸上植物	陸上動物	水生生物	景観	コミュニティ	廃棄物
造成	森林の伐採			○		○	○				
	工事車両の走行	○			○						
施工	切土・盛土			○							
	建設機械の稼働				○						
	工事車両の走行	○			○						
供用	自動車走行	○			○				○		
	構造物の存在								○	○	
	夜間照明					○	○				

注：原科 (2000) より転載

れる．

　予測手法については各項目についてさまざまな手法が提案され，実行されているがここでは詳しくは述べない．以下では，評価について簡単に説明する．
　環境影響評価法では，代替案の比較検討が求められている．評価項目ごとに予測して得られる評価は大きく定量的評価と定性的評価に分けられる．このような評価に基づいて，代替案の評価をおこなうことになる．評価項目のうち基準が決められているものについては，代替案ごとの基準の達成度などにより評価をおこなうことは可能である．しかしながら，多くの項目につい

ては基準のないものも多く，また単に定性的評価，たとえば，景観の場合に，「周辺の景観と調和する」などと記される場合もある．しかし，複数の代替案を比較検討して，どれがもっとも調和するかを判断することは可能であろう．

項目ごとの個別評価から代替案の総合評価をおこなう手法については，第10章を参照されたい．

11-6　社会的インパクトアセスメント（Social Impact Assessment: SIA）

上述したように，環境アセスメントおよび戦略的環境アセスメントは社会の持続可能性（持続可能な発展）を実現するために必要であると考えられている．

ところで，社会を構成する人々のニーズを満たすために何か特定の政策や計画が社会に及ぼす結果には，人々の生活や，仕事，活動（行為）のやり方を変えることとなるような社会的な影響や文化的な影響，たとえば，社会規範（慣習），価値，個人の信仰（信条）などが含まれる．環境影響もこれらのひとつであるとみることもできよう．

社会的インパクトアセスメント（SIA）は，提案された行動や政策の変化による人々への影響の結果を人々が前もって理解できるようにするものである．SIAのガイドラインで示されたリストには，以下のような項目がある（Becker and Vanclay, 2003）．

①人口特性
　・現在の人口および予想される変化
　・民族および人種の多様性
　・季節あるいはレジャー人口の増加，および一時的な住民の流入と流出
②コミュニティや制度構造
　・コミュニティの規模や構造
　・地方政府組織の構造および階層（より大きい政治組織との関連で）

- 雇用や産業の多様性の歴史的ならびに現在のパターンや規模
- ボランタリー団体，宗教組織，利害関係グループの活動水準ならびにそれら相互の関係

③政治的・社会的資源（財産）
- 権力（機関；当局）の分布
- 利害（影響を受ける）政党の確認
- コミュニティや地域内でのリーダーシップ能力

④個人ならびに家族の変化
- 個人や家族の行動，家族特性の把握，友人ネットワークなどを含む日常生活に影響する要因に関連すること（これらには，政治に対する行動や家族や友人関係のネットワークへの行動からリスク，健康，安全に対する認識まで幅広い）

⑤コミュニティの資源
- 自然資源や土地利用のパターン
- 住宅の利用可能性や健康，警察，消防，衛生施設などコミュニティサービスの利用可能性
- コミュニティの持続性ならびに存続性（彼らの歴史的および考古学的文化資源でもある）
- 先住民人口の変化や小宗教の文化

以上のようにSIAの対象項目は，ほとんど社会全体への影響を網羅しているといえよう．

NEPAにも，環境アセスメントの社会的インパクト項目として社会・経済的項目が盛り込まれていた．しかし，初期には「社会的な影響（social effects）」についてはほとんど考慮されなかった．

ガイドラインで示されたすべての社会的影響の項目を網羅したかどうかは別として，1979年の米国のスリーマイル島の原子力発電所の事故の際に，再稼動に対する脅威や周辺住民の恐怖を評価するためにSIAが適用された．米国ではその後もSIAの発展が積極的にはかられてきた．しかしながら，そのあまりに広い検討項目の範囲のために，非常に幅の広い手法や専門家を

要することなどにより，米国においても1970年代がその適用のピークにあり，その後は，SIAを実行するにはより多くの資金や調査が必要であるなどにより無視されてきた．

たとえば，チェルノブイリの事故の際には，健康影響以外のロシア国内の社会・経済的な影響や，グリーン化に向けての政策などはほとんど考慮されなかった．

世界的に持続可能な発展あるいは持続可能性（サステイナビリティ）が問われているが，とくに発展途上国をも含めた世界全体のサステイナビリティを考えれば，さまざまな政策や計画が及ぼす影響に関するSIAを適用することが必要といえるであろう．

とくに，貧困に由来する環境影響が広がることによってさらなる貧困の蔓延と環境破壊へと結びつき，持続可能な発展という目標の大きな障害となっていることが認められている（Barrow, 1997）．発展途上国の問題については，第14章で詳しく述べられる．

日本においても干拓事業（諫早湾）やダム建設（二風谷）によって単に生物・物理的な環境への影響ばかりでなく，生活の糧としての仕事を変えなければならない，民族の誇りとしての文化を放棄しなければならなくなる，などといった影響がみられる．

SIAを完全な姿で実施するかどうかは別としても，より広い影響項目への配慮が望まれる．

《学習課題》
1. 環境アセスメントをおこなうことによるプラスの面を考えてみよう．
2. 環境アセスメントが日本でも定着するようになった背景と環境アセスメントの今後はどのようになるか考えてみよう．
3. 具体的な事業を想定し，表11-2を参考にして評価項目をまとめてみよう．
4. 具体的な問題を想定し，社会的インパクトアセスメントをおこなう場合の評価項目を検討してみよう．

●参考文献──

環境省「環境アセスメント制度のあらまし」『戦略的環境アセスメント導入ガイドラインのあらまし』 環境省ホームページ http://www.env.go.jp/policy/assess/ (2007/11/18)

堤武・萩原良巳「下水道計画の策定過程とその周辺」『土木技術』32巻5号 1977

原科幸彦『改訂版 環境アセスメント』放送大学教育振興会 2000

Barrow, C. J., *Environmental and Social Impact Assessment: An Introduction*, Arnold 1997

Becker, H. A. and F. Vanclay, eds., *The International Handbook of Social Impact Assessment*, Edward Elgar 2003

Noble, B. F., *Introduction to Environmental Impact Assessment: A guide to Principles and Practice*, Oxford University Press 2006

第IV部

環境創造

第12章
——環境と対話する社会——

　生活者にとって望ましい社会の姿とはどのようなものであろうか．環境に関する国際会議や環境基本法や循環型社会形成推進法などでは目指す社会のモデルがさまざまなコンセプトで表されている．単語だけを並べてみても，共生，持続可能性，循環型などとじつに多様である．しかも，これらのコンセプトで表される社会を実現するための考え方や施策はそれぞれ個別に考えられている．

　しかしながら，生活者がGES環境を認識し，望ましい社会を考えるとすれば，それは「環境と対話する社会」であり，その社会は，循環型であり，環境との共生型であり，持続可能性を有するものであるといえるであろう．

　本章では，これらのキーワードの意味を把握しながら，環境と対話する社会とは何かを考えてみよう．

> 〔キーワード〕循環型社会，循環基本法，田園都市論，環境共生都市，コンパクトシティ，水資源，水循環

12-1　自然の循環

　地球の大気，水，土壌，生物といった生態系の中には，炭素化合物が含まれている．大気中に含まれる二酸化炭素（CO_2）は，海水への溶解と大気への放出を繰り返すことにより，大気と海水との間で絶えず交換され，平衡状態を維持している．また，二酸化炭素は，植物などによっておこなわれる光合成を通じて有機化合物として固定され，一部は植物などにエネルギーとして直接消費され，再び二酸化炭素として大気中に放出される．一方で，植物に蓄えられた有機化合物の一部は，これを食べる動物によって消費され，動物の呼吸を通じて二酸化炭素として大気中に放出される．動植物の死骸や排せつ物は土壌中の微生物によって分解され，やはり二酸化炭素として大気中に戻る．

　また，海中ではさらに，表層に溶解した二酸化炭素が植物プランクトンによって有機化合物として固定され，これを摂食した動物プランクトンや大型の捕食者の死骸や排せつ物が海の深層に沈降していくという垂直方向の流れも発生している．

　エネルギーに関しても太陽から地球が受け取るエネルギーは，太陽光線として大気圏に入ってくると，その一部は生物の間で受け渡されながら生態系を流れていき，それぞれの生物の生命を維持している．

　このように，地球環境は，大気，水，土および生物などの間を物質やエネルギーが循環し（ジオ），生態系（エコ）が微妙な均衡を保つことによって成り立っている．人類（ソシオ）もその生態系の一部であり，環境が良好な状態に保持され，健全に維持されることが必要である（図2-1参照）．

　自然界の物質循環には，地球上のありとあらゆる生物が関わっている．自然には多様な生物がそれぞれ生きているが，それらの生物は，大きく「生産者」，「消費者」，「分解者」の3種類に分けられている．

　「生産者」とは，太陽のエネルギーを吸収（光合成）して有機物を作り出す生き物で，植物がその中で代表的な存在である．大気中の二酸化炭素や，地中などにある窒素やリンなどの栄養分を原料として，各種の有機物を作り

上げる．この生産者からは，排泄物として酸素が出てくる．「消費者」とは，植物が生産した栄養分を摂取して生活をしている，動物である．大気中の酸素を吸って，二酸化炭素をはきだしている．「分解者」とは，微生物などであり，微生物の活動によって，有機物が分解され，植物が肥料として吸収される化学形態になる．生産者や消費者が排出した多様な有機物質も，この分解者がもとの無機物に戻してくれる．

「生産者」→「消費者」→「分解者」と一巡すれば，物質としては何も増えたり減ったりせずに，太陽エネルギーが吸収，利用されて，あらゆる営みを支え，もとの状態が維持される．人間社会で自然の仕組みに準じた循環の仕組みが作れるかどうかが問われることとなる（内藤, 1998）．

そのためには，人類の活動が地球環境の持つ復元能力におさまるように，すなわち，人間の営みを，自然の循環にできるかぎり適合させるようにする．そして，このような社会を「循環型社会」と呼ぶことができる．ソシオにおいては，社会経済活動の全段階を通じて，資源やエネルギーのよりいっそうの効率的な利用を促進し，社会経済システムにおける物質循環を確保することによって，地球環境の負荷をできるかぎり少なくすることである．

12-2　循環型社会

12-2-1　物質フロー

日本の物質フロー（平成16年度）を概観すると，19.4億トンの総物質投入量があり，その半分程度の8.3億トンが建物や社会インフラなどの形で蓄積されている．また1.5億トンが製品などの形で輸出され，4.6億トンがエネルギー消費，6.1億トンが廃棄物などという状況である．このうち循環利用されるのは2.5億トンで，これは，総物質投入量の12.7%にすぎない（図12-1参照）．

物質フローにみられる特徴は以下のとおりである．

① 「総物質投入量」が高水準
② 「天然資源など投入量」が高水準

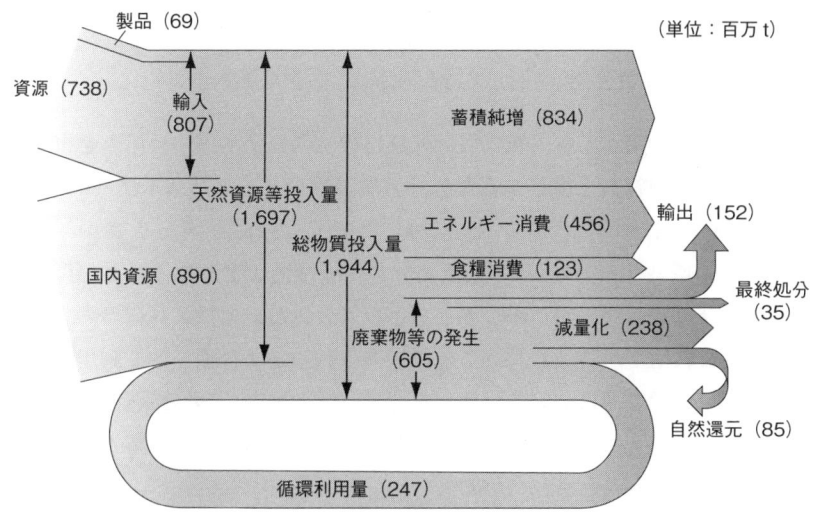

図 12-1 日本の物質フロー
注：産出側の総量は，水分の取り込み等があるため総物質投入量より大きくなる．
資料：環境省

図中の数値（単位：百万 t）：
- 製品 (69)
- 資源 (738)
- 輸入 (807)
- 蓄積純増 (834)
- 天然資源等投入量 (1,697)
- エネルギー消費 (456)
- 輸出 (152)
- 国内資源 (890)
- 総物質投入量 (1,944)
- 食糧消費 (123)
- 最終処分 (35)
- 廃棄物等の発生 (605)
- 減量化 (238)
- 自然還元 (85)
- 循環利用量 (247)

③ 資源，製品などの流入量と流出量がアンバランス

　日本に入ってくる資源や製品の量に比べて，日本から出ていく製品などの物質量は約5分の1というアンバランスな状態が生じている．国際的な視野でみると，適正な物質循環が確保されていない状態ともみることができる．日本における窒素化合物による公共用水域や地下水への負荷は，諸外国に比べても食料や飼料などの形での多量の窒素が輸入されているために窒素の循環が損なわれていることが原因とみることもできる．

④ 「循環利用量」の水準が低い
⑤ 廃棄物などの発生量が高水準

　廃棄物などの発生量は，高水準で推移している．国民1人当たりでは4.5トン，GDP（国内総生産額）100万円当たりでは1.1トンの廃棄物などが発生している．

第 12 章 ◇ 環境と対話する社会　195

⑥　エネルギー消費量が高水準

12-2-2　循環型社会形成推進基本法（循環基本法）

　現代の大量生産，大量消費，大量廃棄型の社会経済活動の仕組みを根本から見直し循環型社会を構築するため，循環型社会形成推進基本法（循環基本法）が2000年に制定（2000年公布，2001年施行）された（第6章参照）．この法律での循環型社会の定義は，「製品などが廃棄物などとなることが抑制され，ならびに製品などが循環資源となった場合においてはこれについて適正に循環的な利用がおこなわれることが促進され，および循環的な利用がおこなわれない循環資源については適正な処分（廃棄物としての処分をいう）が確保され，もって天然資源の消費を抑制し，環境への負荷ができるかぎり低減される社会をいう」とされている．

　循環基本法では，施策の基本理念として排出者責任と拡大生産者責任（第2章参照）という2つの考え方を定めている．排出者責任とは，廃棄物を排出する者が，その適正処理に関する責任を負うべきであるとの考え方である．具体的には，廃棄物を排出する際に分別すること，事業者がその廃棄物の処理を自らおこなうことなどがあげられている．この考え方の根本は，汚染者負担原則（第2章参照）である．

　廃棄物・リサイクル対策は，第一に廃棄物などの発生抑制（リデュース），第二に使用済製品，部品などの適正な再使用（リユース），第三に回収されたものを原材料として適正に利用する再生利用（マテリアルリサイクル），第四に熱回収（サーマルリサイクル）をおこない，それでもやむをえず循環利用がおこなわれないものについては適正な処分をおこなうという優先順位を念頭に置くこととされている．同法に基づく循環型社会形成推進基本計画では，日本が目指す循環型社会の具体的イメージ，数値目標，各主体が果たすべき役割などについて定められており，計画に基づいて廃棄物・リサイクル対策を総合的かつ計画的に推進している．

　「循環基本法」における「循環型社会」とは主として「社会経済システムにおける物質循環」を取り上げ，この「循環」が健全におこなわれる社会を指し従来の「廃棄物」に分類されなかった物品（①現に使用されていない物品

であって，これまでに使用されたり，あるいは使用されることなく収集・廃棄された物品，②製品の製造・加工・修理・販売・エネルギーの供給，土木建築に関する工事，農畜産物の生産その他，人の活動によって副次的に得られた物品）を廃棄物に加え「廃棄物など」とし，「廃棄物など」のうち有用なものを「循環資源」とした．

12-2-3　都市緑地を活用した循環型システム

　緑地は地球温暖化の原因である二酸化炭素の吸収，アーバンヒーティング現象をはじめとする気象の緩和，水循環のための保水や雨水浸透，大気・水質・土壌の浄化，騒音の軽減といったさまざまな環境負荷の軽減に役立っている．また，人間が抱えているさまざまなストレス（人間に対する負荷）が緑地内での休息やレクリエーションや自然との触れ合いによって癒されるなどの効果があるとされている．そのため，都市においては公園，街路樹，屋上・壁面緑化など，緑をふやすさまざまな取り組みがおこなわれている．しかし，緑を守り育てる過程で，伐採木，剪定枝葉，落葉，刈草など（これは緑のゴミともいえる）が発生する．以下では，都市の緑地内からのこれら発生材と緑地外からの負荷を，緑地のもつ機能を活用して循環的に利用あるいは軽減させようとするシステムをみてみよう．

（1）緑地からの発生材を緑地内で利用

　近年，ゴミの削減，資源の有効利用と廃棄物の再資源化が求められる中で，緑の分野においてもとくに剪定枝葉や伐採木の処理が課題として認識され，1985年頃からこれら発生材のチップ化・堆肥化利用の取り組みが始まった．その後，野焼きの禁止や焼却場・埋立て場への持ち込み制限などもあり，ビジネスチャンスとして多くの企業がチップ化・堆肥化のための機械設備，プラントの開発に参入することとなり，いわゆる「緑のリサイクル」として急速に広がった．さらに，2001年の循環型社会形成推進基本法，2002年の新生物多様性国家戦略，建設工事に係る再資源化などに関する法律（建設リサイクル法）などの動きの中で，「緑のリサイクル」は，循環型社会，持続可能性，自然との共生，生物多様性などを実現する緑化技術として位置づけられつつ

ある．また，リサイクルの対象となる発生材についても，当初のターゲットであった剪定枝葉や伐採木などだけでなく，花実から樹木の抜根，プランターの植替え草花からダムの流木にいたるまで幅広い植物体に拡大され，総合的にとらえられるようになってきている．

伐採木，剪定枝葉，落葉，刈草などの発生材を加工，チップ化，堆肥化して利用する．幹部から木製遊具やベンチを作ったり，柵や土留めなどの工作物に転用し，緑地内に設置する事例，剪定枝葉などをチップ化してマルチング材やクッション材，舗装材として地表に敷きならす事例，堆肥化あるいは炭化して土づくりに役立てる事例などがある．

(2) 緑地からの発生材を緑地外で利用

伐採木や剪定枝を，薪や炭として燃料にする事例，炭化して調湿や脱臭や水質浄化などの環境資材として利用する事例，バイオマス発電などに利用する事例，製紙や工芸などに利用する事例などがある．

バイオマス（biomass）とは，もともとは生物現存量を意味する生態学の専門用語である．動植物を由来とする生物資源をさす言葉として用いられるようになり，近年，地球温暖化対策や循環型社会形成を背景に，エネルギー源や工業製品の素材として注目されてきている．日本では「バイオマス・ニッポン総合戦略」が2002年12月27日に閣議決定され，その中では，地球温暖化防止と循環型社会形成に加えて，競争力のある新たな戦略的産業の育成，農林漁業・農山漁村の活性化に資する方策として位置づけられている．

もともと緑地からの発生材である薪炭材は，石炭・石油に代替される以前には貴重なエネルギーであったが，現在実用化に向かっているのは，ガス化やエタノールなどの液体燃料化，メタノール化による燃料電池などのバイオエネルギーである．また，バイオマス製品については，家具や建材，衣料品，日用品などさまざまな製品がすでに実用化されている．ドイツでは自動車業界をはじめとして植物繊維などのバイオマス利用が広がっており，メルセデスベンツの内装材や部品にもなっている．

(3) 緑地外の発生材を緑地内で利用

生ゴミや下水汚泥，家畜糞尿など有機性の廃棄物を，堆肥化して緑地内の土壌に還元する事例などがある．これらも，バイオマスの範疇にある．
　家畜糞尿については，発生量の約94%が堆肥として，あるいは乾燥して農地や草地に還元されている．しかし，同一地域内の農地への還元には限界があることから，有機質肥料の原料として搬出される場合もある．また，不適切な処理などにより環境問題を引き起こす例も増加している．畜産物が食肉に加工される過程で発生する残渣は食肉消費量の増加にともなって増加しており，その一部も有機肥料の原料として利用されている．
　生ゴミについては，その大部分が一般廃棄物として捨てられ，大部分は焼却・埋立て処分されているが，焼却にともなうダイオキシンの発生問題を背景に堆肥化をはじめとするリサイクルが導入されつつある．ホテル，飲食店チェーン，スーパー，コンビニエンスストア，学校，自治体の食堂などでの堆肥化設備の導入，集合住宅や一般家庭でのコンポスト装置設置などの事例も増えている．
　下水汚泥については，その3割がリサイクルされており，そのうちコンポストとして緑地で利用されるのが4割，それ以外はセメント原料などの建設資材として利用されている．また，下水汚泥や建設廃材などを原料に加工したレンガを緑地内の舗装材として利用する事例などもある．
　有機質に限らずさまざまな廃棄物を緑地内で利用してきた歴史もある．たとえば，横浜市山下公園は関東大震災の瓦礫を埋めた上に造られた．また，東京都立夢の島公園，大阪府立鶴見緑地にはゴミ埋立地としての過去があるように緑地の造成そのものに深くかかわっている事例もある．これらはいずれも緑地外の発生材を緑地内で利用した事例の範疇に入れることができるであろう．ただし，緑地外の廃棄物を緑地内で利用する，あるいは受け入れることは，緑地のゴミ捨て場化につながってしまう懸念がある．さまざまなリスクが存在することを念頭に置かなければならない．

12-3　田園都市論から環境共生都市（地域）へ

　人と自然が共に生きる（共存あるいは共生）ことが重要であるとの認識は

今に始まったことではなく，古代から共存あるいは共生が難しかったことは歴史が語っている．メソポタミアやインダスなど古代文明の栄えた都市も自然を破壊したことによって衰退していったことが知られている．中国でも，老子の言葉に「天人合一（自然と人は一体となる）」があるように，人類の歴史上，自然との付き合いはなかなか難しかったようである．

　E. ハワードの田園都市論（ガーデン・シティ論）は，19世紀の産業革命による都市（ロンドン）の過密とその都市への人口流出によって過疎化していく農村の問題を同時に解決する策として誕生した．田園都市とは，都市と農村の融合として考えられた．本来の田園都市は，村落的な環境をベースに計画され，地域や人口も設定され，自治機能を備えたコミュニティとして提案されている．具体的には，都市の人口は3～5万人程度に抑え，都市の外周をグリーンベルト（緑地帯）で囲むこと，そして都市内において工業を産業の中心におき，経済的にも自己完結できる都市像を示している．しかし，当時は空間構造のみが受け入れられ，その社会構造は受け入れられていない（内藤，2005）．

　環境基本法では，自然と共生する都市を目指すとされている．環境基本計画ではより具体的に，長期目標として①循環，②共生，③参加，④国際的取り組みをあげている．具体的には，①は，水の健全な循環を確保するためには，雨水の地下への浸透を保障することなど，②では，都市における優れた自然環境を維持し，さらに自然環境の形成に努めること，雑木林などの都市内の森林の保全，ビオトープの形成で自然と共生できる環境の形成，ビルディングの緑化によってアーバンヒーティング現象などを解消することなど，③では，都市活動の主体である行政，民間事業者，市民の参加で都市の自然環境の形成に努めることなどがあげられている．

　持続可能な発展のためには，環境共生型社会であらねばならないという共通の認識はあるが，環境共生都市の定義はきちんとはなされていない．国土交通省では，エコシティ＝環境共生都市とされており，環境負荷の軽減，人と自然との共生およびアメニティ（ゆとりと快適さ）の創出を図った質の高い都市環境を有する都市，と定義されている．しかし，この定義はまだまだ狭い考え方といえるであろう．

すでに，世界中で，環境共生都市・地域づくりを目指した試みがみられる．日本での例，たとえばエコタウン（環境省）やエコシティ事業とヨーロッパや合衆国の事例を見ると大きな違いが見て取れる．つまり，ヨーロッパや合衆国の例では，都市生活基盤の改善や自然生態系との共存を目指したものが多いのに対して，日本では，神奈川県のエコインダストリアルパーク構想などを除いて，エネルギーの有効利用や資源循環に偏っている．とくに，交通システムの整備，緑地の整備・拡大，水辺環境の保全というようなことはほとんど考慮されていない．

1980年代後半から環境にやさしい，あるいは本書での表現では環境と対話する社会は，都市部よりも農山村を舞台にして描いた方が現実的であるということで，ビレッジ（村，里地）での取り組みが欧州を中心に実施されるようになった．日本では，エコビレッジづくりとは，"環境資源を活かした地域活性化を，地域住民が都市住民の参加を得ながらおこない，他から触発され学習することで，自らが元気になるとともに，他主体にもその元気を広げていくこと，そして地域づくり全体を環境配慮型に変えていくことである"と定義されている（内藤，2005）．

エコビレッジを形成するためには，環境汚染の改善・防止に関することや，自然環境の保全などに関することだけでなく，コミュニティ形成，福祉，文化などと，経済のグリーン化に加えて，地域内経済，地産地消型社会の形成などのさまざまな活動が総合されねばならないと考えられている．世界各地でエコビレッジの取組みがおこなわれてきており，その目的は，単にリサイクルや省エネなどの，個別課題の環境問題対策の実施ではなく，環境や地球問題の原因を，現在のライフスタイルや社会システムそのものに問題があるとし，根本的な社会変革への取組みをおこない，社会全体の持続可能性に発展させようとしたものである（内藤，2005）．

12-4 持続可能な都市――コンパクトシティ

ブルントランド委員会（1987年の環境と開発に関する世界委員会）で持続可能性概念が示されて以降，欧米諸国，とくにEU諸国において，持続可能な

都市のあり方として，コンパクトシティに関する活発な論争が展開されてきた．EU 委員会が公表した「都市環境に関する緑書 (1990)」では，都市地域で，環境汚染を防ぎ緑地での開発を抑制し，都市のアイデンティティである歴史文化財を保全し，都市の再生を進め，持続可能な経済開発を進めるには，都市計画の役割が重要であることを強調している．さらに，都市スプロールを抑制し，公共交通機関の利用を促進するなど，エネルギー効率がよい持続可能な都市形態として，コンパクトな都市形態を推奨している．

90 年代の EU の都市政策の中心は持続可能な都市であり，その都市空間モデルが「コンパクトシティ」であるとされている．「欧州の持続可能な都市」報告書 (1996) は，環境面と経済・社会文化次元，すなわち，3 つの E：Environment（環境），Economy（経済），Equity（公平）を統合することの重要性を説いている．

このような考え方の背景には，都市が閉じたシステムではなく，つまり都市が消費する自然資源の多くを外部に依存し，汚染や廃棄物処理を都市の外部に押し付けて，都市が拡大してきたという認識がある．都市が閉じたシステムとして機能するようにコンパクトであることは持続可能性の要件であると考えられている（環境経済・政策学会，2006）．

日本では，1970 年代後半以降，モータリゼーションの進展により，都市の郊外化が進み，中心市街地の空洞化や都市型環境問題（第 1 章参照）が生じてきた．都市構造の面からは，通勤・通学などの遠距離化，慢性的な交通混雑，また，都市環境の面からは，自動車からの排気ガスによる大気汚染，都市型生活による廃棄物問題，都心部での自然喪失などの都市問題が深刻なものとなってきた．そこで，日本においても，都市問題の解決のために，EU でのコンパクトシティに関する議論を参考としてコンパクトな都市構造に関する検討がおこなわれている（国土交通省 b）．

コンパクトシティをかたちづくる要素としては，徒歩による移動性の確保，職住近接・建物の混合利用・複合土地利用といったさまざまな都市機能の混合化，建物の中高層化による都市の高密化である．このようにさまざまな機能を都市の中心部にコンパクトに集積することによって都市型の環境問題の解決に加えて，多様な雇用機会創出の期待できる持続可能な都市が実現でき

ると期待されている．

　コンパクトシティを目指した取り組み例としては，再開発事業・区画整理事業と連動した公共公益施設など生活拠点整備，都心循環バス，低床路面電車(LRT)，TDM(Transportration Demand Management：交通需要マネジメント)施策の導入などの都市交通施策，都市と農村の交流や共生を含む土地利用施策，都市観光や街の財産を活用した地域の活性化，などがあげられる．

　コンパクトシティを目指そうという動きは日本国内でもみられるようになってきた．しかしながら，そこでは，水資源・エネルギー，食糧や他の財を他地域に依存しながら，単に都市の構造だけをコンパクトにするための方策だけが検討されている．都市内部の環境問題だけに目を向けているだけでは根本的な解決にならないことを指摘しておこう．日本は地球上のあらゆる地域からエネルギーや物資を輸入している．たとえば，日本は，海外から食料という形で間接的に多量の水資源を輸入している．バーチャルウォーターとは，ある国が輸入している食料や工業製品をもし仮に自国内で作るとしたら必要となる水量のことであるが，日本のバーチャルウォーター輸入量を穀物5品目，畜産物4品目と工業製品について計算した結果，総輸入量は640億 m^3/年となることが示されている（『日本の水資源』2004）．ちなみに，日本の総水資源使用量（取水量ベース）は約850億 m^3/年（2002年）である．

　さらに，先に持続可能性の定義のあいまいさを指摘した（2-1 参照）が，都市の持続可能性も一律にとらえられるものではない．日本の地方都市のように人口減少に悩む都市もあれば，発展途上国にみられるように人口集中が続く都市もある．その都市それぞれの条件に対応した持続可能性が求められなければならないであろう．

12-5　水資源

　環境共生都市にせよ，コンパクトシティにせよ，水資源に関してはあまり注目されていないようである．都市内の水と緑のネットワークを充実させるという場合でも，公園や景観といった観点からの議論が多く，水資源の量や質，また水循環が環境との関わりで論じられることは非常に少ないといえ

よう．そこで，以下では水資源に焦点を当て，水資源や水循環の問題を考えよう．

12-5-1 水資源の危機

人体の約60～70％は水でできており，ほとんどの人は水なしで1週間も生きられない．人間の生存にとって「水（資源）」が最も根源的な必要物である．

水は限られた資源である．地球上の水の量は，おおよそ14億km^{3}であるといわれている．そのうちの97.5％が海水で，淡水は2.5％である．淡水の大部分は南極や北極などの氷で，地下水を含めた河川・湖沼にある淡水は0.8％であるが，人間が使いやすい河川・湖沼の水はわずか0.01％でしかない．

世界的には水資源の枯渇が大きな問題となっている．水文学の領域では一般に，年に1人当たり1000m^{3}以下の水しか利用できない国は水不足であり，年に1人当たり1700m^{3}の水しか利用できない国は「水のストレス」にさらされているといわれる．国連によれば，アフリカだけでその大陸の人口の3分の1にあたる3億人がすでに水不足の中で生活し，世界の31ヵ国は現在「水ストレス」の状態にあると指摘されている．

2025年までに世界人口は15億人増えると予想されているが，その3分の2は深刻な水不足の状態におかれ，3分の1は極限的な水飢饉の生活を強いられることになるだろうといわれている．また，国連経済社会理事会の報告によれば，水ストレスに悩む人々（世界人口の26％）の4分の3は第3世界に住み，水ストレスにあえぐ低所得国の人々は2025年には世界人口の47％になると予想されている（萩原・坂本，2006）．

地球規模の水資源の社会リスクの大きな原因は多々あるが，おもなものとして①降雨の分布の偏在と変動，②世界人口の急激な増加，③水需要原単位の増加，④灌漑水利による塩害化や砂漠化，⑤地下水の過剰揚水による枯渇，⑥水環境汚染による衛生問題と水源の減少，⑦洪水による社会の病弊と破壊，⑧国境（国による水資源の囲い込み），⑨マネジメントシステムの不備あるいは欠落，があげられている．②と③についてみれば，2050年の世界人口は89億人に達し，水需要原単位は，1950年から1990年の間に3倍に増え，その後35年でさらに2倍になると予想されている．つまり，人口も水需要原

単位も急激に増加し，利用可能な水の絶対量が一定であるから，急激な水不足になるということが想定されている．また，④〜⑥は水利用による水資源の枯渇と劣化の問題である．上述したメソポタミア文明の衰退の原因が少雨のための天水農業の壊滅とチグリス・ユーフラテス川利用による灌漑農業の結果の塩害であるといわれている．このような塩害の問題は中央アジアやインド，ナイル，そして合衆国の綿花栽培地域で現在も進行中である（萩原・坂本，2006）．

12-5-2　水循環

水はつねに循環している（図12-2参照）．水は循環系を形成することによって，物質移動や生態系に決定的ともいえる影響を与えている．すなわち，水循環系の営みによって，生物の生命活動とその多様性は維持され，あるいは気候を和らげ，自然の浄化作用を促進している．

20世紀後半から今世紀にかけて，都市への人口や産業の集中，都市域の拡大，産業構造の変化，過疎化，高齢化などの進行，近年の気象変化などを背景に，平時の河川流量の減少，涌水の枯渇，各種排水による水質汚濁，不浸透面積の拡大による都市型水害などの問題が顕著となってきている．

具体的には，人間の生活や社会経済活動による水利用，都市化などにともなう流域の地下浸透・涵養機能の低下により，河川などの平常時の流量が減少し，その水質や水生生物の生育・生息環境に影響を与えている場合がある．

また，都市化や護岸整備などにより，その水辺の水環境が損なわれ，水辺がもつ水質浄化機能や水生生物などの生育・生息環境としての機能が低下・消失し，また，人と水とのふれあいの場としての活用が困難な地域がみられる．水源地域では過疎化や高齢化の進行さらに小規模経営のため適切な森林管理が困難な状況となっており，森林の荒廃などが進んでいる．

このような問題に対処するために，流域を中心とした水循環の場において，健全な水循環系の構築が求められている（『日本の水資源』2007）．

12-5-3　健全な水循環系に向けて

「健全な水循環系」とは，「流域を中心とした一連の水の流れにおいて，人

図 12-2　流域における水循環

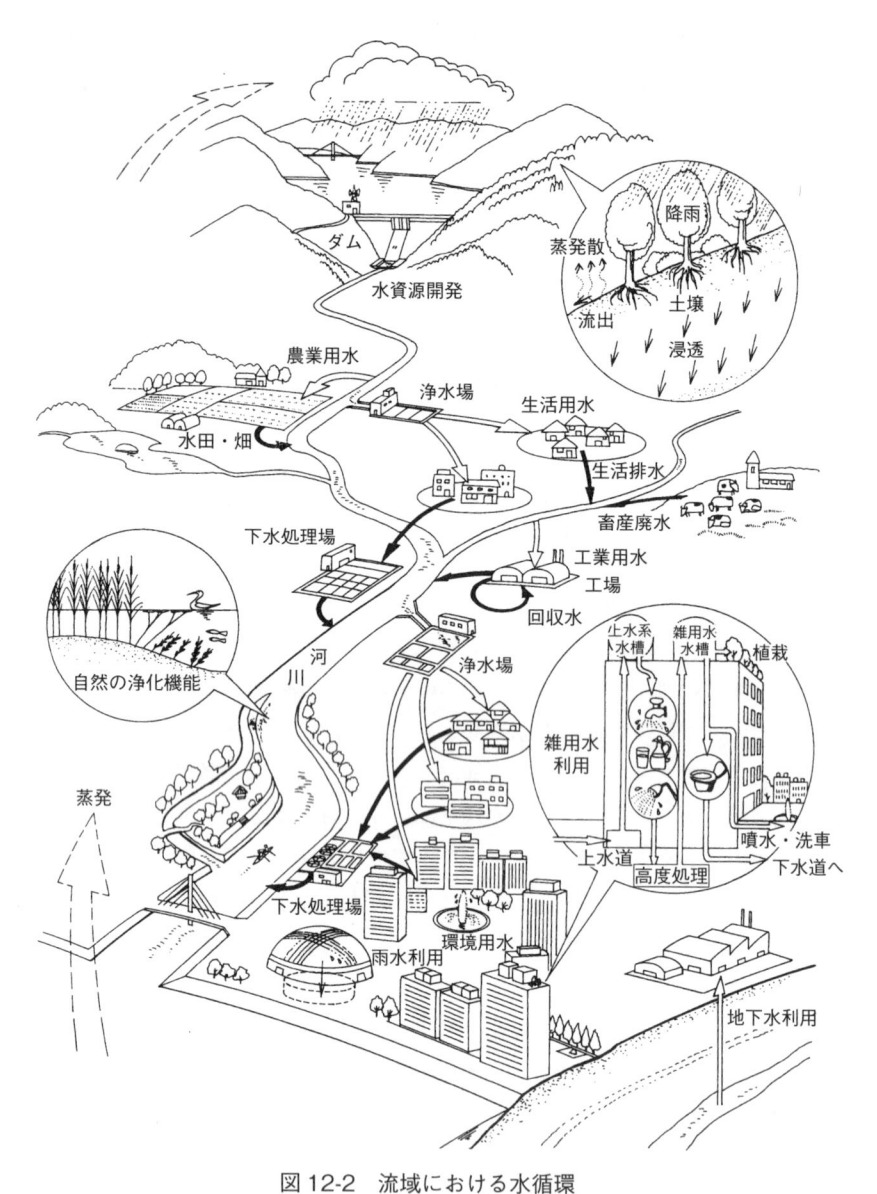

(出典) 国土庁（現国土交通省）水資源基本問題研究会, 1998

間の営みと環境の保全に果たす水の機能が，適切なバランスの下に確保されている状態」と定義されている．すなわち，安全でおいしい水の確保，都市型水害の回避，平常時の河川流量の確保，渇水被害の軽減，アーバンヒーティング現象の緩和，多様な生態系の確保など水循環系の健全化が必要と考えられている（『日本の水資源』2007；図12-3参照）．

また，第三次環境基本計画では，

①流域の特性に応じ，水質，水量，水生生物，水辺地を含む，水循環などを保全しつつ，その持続可能な利用を図り，人と身近な水とのふれあいを通じた豊かな地域づくり，
②利水・治水との整合を図りつつ，流域ごとの計画策定を促進・支援する．流域全体を総合的にとらえ，山間部，農村・都市郊外部，都市部それぞれにおいて，貯留浸透・涵養能力の保全・向上などを推進する，
③日本の取り組みを国際的に発信し，世界の水問題解決に貢献する．

という取り組みが重点分野政策プログラムとしてあげられている．

12-5-4　都市と雨水

都市化とともに，屋根やアスファルト舗装された道路という不浸透面積が増え，雨水の流出がより速くなり，その結果，大量（50mm/時間）の雨水に耐えられる設計になっているはずの排水システムがしばしばパンクし，浸水被害が大都市で増加する傾向にある．そのため，都市の水辺では，治水機能ばかりが優先されたコンクリート三面張りの形状となり，じつに殺風景な景観となっている．さらに，都市の排水能力を向上させるための大規模雨水排水施設である地下河川や下水道が利用されている．

しかし，合流式下水道では家庭汚水も工場排水も一緒に都市河川や海に流してしまい，公共用水域の水質汚濁を引き起こし，環境汚染リスクを高めることにもなっている．さらに，雨水が速やかに排除されたことで，地下水への浸透補給が減少し，地下水の低下につながる．その結果，湧水などが減り，晴天時の都市河川の流量が減少し，親水空間としての水辺の機能が失われる

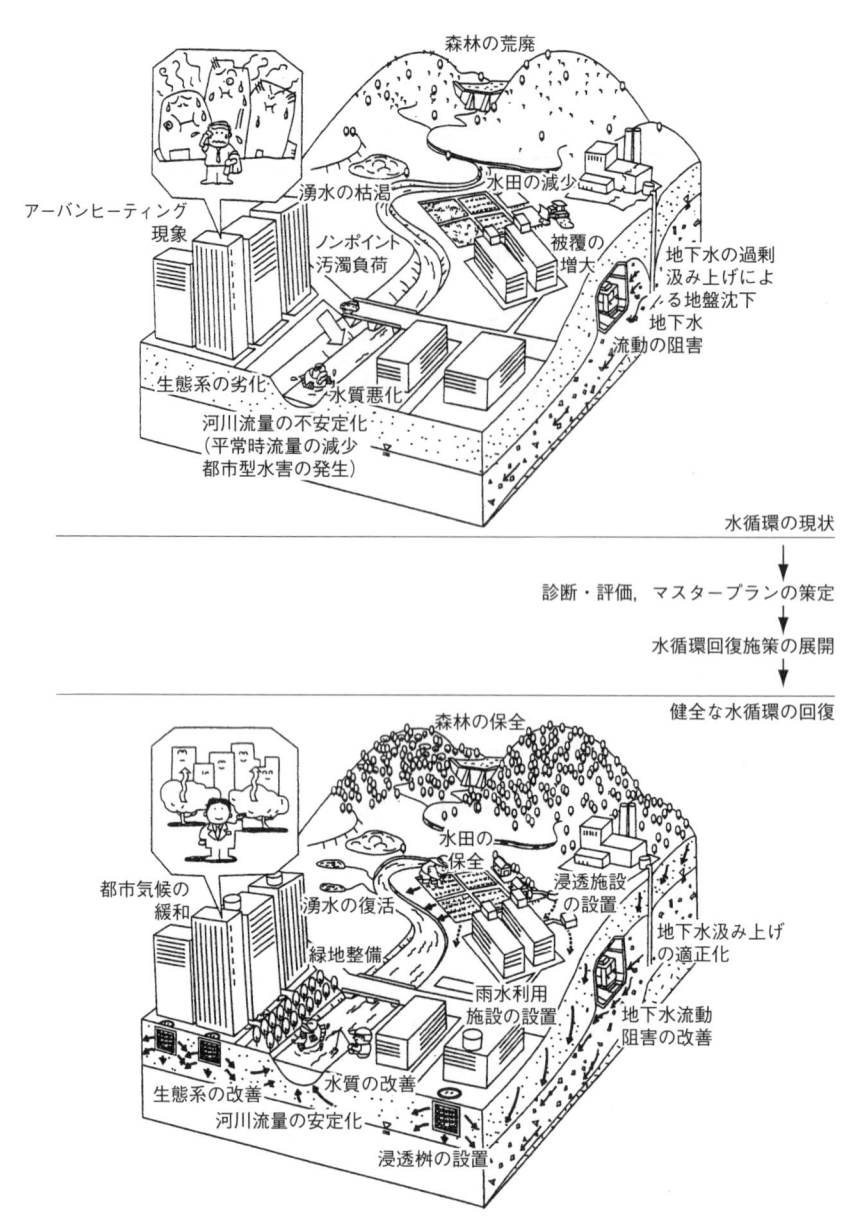

図 12-3　水循環の現状と施策展開後の対比のイメージ図

（出典）環境庁（現・環境省）水質保全局，1997

208　第Ⅳ部　環境創造

だけでなく，流量の減少にともなう河川の自浄能力を低下させ，都市水環境の悪化につながっている．水は比熱が高いため，温度調節に有効である．雨水を都市域から排除してしまったために都市部の熱帯夜日数の増加や湿度の低下にも影響を与えている．

都市から雨水をひたすら排除することなく，本来の水辺を取り戻し，自然の水循環のなかで，「雨水は活かすもの，うまく付き合うもの」という発想の転換が必要であろう（堤・萩原，2000）．

《学習課題》
1. 本章で示されたいくつかの社会像のひとつをもう少し詳しく調べてみよう．
2. 図12-2を文章で説明してみよう．
3. 図12-3を文章で説明してみよう．
4. 環境と対話する社会とは何かについてあなたの考えをまとめてみよう．

●参考文献──
環境経済・政策学会編『環境経済・政策学の基礎知識』有斐閣 2006
環境省『循環白書』『環境・循環白書』各年版 環境省ホームページ http://www.env.go.jp/policy/hakusho/（2007/11/18）
環境省『第三次環境基本計画』2007 環境省ホームページ http://www.env.go.jp/policy/kihon_keikaku/（2007/11/18）
国土交通省a『日本の水資源』各年版，国土交通省ホームページ http://www.mlit.go.jp/tochimizushigen/mizusei/hakusho/（2007/11/18）
国土交通省b「大都市圏におけるコンパクトな都市構造のあり方に関する調査」http://www.mlit.go.jp/crd/daisei/compact/（2007/11/18）
堤武・萩原良巳編著『都市環境と雨水計画 リスクマネジメントによる』勁草書房 2000
内藤正明・加藤三郎編『持続可能な社会システム』岩波書店 1998（岩波講座 地球環境

学10)
内藤正明・高月紘『まんがで学ぶエコロジー』昭和堂　2004
内藤正明「都市メタボリズム——循環型社会」岩波書店　2005（岩波講座　都市の再生を考える　都市のアメニティとエコロジー）
萩原良巳・坂本麻衣子『コンフリクトマネジメント』勁草書房　2006
堀江典子「緑地を活用した循環型システムの評価」萩原清子編著『環境の評価と意思決定』東京都立大学出版会　2004

第13章
——都市のアメニティ創造——

　アメニティは，辞書（広辞苑）によれば，建物・場所・景観・気候など生活環境の快適さとされている．しかし，アメニティは「しかるべきものが，しかるべきところにある」状態と表現されることも多く，上述の意味よりもより広く，かつ，特定のイメージを抱かせないものとみることができる．したがって，都市のアメニティも一般的に定義されるものではなく，都市のおかれている風土・地理や歴史・文化および都市の生活者の多様性を反映して都市のアメニティはさまざまに異なるものとなるであろう．

　本章では，まず都市環境の階層構造を示す．ついで，都市環境のキーワードである，「安心・安全」および「快適・ゆとり」という観点から，都市のアメニティとは何かを考えてみる．まず，「安心・安全」と「快適・ゆとり」は双対（あるときは「安心・安全」の，あるときは「快適・ゆとり」）の役割を担う，あるいは担うべきであると考え，京都市中心部の路地と水辺の例を示す．最後に，日本の水辺と中国の水辺を対象として生活者参加型環境マネジメントを考える．

〔キーワード〕都市環境，アメニティ，水辺の機能，生活者参加型環境マネジメント

13-1　都市環境の階層構造

マズローの欲求階層説（Maslow's hierarchy of needs）によれば，人間の欲求は，①生理的欲求，②安全への欲求，③所属と愛情の欲求，④達成と認知にかかわる欲求，⑤自己実現の欲求，からなり，人間の欲求はこのような順に階層的に高まっていくものと考えられている．

これを少し単純化すれば，人間の欲求は生存が確保されると次は生活の充実を求め，次にはゆとりある生活を求めるようになるというように3階層でみることもできるであろう．すなわち，都市の生活者からみれば，まず，所得の保証，ライフラインを含むインフラストラクチャー（交通，道路，エネルギー，住宅，上下水道，公園・緑地，防災施設など）の整備，医療・福祉サービスの享受，環境汚染のない環境が満たされることなどを第一に望むこととなろう．ついで，インフラストラクチャーの快適性，たとえば，快適な居住環境，快適な移動，医療・福祉の充実や快適な環境を望むようになる．そして，これらが満たされた上で，さまざまな個人それぞれのゆとりある生活として，生きがい，趣味，交流・参加，豊かな自然を享受することなどを望むものと考えられよう．このように，都市環境は，階層構造としてとらえることができる（図13-1）．

各階層のキーワードは，安心・安全（第1階層），快適（第2階層），ゆとり（第3階層）である．この3つのキーワード，安心・安全，快適・ゆとりが満たされることをアメニティと定義しよう．上述したように，都市の風土・地理や歴史・文化および都市の生活者の多様性により，都市のアメニティの具体的な内容は都市ごとにさまざまに異なるものとなるであろう．

13-2　都市環境の双対性

都市のアメニティ創造の観点からは，水辺は上述の階層構造でいえば快適・ゆとりの空間であると考えられていた．しかし，1997年1月17日に発生した阪神淡路大震災の教訓から，水辺は消化用水やトイレ用水，避難路な

```
                    ゆとり      第3レベル
                   生涯学習
                趣味, 交流・参加
                 豊かな自然を享受

                      快適
                 快適な水, 土, 緑       第2レベル
                 医療・福祉の充実
              快適な居住環境, 快適な移動

                    安心・安全
             所得の保障, 医療・福祉サービス      第1レベル
                  汚染のない環境
           ライフラインを含むインフラストラクチャー
        (交通, 道路, エネルギー, 住宅, 上下水道, 公園, 緑地, 防災施設など)
```

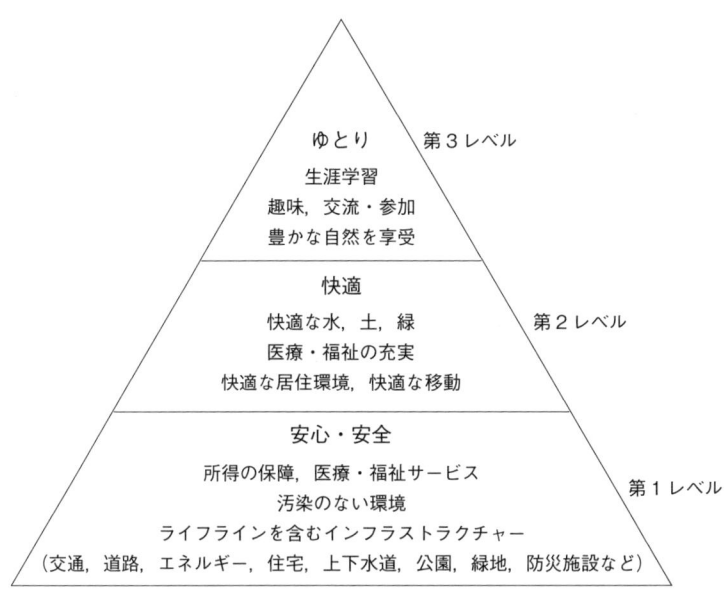

図13-1 都市環境の階層構造

どに活用できるなど都市部において減災・防災に大きな役割を占めることを再認識させることとなった．また，近年では都市における集中豪雨によって，都市内の中小河川がしばしば氾濫し多大の被害をもたらしていることもあり，河川の氾濫防止への関心も高まってきている．したがって，都市のアメニティ創造を考える際には，多面的な視点が必要である．以下では，水辺と路地に焦点を当てて，都市環境の双対性（すなわち，あるときは安心・安全の，またあるときは快適・ゆとりの役割をになう）を考えてみることとしよう．

13-2-1 水辺の役割

「水辺」とは，物理的には「水」と「陸」との縁を意味する．したがって，河川，湖沼，海，人工的なせせらぎや運河などの「水」と「陸」の境界を指す．「水辺空間」とは，それら境界の周辺地域である．

「水辺」とは，それ自身が存在することにより，人間が生物として自己の生命を維持したり，生活の糧を得たりするばかりでなく，それ以外の人間性

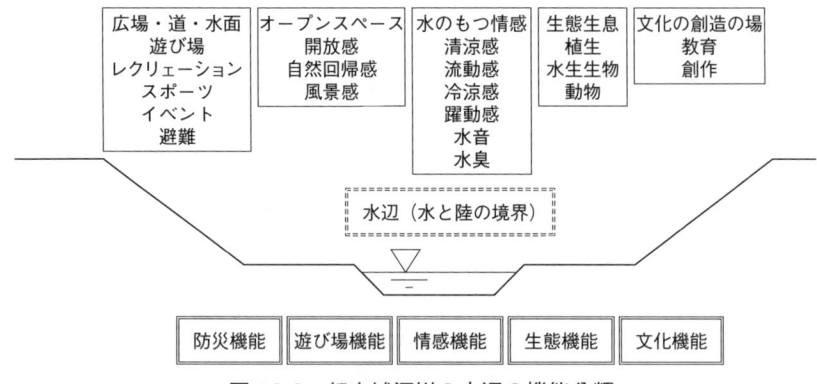

```
┌──────────┐ ┌──────────┐ ┌──────────┐ ┌──────────┐ ┌──────────┐
│広場・道・水面│ │オープンスペース│ │水のもつ情感│ │生態生息 │ │文化の創造の場│
│ 遊び場   │ │ 開放感   │ │ 清涼感   │ │ 植生    │ │ 教育    │
│レクリエーション│ │自然回帰感 │ │ 流動感   │ │水生生物 │ │ 創作    │
│ スポーツ  │ │ 風景感   │ │ 冷涼感   │ │ 動物    │ │         │
│ イベント  │ └──────────┘ │ 躍動感   │ └──────────┘ └──────────┘
│ 避難    │              │ 水音    │
└──────────┘              │ 水臭    │
                          └──────────┘
```

┌─ 水辺（水と陸の境界）─┐

[防災機能] [遊び場機能] [情感機能] [生態機能] [文化機能]

図 13-2　都市域河川の水辺の機能分類
出典：萩原ほか（1998）より転載

の発揮あるいは回復するための水に親しみを感じる場である．水辺とは地域住民と人間の五感をとおした水との対話の場であり，さまざまな水辺の機能を介した人間性の回復の場であり，誰もがあたりまえに使い込むことができる身近で多様な空間である．

　ここで言う，人間からみた水辺の機能を，都市域の代表的な河川断面を用いて示せば，図13-2のようになる．すなわち，水のもつ流下機能はもとより，水固有の性質が有する情緒的機能，水辺を構成する水面・広場・道といった「遊び」をとおした行動空間としての機能，さらに文化の維持・創造の空間としての機能，災害時の避難空間，火災時の消防用水の確保のための空間など，その機能は多様である．

　つぎに，水辺の機能とそれに関わる地域住民の立場を，階層的に示したものが表13-1である．地域住民は，個人として，コミュニティの一員として，市民として，国民として，そして地球人として水辺に関わりをもち，決して一元的な関わり方をしていない．しかしながら，水辺の文化遺産や稀少価値のある生態生息要素を除けば，日常的には，主として個人あるいはコミュニティの一員あるいは市民として関わっている．こうして，水辺空間は，地域住民にとって，日常としてのアメニティ空間であり，非日常（災害時）としての防災（あるいは減災）空間である．すなわち，水辺は日常としては快適・ゆとりの空間であり，非日常としての安心・安全の空間であり，これはまさ

表13-1 水辺の機能と住民の関わり方

水辺の持つ機能		水辺の対象	個人	コミュニティの一員	市民の一員	国民の一員	地球人の一員
I	水固有の性質が持つ機能【情感機能】	《清涼感，流動感，冷涼感，躍動感，水色，水音，水臭》	◎				
II	水辺空間がもつ機能【遊び場機能】	《広場・道・水面》					
		・遊び場	◎	○			
		・レクリエーション	◎	○	○		
		・スポーツ	◎	○	○		
		・イベント		◎	◎		
	【文化機能】	《文化》					
		・教育	◎	○			
		・創作	◎	○			
		・研究	◎	○			
		・文化遺産			◎	◎	○
	【防災機能】	《避難・用水供給》	◎	◎			
	【情感機能】	《開放感，自然回帰感，風景感》	◎				
	【生態機能】	《風景の多様性》					
		・常態	◎	○			
		・希少種			◎	◎	◎

(注) ◎は特に関わる主体，○は関わる主体
出典：萩原ほか（1998）より転載

に快適・ゆとりと安心・安全が双対（すなわち，あるときは安心・安全の，またあるときは快適・ゆとりの役割をになう）関係にあることを意味している．

　以下では，京都市を例として双対関係を眺めてみよう．京都市において減災・防災機能が期待される水辺は鴨川と桂川の2本の河川のみである．地図上では河川と認識されている堀川は都市化にともなう下水道整備や流域の減少，さらには水質の悪化によって，1963年に3面コンクリート張りの無残な形となり，水はほとんど流れていない．ただし，短時間にまとまった雨が降ると下水道で処理できない余剰水がそのまま堀川に流されるため，雨天時に堀川の水かさが急激に増すという現象が発生する．

　しかし，近年，堀川の水辺再生を願う市民の声の高まりもあり，2002年に堀川に清流を復活させ，まちづくりと一体となった水辺空間の整備をおこなう事業が始まった．この事業の基本方針では，アメニティ空間とともに，

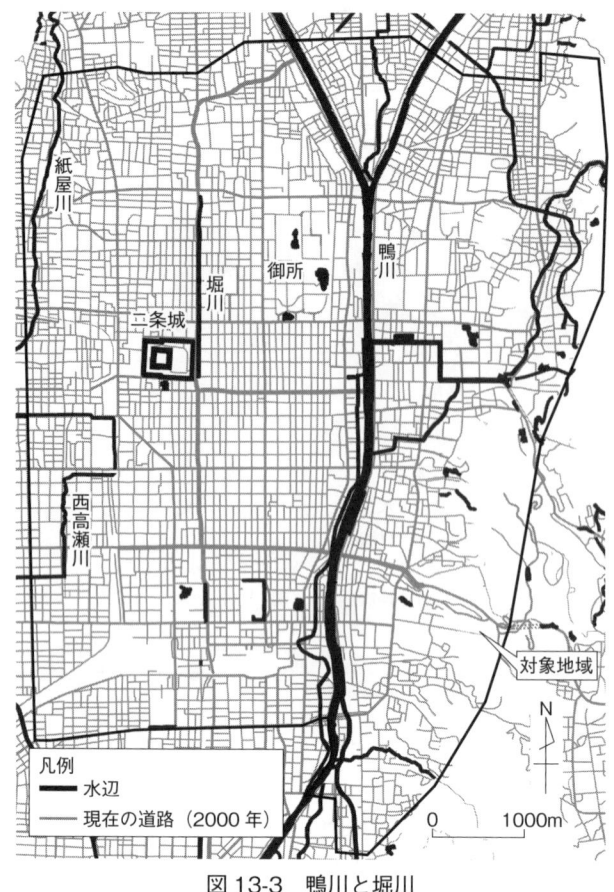

図 13-3　鴨川と堀川

　防災水利，すなわち具体的には，堀川の河床に消防水利施設を整備し，災害時の消化用水，生活用水としての利用を図る機能をもつ水辺再生が図られている．2008 年 3 月に堀川の水辺が復興再生された（図 13-3）．
　歴史的にも，近代に琵琶湖疏水が水辺のアメニティを形成するとともに，本願寺用水が防災用に建設された．また，古くから庭園に水を用いた造園の伝統的な技法である「遣水」が暴れ川である鴨川や疎水を利用していたことがわかっている．また，河川の治水機能を強化しながら，鴨川の夏の納涼床のような水辺のアメニティを保持してきたことも確認されている（萩原，

2005).

13-2-2　路地とコミュニティ

　京都は戦災にもあわず，古い町家が続く町並みが残り，観光客が喜ぶ景観を提供している．2007年3月に，京都市市街地景観整備条例が改正され，9月には，新たな景観政策を実施していくための京都市景観計画が拡充された．この計画の趣旨は，歴史的資産や町並みが融合した京都らしい景観を守り，未来の世代に引き継ぐためとしている．そのために，道路に面した建物のデザインに非常に詳細な基準が決められている．

　たしかに，町並みが美しくなれば，それを眺める外来者にとっては，心地よいものであろう．しかしながら，これらの地域には，震災時の建物倒壊，道路閉塞，火災などの危険度の高い路地，とくに袋小路が多く存在している（写真14-1および写真14-2参照）．袋小路は「公道・私道を問わず，行き止まりを含む道幅の狭い路地」と定義される（亀田ほか，2000）．道幅の狭い路地の中でも，行き止まりになっているものは避難経路が限定されるため危険であり，建物の倒壊によって道が遮断されれば，避難経路としての機能を失うことだけでなく，火災発生の際は延焼も免れず，人的被害が深刻となる．上京区・中京区・下京区といった市の中心部は高齢化率も20％以上と高く（図13-4参照），上記のような袋小路が多数存在し（図13-5），震災リスクの高い地域でもある．

　上京区の高齢者を対象としたアンケート調査によれば，約90％がこのまま住み続けたいと回答している．また，袋小路に面した家屋に住んでいる高齢者の多くは，経済的な問題でハード，たとえば，家の立替や安全な住宅への移転などの対策をおこなうことが難しい状態にある．

　したがって，このような地域では，継続性のある人と人の繋がりを生む場としてのコミュニティの役割が大である．そのような場としては，元気な高齢者を中心とした居住地コミュニティと高齢者が通う施設コミュニティの役割が重要であることが示されている（萩原，2005；亀田ほか，2000）．

　このように，居住者以外にとってのアメニティとしての景観の保持と並行して，安心・安全のためにソフトな防災をきちんと考えることもアメニティ

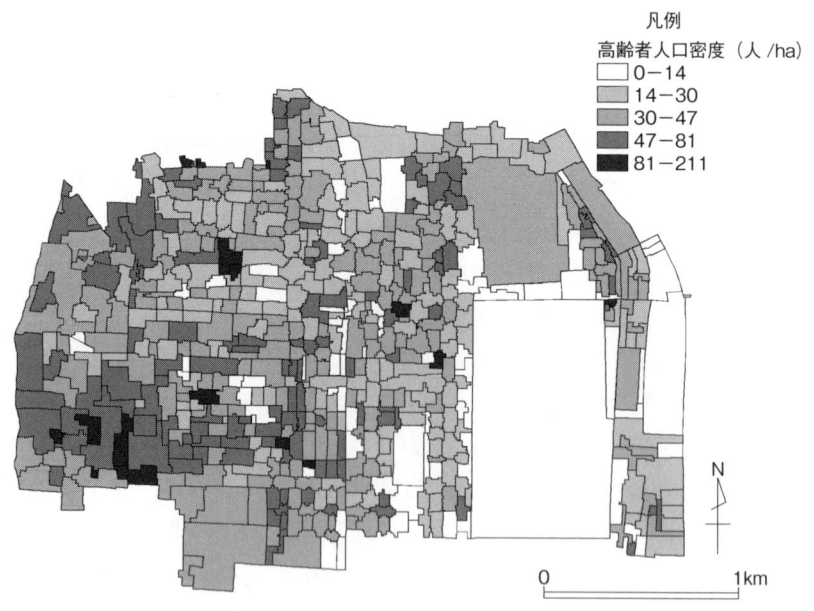

図13-4 京都市上京区の高齢者の分布
(出典) 亀田ほか (2000)

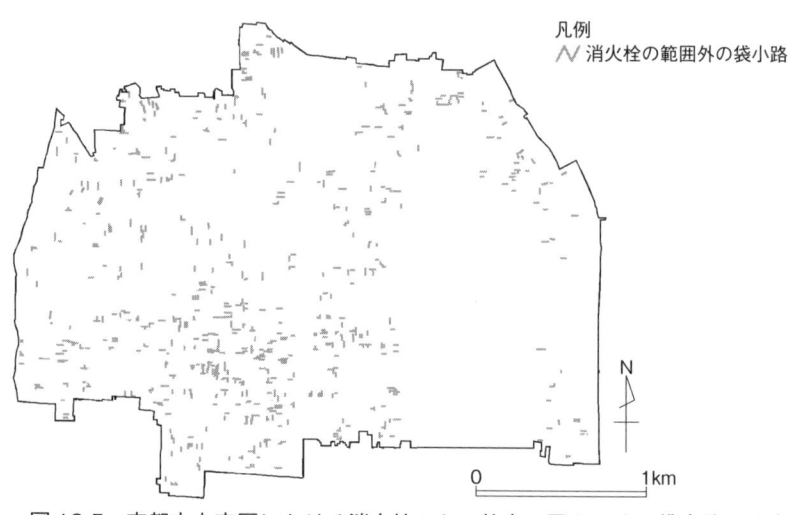

図13-5 京都市上京区における消火栓からの放水の届きにくい袋小路の分布
(出典) 亀田ほか (2000)

の充実という点で必要なことであるといえよう.

13-3 生活者参加型のアメニティ創造

前節までに示した，アメニティの定義，都市環境の双対性，そして第2章で述べた生活者参加の観点を考慮に入れた都市のアメニティの創造はどのようなものか考えてみることとしよう.

図13-6に，ジオ・エコ・ソシオ環境（GES環境）を生活者の視点から眺め，システムズ・アナリシス（第2章2-4参照）の枠組みに沿った「生活者参加型環境マネジメント」のプロセスを示す（萩原・坂本, 2006）.

図13-6に沿って，たとえば，都市環境要素の整備計画への生活者の参加を考えてみよう．まず①問題の明確化．ここでは，対象とする都市環境の構

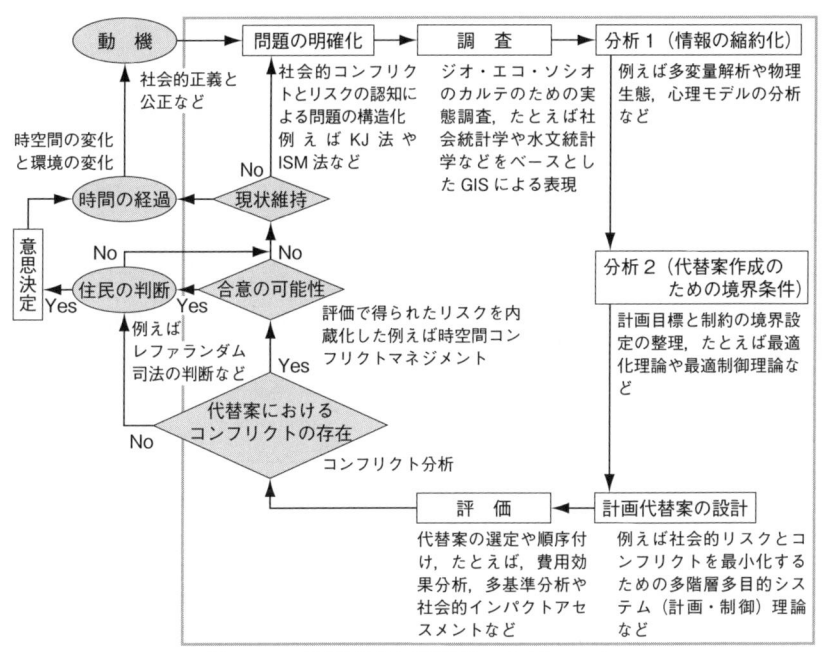

図13-6 生活者参加型環境マネジメント

(出典) 萩原・坂本 (2006)

第13章◇都市のアメニティ創造 | 219

成要素の何を問題にすべきか，またどのような要因が関係し合っているかを明らかにすることが必要であり，ここに多様な生活者の意向を反映させるためにも生活者の参加が必要となる．次の②の調査と現状分析では，生活者の参加が間接（たとえば，各種統計資料などによる）・直接（アンケート調査などによる）に必然的なものとなる．③の分析1は②の調査結果からの情報を縮約する段階であり，専門的な統計的手法によるものではあるが，分析は調査結果から得られた生活者の意向が反映されたものとなる．④の分析2は代替案の目的と制約を求める分析であり，手法としてはかなり専門的な理論を適用することとなるが，そもそもの計画目標や（モデル構築のための）制約条件については，生活者の意見を踏まえてということであり，生活者の参加が可能となる．⑤は計画代替案の設計であり，ここまでのプロセスで明らかにされた問題点，目標，制約などに基づいて，具体的な代替案を数多く考えることになる．ここでは当然，生活者の参加が望まれるところである．⑥は各代替案の評価であるが，多様な生活者が参加すれば，その評価が分かれることも多くなるものと考えられる．

したがって，図13-6では，第2章で示したシステムズ・アナリシスの意思決定の前に，コンフリクト分析をおこなうプロセスが追加されている．もしコンフリクトが存在するならば，合意の可能性を分析し，合意が得られるならば生活者の判断を仰いで意思決定へと進む．合意が得られなければ，現状維持という選択あるいは，再度問題の明確化へという段階を踏むこととなる．一方，コンフリクトが存在しなければ，生活者の判断へと進み，Yesならば，意思決定へ，Noなら上記のように現状維持という選択あるいは，再度問題の明確化へという段階を踏むこととなる．

近年は，多様な生活者の参加や多様な価値観への配慮が求められることも多く，コンフリクトが生じる場合が増えてきている（第15章参照）．

13-4 日本の水辺

以下では，前節で示した生活者参加型のアメニティ創造を日本と中国の水辺を対象として考えることとする．

13-4-1　日本の都市の河川整備計画

　第1章で述べたように高度経済成長の時代は大量の人口移動によって都市化が急速に進行した時期であった．また，すべて効率優先という考え方が広まった時期でもあった．このような急速な都市化に対応できずにさまざまなインフラストラクチャーの整備がなかなか進まない中，河川と下水道の役割において行政のはざまとなってしまった都市河川は，「くさい・きたない・みにくい」どぶ川となってしまっていた．

　都市生活者にとって迷惑な存在であったこのような都市河川は，都市の効率的な土地利用の観点から，埋め立てられ，地下化された．とくに，モータリゼーションが進展し，道路整備のための用地が必要となり，都市河川は蓋をされ，暗渠化され，地域住民から水辺が奪われた（萩原ほか，1998）．

　河川では，1964年の東京オリンピックを契機としてスポーツ施設用地としての高水敷利用が認められた．その後，1975年から1980年にかけて多摩川をモデルとして全域的な河川利用計画が策定され，1981年の建設省河川審議会答申「河川環境管理のあり方について」において，河川水質の保全とオープンスペースの計画の必要性がうたわれた．60年代から70年代にかけて都市化と水環境保全のインフラの遅れによって，汚れるにまかされた河川は，80年代にやっと行政機関から環境としての重要性を認識されたことになる．

　1991年の河川審議会答申「今後の河川整備はどうあるべきか」の中で「うるおいのある美しい水系環境」が取り上げられた．ここにおけるキーワードは「うるおいとやすらぎ／多様な生物を育む／生態系にやさしい／水量が豊か／水質が良好／美しい」などである．これらを実現するために「良好な水辺空間／水辺拠点における環境／多自然型川づくり／水環境改善事業／河川美化」があげられている．そして，さらに豊かな水系づくりを目指して，「地域の個性を引き出す河川文化を生かした水系づくり／価値観の多様化に対応した秩序ある河川利用／適正な水循環系の実現と地球環境問題への対応」がうたわれている．

　1896年に制定された旧河川法では，河川管理の目的は「治水」のみであっ

た．高度経済成長時代に都市や工業での水需要が急増し，そのための水資源の開発・供給が必要となり，河川管理の目的に「利水」を加えた法律改正がおこなわれた（1964年）．さらに，河川環境の重要性が認識されるようになり，1997年に法律改正がおこなわれ，現「河川法」となっている．この河川法では，「環境」が河川管理の目的に新たに加わった．こうして，河川管理の目的は，「治水」，「利水」，「環境」を総合的に管理することとなった．さらに，この改正では，とくに周辺住民などの意見を聞く，地域参加が位置づけられた．

13-4-2 親水事業

環境と水に関する建設省（現国土交通省）を中心とした事業の多くは1985年頃から始まっている．

代表的な事業としては次のものがある．

①多自然型川づくり（1990～）
②ふるさとの川モデル事業（1987～）
③都市清流復活事業（1989～）
④アメニティ下水道（1985～）
⑤ラブリバー制度（1988～）

近年では，多自然型川づくり基本方針に基づいて，自然と調和した河川改修や，水辺の自然の再生・整備がおこなわれるとともに（吉川，2007），「それぞれの河川や地域の自然・歴史・文化・生活にふさわしい河川景観の形成や保全をはかる」ことを目的とした河川景観ガイドラインも策定されるようになった（国土交通省，2007）．

13-4-3 鴨川流域環境評価

図13-6で示した生活者参加型環境マネジメント（13-3の①，②，③および⑥の一部）に沿って京都市の鴨川を対象としておこなった研究を紹介しよう．鴨川は，京都の北にある桟敷が岳を源流とし，京都の市街地を北から南に向かって流れたのち，桂川に注ぐ．流域面積207.7km^2，長さ約33kmの河川

である．京都市のほぼ中央を流れ，京都に住む人々の暮らしと密接なかかわりをもった川である（図13-3参照）．平安京では鴨川は4つの守り神のうちのひとつであった．

　鴨川は昔からたびたび氾濫を繰り返し，さまざまな対策が講じられてきた．なかでも，豊臣秀吉は御土居（1591年完成）とよばれる大規模な土手を作って京都のまちの防衛や洪水に備えた．また，1668年（寛文8年）に，京都所司代によって築かれた「寛文新堤」は治水対策として評価されている．近代の治水対策は，1935年（昭和10年）の大水害を契機におこなわれた改修工事で1947年に完成した．その後も，氾濫の危険性がまったくなくなったわけではないが，鴨川の中流部は都市公園として整備がおこなわれ，多くの人々に四季折々に親しまれている．

（1）生活者参加型とは何か

　まず，環境への参加の基本概念を以下のようにメタ・アクタの2つのレベルで定義する．メタは目に見えない生活者の心的・動的機能であり，アクタは目に見える生活者の行動様式である．

　メタレベルの参加（3C）：Concern（関心をもつ），Care（気にする），Commitment（言う）
　アクタレベルの参加（4A）：あそび，なりわい，まもり，まつり（とうとび，うやまい，おそれ）

　生活者は，多様かつ重層的に，アクタを通して水辺環境と関わっている．たとえば，「あそび」では，地元住民，釣り人，高校生，幼稚園児，障害者，犬の飼い主，スポーツをおこなう人，観光客などが，「なりわい」では，納涼床や漁業組合など，「まもり」では河川管理者や高齢者福祉事業団などがあり，「まつり」でも，水に関する神社・仏閣の年間行事やそれに参加する人などがあげられる．

（2）社会調査（情報への生活者の参加）

次に，生活者として，地元住民，地元の高校生，鴨川の釣り人を対象として，GES 環境（第2章参照）の総合指標とも考えられる「～だなあ（感性）」を強調した調査をおこなった．地元住民対象の調査はポスティングにより 140 通の調査票を配布し，61 件の回答を得た（回収率約 44％）．結果の考察（情報の縮約）では，情報価値を高めるため，平均的な結果を求めるのではなく，多数項目，対立項目，少数項目などに着目して考察した．なお，調査票の設計や調査結果の詳細については萩原ほか（2007）を参照されたい．

（3）調査結果の社会的考察

対立項目からはさまざまな情報を読み取ることができる．たとえば，障害者への配慮が十分であるかや鴨川のまもりは十分であるか，については，回答がほぼ二分された．水辺のデザインや地域コミュニティの方向を与えるものと考えられる．また，ソシオ環境の「困る・迷惑（複数回答）」についても，犬の糞，ホームレス，花火，ゴミなどについての回答が分かれた．さらに，ソシオとエコに関する「魚の固有種を守るために外来種を絶滅すべきか」については，絶滅すべきが多く，「ハト・トビなどにえさをやることに関してどう思うか」では，えさやりを容認する回答が多い．魚類に対しては，エコの保存を，鳥類に関しては，ソシオに内部化することを容認していることになる．

（4）SD 感性データによる鴨川の印象測定

SD（Semantic Differntial）法は情緒的意味空間を把握する手法で，形容詞対による対極尺度（間隔尺度）によって感性評価をおこなう．これは，以下の

にぎやかな感じ □ □ □ □ □ 寂しい感じ

という質問形式で，中央はどちらともいえない（無差別）を表し，間隔は等間隔である．ここでは鴨川の印象に関して9つの感性表現対（図13-7参照）を設定した．収集された SD 感性データによりまずプロフィール分析をおこ

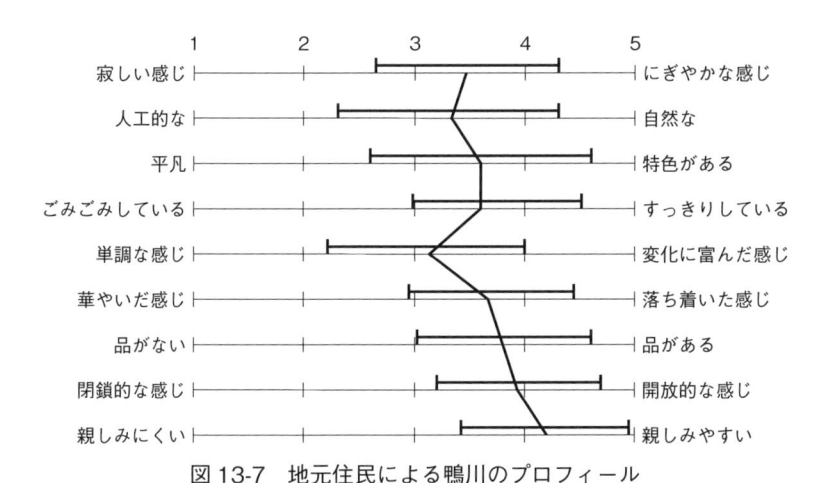

図13-7 地元住民による鴨川のプロフィール

表13-2 地元住民の感性表現共通因子の解釈

因子と解釈	感性表現	因子負荷量	寄与率（累積）
第1因子	親しみやすい	0.891	17.8%
なじみ	開放的な感じ	0.803	(17.8%)
第2因子	変化に富んだ感じ	0.732	17.2%
（鴨川）	特色がある	0.583	(35.1%)
らしさ	自然な	0.544	
	品がある	0.502	
第3因子	落ちついた感じ	0.902	16.1%
しっとり	にぎやかな感じ	−0.411	(51.2%)
第4因子 すっきり	すっきりしている	0.966	12.6% (63.8%)

なった結果を図13-7に示す．親しみやすいと開放的な感じに大きく反応している．

次に因子分析をおこない感性表現を分類し，共通因子を解釈した結果を表13-2に示す．第2因子は景観などを考慮した環境マネジメントの目的と制約を作る方針を示唆している．一方，第3因子を構成する感性表現より，地元住民にとって鴨川が必要以上ににぎやかな感じであるという複雑さを内包しているとの見方もできる．

地元高校生と釣り人を対象とした調査および分析を地元住民と同様におこない，3者を比較した．結果のみ示せば，釣り人は鴨川を人工的で，ごみご

みしていると感性評価している．また，高校生は地元住民に比べて多様な感性評価をしている．さらに，因子分析の結果「鴨川らしさ」を地元住民は鴨川の文化的背景を認知した上で「品がある」として文化的にとらえているのに対し，高校生は表象的にとらえていることがわかった．

以上により，①問題の明確化，②調査，③情報の縮約化で生活者による参加を得，⑥評価，の一部である生活者からみた GES 環境感性評価をおこなったことになる．

13-5　中国の水辺

13-5-1　中国の水辺整備の考え方

環境と開発に関する世界委員会（WCED）の報告書「我ら共有の未来（Our Common Future）」（1987）で初めて「持続可能な発展」が定義されて以来，持続可能な発展は世界共通の認識となっている．中国も例外ではなく，現在の中国において最も重要な目標は持続可能な発展である．

中国では 8～9％ の経済成長を維持しつつ同時に自然資源と生態環境の改善が要求されている．このような持続可能な発展とは，自然資源の永続的利用を前提としたモデルであり，人と自然との協調的発展の規範となる．一に発展，二に持続可能であり，経済と生態環境がともに発展することを意味すると考えられている．

水資源の持続可能な利用は社会の持続可能な発展のための重要な保障であると考えられている．水利は国民経済の基礎であり，水は基礎的な自然資源かつ戦略的な経済資源である．そして，これはまた生態環境に対しては制約ともなるものである．「天人合一（自然と人間は一体）」という老子の言葉にもあるように，人と水，人と自然の協調・共存，社会と自然生態システムの協調の実現するような生態水利建設が重要とされている．

生態水利とは，流域の生態環境の回復と維持であり，人々に自然との共存を目標とさせるものである．そのため，まずは，水災害を防止する．そして最終的には水資源の持続可能な利用を確保すること，すなわち，持続可能な発展を可能とすることである．

現在では，21世紀の生態水利発展戦略および推進施策の中で，これまで同様の施策に加えて，都市における節水優先，水質保全，多水源による都市の水資源持続可能な利用戦略，都市における生態水利建設の強化がうたわれている．

都市においては，都市ならではの自然と地域的条件，たとえば交通，土地利用，商工業やレクリエーション施設などの存在を無視することはできない．したがって，都市では洪水防止を考慮するだけの単一目標の伝統的な水利を脱却し，河道設計時には都市環境との調和，美化，緑化，ライトアップ，と同時に，雨水調整池，水環境の改善，都市の水面比率の増加，および（河川構造物の調節・制御による）水環境改善工事を考慮することが必要とされている．

日本と同様に中国でも，近年，生活が豊かになるとともに住民の親水への要求が増してきている．水辺整備の面からは，以下のことが要求されている．

①国の発展に対応して都市において河道の総合的な統治をおこなう．
②国民が豊かになることに対応して余暇時間を有効に使い，その質を高めることができるようにする．
③持続的発展を可能とし，人と自然の共存，生物多様性を保持すること．

80年代から水域の景観への関心が高まり90年代からは生態環境への関心が高まってきている．現在では水利建設と同時に景観と生態環境の良し悪しが水利事業の成功の鍵となっている．

13-5-2　北京市の水辺整備

北京市の都市計画区域（1040km^2）内を，通恵河，涼水河，清河，坦河の四大河川が貫流し，これらに30あまりの支川が流入し，河川・水路の総延長が600kmにも達し，そして，数多くの天然または人口の湖が河川のいたるところに散在し，密度の高い水辺ネットワークが形成されている．市の中心部を流れているのは，いわゆる「南環水系」と「北環水系」である．その構成は「南環水系」が密雲—北京導水路，玉淵潭，八一湖，永定河，お堀，

通恵河および10あまりの湖から,「北環水系」が長河, お堀, 亮馬河および16の湖からなっている.

　北京市の水辺の最大の特徴はその形状にある．すなわち，多くの天然または人口の湖が水路や河川によって連なって水辺が形成されていることである．これらの湖が中心になって，北京市の都市計画を規定し，都市活動や市民生活を支えている．その代表的な湖を紹介すると次のとおりである．

- 玉淵譚公園：玉淵譚湖を中心にできた公園で，多くの文化施設が集中し，市民の憩いの場でもある．
- 紫竹院公園：紫竹院湖畔の竹林が有名で，年間数十万人の来訪者を集める多くの文化活動，スポーツイベントまたは娯楽活動の場となっている．
- 什刹海（湖）：その周辺が昔から貴族や高級官僚たちの居住地として有名で，多くの貴族の屋敷が今も残っている．
- 頤和園, 円明園：人口の湖を中心にできたロイヤル・ガーデンである．
- 北海（湖）公園：白塔が有名で，宗教施設が中心になってその周辺に多くの高級料亭が集中している．
- 中南海（湖），釣魚台：昔から中国政治の中心として知られている．

　このように，北京を形づくっているのは，多くの湖を中心に形成された水辺である．北京では，「什刹海ができて北京ができた」（先有什刹海，後有北京城）という言い方もあるように，元の時代から今日にいたるまで水辺が骨格となって北京が発展してきた．湖や湖に依拠する文化が北京の「魂」とさえ言われている．

　しかし，60年代から急激な人口増加と政策の失敗により北京市の水辺環境がひどく破壊されるようになった．まず，市内区域を中心に宅地造成のため多くの河川，水路および湖が埋め立てられ，水路延長，水面面積がともに大幅に減った．その結果，もともと水路や河川によって連なっていた多くの湖が水系から切り離されて孤立し，水源が断たれ，水量が減少するとともに水質悪化が急速に進行，ほとんどの汚水が未処理のまま公共用水域へ放流され，水質悪化にいっそうの拍車をかけた．夏にでもなれば，異臭が漂い，蚊

やハエが大量に発生し，住民からは「窓も開けられない」，「散歩や夕涼みで外には出られない」など多くの苦情が寄せられたという．その対策として，汚染された河川・水路の暗渠化や埋め立てなどの措置が取られ，水辺がいっそう減少し，このような水辺破壊の悪循環が20世紀の80年代までずっと続いた．

近年，とくに2008年の夏のオリンピックの開催都市に決まってから，北京市では，水辺環境の本格的な整備が始まった．

北京市では水辺環境の再整備にあたって次に示す5つの基本方針を掲げた．

①切り離された水辺を再びつなげて水辺ネットワークを再形成し，水循環を促進するとともに，水辺環境の軸線を確保すること．
②総合水質対策を実施し，公共用水域の水質改善を図ること．
③水辺整備にあたってできるだけ生態系の再生，景観の回復，自然との調和を重視すること．
④各水系，各地域，各地点の歴史的・文化的特長に配慮すること．
⑤自然と人間社会活動との調和を重視すること．

埋め立てられた転河の堀削再整備事業，菖蒲河の整備，元朝堀の再整備事業がこの基本方針の①に則って整備された代表的なものである．以下では転河の堀削再整備事業を具体的にみてみよう．

13-5-3 転河

転河は西直門高梁橋から北堀川までの区間で，1905年に鉄道建設にともない掘削された人工河川である（図13-8）．周辺地域の水害防止と堀川への水供給でおおいに役立っていたが，1975年に宅地造成などの目的で暗渠化され埋め立てられた．その後，周辺地域では密度の高い住居地区が形成され，緑地や市民の憩いの場として利用可能なオープンスペースがほとんどない環境になってしまった．このような状況を改善するために，2000年に北京市では転河をオープンチャンネルとして再整備することに決め，その工事（工事期間は1年半，7kmで7億元の整備費を要した）が2003年に完成した．

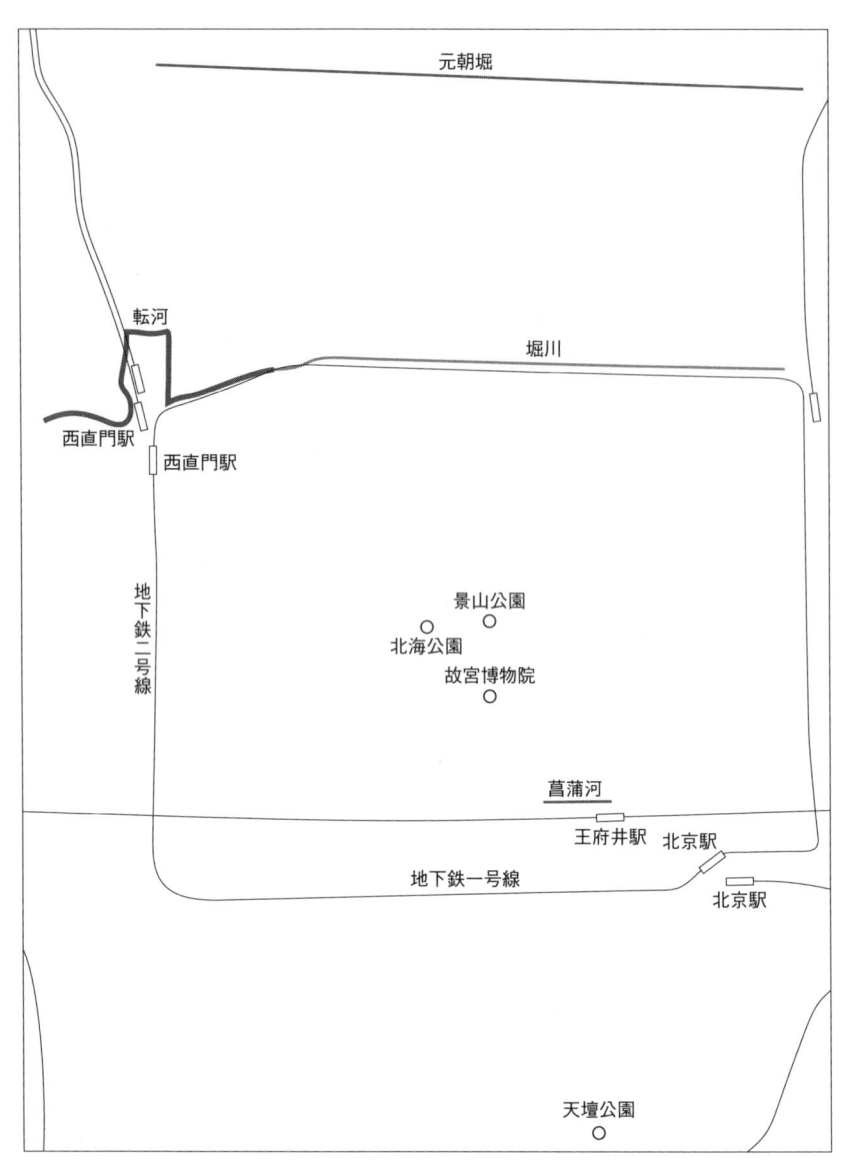

図 13-8　転河
太い線が転河を示している

再整備された転河は，総延長が3.7kmで，その役割として治水，利水および親水が盛り込まれた．まず，治水については再現期間が20年に一度の大雨に対応できるように設計されている．利水目的では，堀川への水補給である．そして，親水目的については，多自然型の整備工法を取り入れ，親水公園などを設けることにより対応した．ここでは，その親水整備状況について詳しく見てみることにする．
　まず，親水整備の設計方針として次の6つが掲げられた．

①伝統と現在との共存を目指すこと．
②周辺環境（周辺の土地利用形態）との調和を目指すこと．
③水質保全を優先し，水面面積をできるかぎり確保すること．
④生態系の多様性を追求すること．
⑤住民のコミュニケーションの場としての機能を持たせること．
⑥水に親しめるオープンスペースを確保すること．

　このような設計方針に則って，3.7kmの整備区間を六つのセグメントに分けてそれぞれにテーマを掲げて設計をおこなった．以下，各セグメントの設計内容について詳しくみてみることにする．
　まず，最上流の550mの区間を「歴史文化園」をテーマに設計した．ここは，昔，皇帝が昆明湖（頤和園）へ出かけるときに通ったところで，庶民がハイキングなどでよく訪れるところでもあったことから，古都文化の象徴として「綺紅堂」，「綺紅堂乗船場」，「高梁橋」などを配置した．河川内では，中国文化を表現するシンボルマークとして蓮を植え，川辺では，葦を用い，周辺地域の環境整備では，桃や柳などを植樹した．
　「歴史文化園」に続くセグメントは「生態公園」（写真13-1）として設計された．ここでは水面幅をできるだけとり，河川敷に緩やかな傾斜をもたせた．川底は川の湾曲に合わせて内側に浅瀬を，外側に淵を配置し，建築材料として石や木材の杭などの天然材料を多用した．河川内には多くの水生植物を植え，魚などの生息場所を提供するとともに植物の光合成による水質浄化機能を期待した．

転河

写真 13-1　生態公園（上左）・積み石水景（上右）
　　　　　水文化の壁（下左）・緑の航路（下右）

　生態公園の次の区間は「積み石水景」（写真 13-1）をテーマに設計された．この一帯では，周辺の建物が川辺まで迫ってきており，川幅が広く取れないこともあって，積み石工法を用いて整備することにしたという．景色に動きを持たせるために，3ヵ所に滝を配置した．
　第4のセグメントは「臨水長廊」をテーマに設計された．ここは住民のコミュニケーションの場とする構想の下で転河再整備のハイライトとして位置づけられ，特徴のある設計になっている．親水階段，廊下，水文化の壁（写真 13-1），噴水，彫刻などが多く配置されている．釣りなどが楽しめるようになっており，ハイセンスのカフェテリアもあって，市民が集まりやすいようになっている．
　第5のセグメントは「親水公園」になっている．周辺地域では高層住宅が立ち並んでいるため，そこに住む住民の憩いの場として親水公園を設けることになったようである．緑地，散歩道そして親水広場などが配置されている．

護岸工事では，積み石による多自然型工法が採用されている．

転河再整備の最終区間は「緑の航路」をテーマに設計された．密集した市街地を通っているため川幅を広げることはできず，垂直の護岸工事とせざるをえなかったようである．そこで蔓などの垂れ下がるような植物を植え，護岸を隠すことにした（写真13-1）．

13-5-4　北京市の水辺評価の必要性

上述したように北京市では，政府がオリンピック対策として水辺整備をおこなっている．そこでは，周辺住民をはじめとして北京市民，さらには観光客の意向などはまったく考慮に入れられていない．

北京の水辺の水質は絶望的な状態で，それを糊塗してライトアップやイルミネーションや舟遊びなどで見かけの美しさや華やかさ，それに加えて市民の遊行を導入することなどで，生態水利を捏造しているように思えてならない．本当に，北京市民はそのようなことを求め，また満足しているのかを検証する必要がある．北京市の水辺整備は，北京政府によるトップダウン的な計画（PlanningではなくProject）・建設であり，その水辺整備が，北京市民や観光客などにどのように評価されているかを検討した報告は今現在はない．「北京市民のための」水辺整備計画とは何かを考えることが，彼らのいう持続可能性にどのような意味をもつか計画科学の側面から考える必要があろう．

以上より，北京市の水辺に関しても，上に示した（13-3および14-2-2参照）生活者参加型環境マネジメントシステムに沿った計画プロセスが必要と考えられる．

《学習課題》
1. あなたにとって身近なアメニティをあげてみよう．
2. 身近な水辺を対象として表13-1の項目を含む表を作成してみよう．
3. 防災の観点から自分の暮らしている町や地域を眺めてみよう．
4. 図13-6を文章で説明してみよう．

●参考文献──

亀田寛之・萩原良巳・清水康生「京都市上京区における災害弱地域と高齢者の生活行動に関する研究」『環境システム研究論文集』vol.28, pp.141-150, 2000

亀田弘行監修，萩原良巳・岡田憲夫・多々納裕一編著『総合防災学への道』京都大学学術出版会　2006

国土交通省ホームページ http://www.mlit.go.jp/river/kankyou/riverscape/（2007/11/18）

萩原清子・萩原良巳・劉樹坤・張昇平「北京の水辺整備のコンセプトと実際」『東北アジア研究』第12号，東北大学東北アジア研究センター，pp.35-56, 2008

萩原良巳・萩原清子・高橋邦夫『都市環境と水辺計画』勁草書房　1998

萩原良巳編著『京のみやこの防災学』京都大学防災研究所　2005

萩原良巳・萩原清子・松島敏和・柴田翔「地元住民からみた鴨川流域環境評価」京都大学防災研究所研究年報第50号B，pp.756-771, 2007

吉川勝秀編著『多自然型川づくりを越えて』学芸出版社　2007

※ 第 14 章

――環境文化災害――

　GES環境の認識（図2-1）では，環境災害のうち，災害の原因と結果がともにソシオにあるようなものとして環境文化災害を定義した．本章では，環境文化災害の国内と海外の例として，京都の町家とバングラデシュにおける飲料水のヒ素汚染災害を紹介し，環境文化災害について認識を深めることを目的とする．とくにバングラデシュの飲料水ヒ素汚染災害に関しては，問題に対処するための計画作成手順を示す．これを理解することで，環境文化災害の減災のためには，そこに環境文化災害があると認識することがまず重要であることを理解しよう．すなわち，本来ならば原因を変えなければ結果である災害は減災されないのだが，われわれは環境文化災害の原因である文化を日常として受け入れているため，それが原因であることに気付かないことも多い．災害に対処していく上で環境文化災害の存在を認識することがまず重要であり，このためには環境文化災害そのものについての認識を深めることが重要となる．

> 🔑 〔キーワード〕環境文化災害，バングラデシュの飲料水ヒ素汚染災害，減災計画，計画立案プロセス，水資源選択行動の内的メカニズム

14-1　生活者の文化の継承がもたらす環境災害

写真14-1　町家

写真14-1に示す町家は京都の文化的象徴の1つである．技術があまり発達していない時代に，日常を快適に過ごすための工夫がたくさん施されている．当時の町並みの変化にともなって，町家は作り変えられたり，あるいはそのまま残されたりして，次第に路地を形成した．こうした歴史の結果が，今，京都で目にすることのできる町家の風景を作り出してきた（萩原ほか，2004）．

このような歴史的文化的な景観はたしかに保存されるべきものである．しかし一方で，町家には現在も人が住んでいるという事実がある．最近では芸術家を志す若者が複数で町家を間借りして制作活動にあたるなど，多様な居住環境を生み出しつつある．だが，京都市上京区の町家に関していえば，居住者には以前から住み続けている老人が多い．そして家屋は老朽化の一途である．独居老人の孤独死など，胸の痛むニュースも聞こえてくる．

ここで地震が起きたらどうなるだろうか？　お互いを気にかけるコミュニティは存在するのか？　家屋の耐震性は？　これらの危惧に加えて，町家群には防災の面で大きな災害のリスクを有しているものがある．それは路地である（亀田ほか，2000）（写真14-2）（13-2-2も参照）．

写真14-2　路地

一度，町家が隣接する路地に立ち入ったことがある人ならわかるだろう．それはさながら迷路のようであり，そして路地幅はとても狭い．災害時にパニックになった住民，とく

に老人が問題なく逃げられるだろうか？ いちばん近い消火栓から路地の奥までどのくらいあるのか？ 消防車は入ってこられるのか？

以上で述べたこと，これがすなわち環境文化災害である．災害の原因があるとすれば，それは現在の町並みを作った歴史の過程ではない．ソシオにおける文化の一側面をとらえただけの文化の保存という行為にあると考えられる．文化は保存されるものではなく，現在の人間社会と共存するものと表現されるべきかもしれない．

14-2　バングラデシュの飲料水ヒ素汚染問題

14-2-1　知識としての事実の理解

さて，所を変えてバングラデシュの話である．環境文化災害というキーワードが出てくるまで多少説明が長いが，同じ地球に暮らす人々が抱える問題として，じっくりと内容を追ってほしい．まずはバングラデシュの飲料水ヒ素汚染問題の概略を紹介し，その事実を認識してもらうことから始めよう．

バングラデシュはガンジス川とブラマプトラ川の下流のデルタ地帯に位置している．上流から河川にのって肥沃な土壌が運ばれ，黄金のベンガルと呼ばれることもあった．しかし，バングラデシュには顕著な雨季と乾季があり，現在では雨季に洪水，乾季に渇水という下流国には宿命の問題に悩まされている．ガンジス川もブラマプトラ川もその流域は2ヵ国以上の国により共有される国際河川である．下流国のバングラデシュが洪水や渇水のリスクを減じようとすれば，上流国との連携が必要となってくる．しかし，現在，流域管理に関する効果的な取り決めは流域国の間で必ずしもなされていない．

このような水資源環境の中，バングラデシュの農村部では，飲料水としておもに井戸からくみあげた水が利用されている．この井戸水へのヒ素混入が1993年にヒ素中毒患者が現れることにより明らかにされた．図14-1にバングラデシュにおけるヒ素汚染状況（Hossian, 1996）と，14-3で述べる調査対象地域を示す．

英国地理調査報告書（British Geological Survey Technical Report〔BGS, 2001〕）によると，チッタゴン・ヒル地域（Cittagong Hill Tracts〔バングラデ

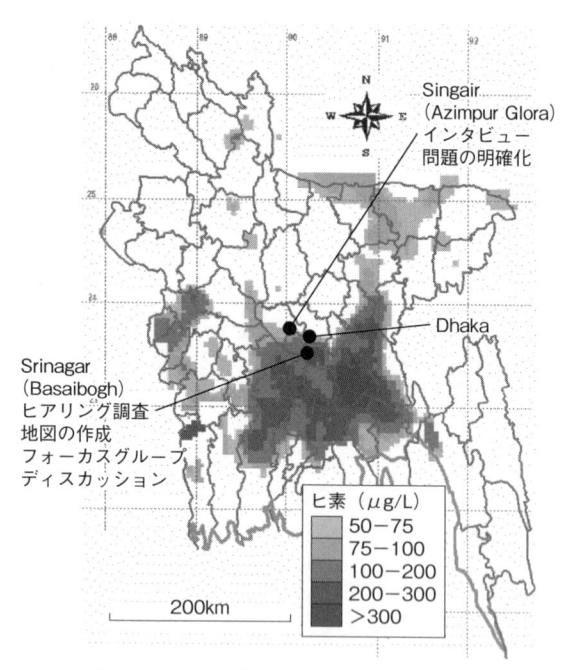

図14-1 バングラデシュのヒ素汚染状況

シュ南東部〕）を除いた約3000個の井戸の水を調査した結果，対象とした井戸の27％が150mよりも浅い井戸で，バングラデシュの飲料水のヒ素含有量ガイドライン50μg/Lを超えるヒ素が検出された．また，対象とした井戸の46％からは，WHOのガイドラインである10μg/Lを超えるヒ素が検出された．バングラデシュ国内には6000万〜1億本の井戸があると考えられており，そのほとんどが10〜50mの深さのものである．以上から，50μg/Lを超える汚染状況の井戸は1500万〜2500万本にも及ぶと見積もられている．

また，ヒ素汚染を被っている人数について，50μg/L超のヒ素に曝されているのは3500万人，10μg/L超のヒ素に曝されているのは5700万人に及ぶとみられている．図14-1からわかるように，ヒ素汚染には明確な地域差が存在する．バングラデシュ南部・南東部は最も汚染が激しい地域であり，北西部・北部中央の高地が最も汚染が少ない．なお，南側はインド洋に面しており，南東の一部にミャンマーとの国境を有する他はインドに囲まれている．

バングラデシュにおけるヒ素の流出メカニズムはいまだ確定的に明らかになっていないが，基本的な見解では混入しているヒ素は人工的なものではなく自然に生成されたものとされている．低い含有量であれば，土中にヒ素が含まれているというのは（日本も含め）決して珍しい話ではない．ヒ素を摂取し続けると十数年から数十年のオーダーで皮膚がんを発症することが知られている．その他に典型的な症状として，皮膚色素沈着，皮膚角化症，心臓血管および呼吸疾患があるが，最近では肺がんや膀胱がんの原因にもなることがわかっている．ウイルス伝染や口唇ヘルペスを引き起こすという報告もされている．

写真14-3　ヒ素汚染のない市販の水

　調査の結果，地下水のヒ素汚染は全国的な問題であることが明らかとされた．バングラデシュの首都ダッカなどの都市部ではArsenic Free（ヒ素汚染のない）と書かれたペットボトル入りのミネラル・ウォーターが売られている（写真14-3）．もちろん財力的に購入できる人とできない人がいる．

　この問題を認知したバングラデシュ政府は全国に数千ある井戸の水のヒ素濃度を調べ，健康に害があると判断される濃度の水を有する井戸には赤色を，健康に問題がないと判断されたものには緑色を塗り，現地住民が識別できるようにした（写真14-4）．これに加えて，ヒ素の被害について知識を持たない住民への情報提供を広くおこなってきた．

　バングラデシュのヒ素問題は世界的に広く認知され，WHOやユニセフ，日本を含めた諸外国やバングラデシュ国内のNPO・NGOがヒ素汚染を軽減すべく積極的な活動をおこなってきた．ヒ素除去装置の導入や雨水装置の設置，井戸の導入，ヒ素

写真14-4　赤色に塗られた井戸

第14章◇環境文化災害　│　239

写真 14-5　ヒ素除去装置（AIRP）

の健康への害についての教育などがヒ素汚染の発見以来長らく取り組まれてきている．

しかし，実際にバングラデシュの農村を訪れてみると悲しい現実に直面する．導入後，使われずに放置されているヒ素除去装置や，赤色に塗られた井戸の水を汲んで持ち帰る住民などを目の当たりにするのである．実際，バングラデシュのヒ素汚染被害が確実に軽減してきているという報告をまだ耳にしない．

筆者らが目の当たりにした皮肉な例をひとつあげよう．筆者らが訪れた村のうちに AIRP（Arsenic Iron Removal Plant, ヒ素除去装置，写真 14-5）を導入した村があった．バングラデシュではヒ素の分布は鉄の分布と類似しており，ヒ素が出るところでは往々にして高濃度の鉄も検出される．AIRP はヒ素除去装置と呼ばれるが，鉄も除去する機能を一般に備えている．写真 14-5 でも，大きなタンクの下にある小さな 2 つのタンクのうち，左側はヒ素除去用，右側は鉄除去用の資材が入っている．この AIRP はユニセフとバングラデシュ公衆衛生管理局（Department of Public Health Engineering: DPHE）のプロジェクトの一環として設置されたもので，コミュニティー共用型のサイズであり（家族用の小さいものもある），300〜400 人が使用している．バングラデシュの国会議員が 25 万 TK（日本円で約 42 万 5000 円，1TK〔タカ〕= 1.7 円）の導入費用を支払ったということであった．ダッカでは一般的な家族 4 人の家庭で 1 月の生活費が 3 万円（1 万 8000TK）程度であるというからとても高価な物品である．この村では議員の使用人の 1 人が維持管理をつきっきりでおこなっているが，近所には村全体としてヒ素除去装置を導入し，委員会を結成してメンテナンスをおこなっているところもある（こちらの導入・管理形態の方が主流）．国会議員の政治的なアピールとして AIRP の設置が利用されているという話も聞く．

この話の何が皮肉かというと，議員の使用人は日長 1 日ヒ素除去装置の面

倒だけをみており，日に3回除去装置のフィルターを近くのポンドで洗うのだが（写真14-6），池に流出されるヒ素は気にしていない．このヒ素はいったいどこへ行くのであろうか？　水がこの周辺に留まり，それが再びヒ素除去装置によって取り込まれ，またその池の水でフィルターを洗うという行為がくり返されれば，

写真14-6　AIRP横の水辺

この近辺のヒ素濃度はどんどんと上昇していき，いつかこのヒ素除去装置の能力では十分に対応できなくなる時がくるだろう．そうなった時はどうすればよいだろうか？　誰か高性能のAIRPを買ってくれるだろうか？　相当数の村人に呼びかけ，資金を集めて購入するか？　外部の援助機関がこの村を目に留めて導入してくれるのを待つか？　いずれにせよ，結局，悪循環のいたちごっこである．

　悪循環から脱するために有効な方法は近視眼的（場当たり的）な振る舞いをやめることである．以上で述べたバングラデシュの状況から，現地の人々の，そして外部の援助機関の近視眼的な行動が飲料水ヒ素汚染問題の解決を遅らせている，あるいは状況をよりいっそう悪くさせかねない原因のひとつになっているということができそうだ．

14-2-2　思考としての事実の理解

　このようなバングラデシュにおける災害への対策として，何が考えられるだろうか？

> 「赤井戸を使わなければよいのだ．彼らが危険と知っていながら使っているならば，それは彼らの責任であり，彼らとバングラデシュ政府の問題である．時間とお金を使って，日本人が頭をひねって考える問題ではない．もっと他に考えること，やれることはある」

第14章◇環境文化災害　241

バングラデシュの飲料水ヒ素汚染問題を研究していると，このように言われることがある．本当にそうだろうか？

　バングラデシュにおける飲料水のヒ素汚染で多く見積もって8000万人が苦しんでいるという（DCHT, 2002）．赤井戸が危険であると知りながら，それを利用している人間を愚かだと突き放すことは本質的だろうか？　むしろ，ヒ素汚染を認知しながらも赤井戸を選択するにいたる過程に悲しみがあるかもしれない．このような大規模な災害に国内や国外といった境界線はナンセンスであろう．とくに外部の人間の目は時として現象を客観的にとらえることができる．対岸の火事とせず，われわれに何ができるかを考え，知恵を出し合い，減災に向かうことが重要である．

　システムズ・アナリシスのアプローチ（図2-2および図13-6）に則って，まずは問題の明確化から始めよう．問題の明確化は簡単なようでいて，そうではない．研究の良し悪しを決めるのはこの部分にかかっているといっても過言ではない．

> 「研究対象となっている問題が何であるかについて確認したり研究課題を設定したりするのは，一見きわめて単純な作業のように思えるかも知れない．たしかに質問をすることそれ自体はそんなに難しいものではないし，小さな子どもはしょっちゅう大人を質問攻めにしているものだ．しかし，一方で，これに関して実際に科学者たちがこれまでいやというほど何度も体験してきたことをひとことで言い表せば，次のような古くからの格言になる——『問題を発見し明確な形に整理していくことは問題を解くこと以上に難しい』」（Merton, 1959）．

　ここではまず，文献（論文，出版物，信頼のできるWebサイト）を調べ，バングラデシュの飲料水ヒ素汚染問題に関して明らかとなったことをまとめる．

　川や池の表流水を飲料水として利用すると感染症のリスクが高まるということが1970年代にWHOにより指摘されたため，井戸から飲み水を汲むことが奨励された．この指摘を受け，世界銀行やユニセフは深井戸の導入を支援した．この結果，感染症による幼児の死亡率は減少したが，一方で，井

戸水のヒ素汚染が明らかとなった．2000年の調査によると井戸はすでにバングラデシュの全土に広く普及しており，このうち30％が高濃度のヒ素に汚染されていることがわかった（酒井ほか，2006）．

　この知見で1つの疑問が解消する．すなわち，バングラデシュは元来ヒ素を地中に含んでいる土地であり，

写真14-7　ピットラトリン

渇水のリスクも高いので，井戸が以前より使われていたとするならば，1993年というのはヒ素汚染の事実が明らかになるには遅すぎる．もっと昔からその危険性が指摘されていたはずである．つまり，井戸は表流水の代替源として登場し，その表流水の利用が控えられたのは感染症が原因であったということである．それでは，感染症の原因はなんであろうか？

　バングラデシュにおける感染症の原因はおもに劣悪な衛生環境からくるものである．ピットラトリンというタイプのトイレがほぼ100％近く普及しているといわれている．ピットラトリンはWHOにより普及が進められた．管状のコンクリートリングを数個積み上げて，この中に排泄物を蓄積するものである（写真14-7の右側の設備）．1年くらいで内容物は徐々に分解される．この過程で汚染源も分解され，衛生環境への負荷は軽減される．しかし，数年後にはピットラトリンは分解後の固形物でいっぱいとなるため，これらを埋めて新たなピットラトリンを作らなければならない．手間がかかるが，高度なし尿処理をおこなうだけの技術や資金が決定的に不足している農村部ではし尿処理の主要な手段になっている．

　適切に管理されていないことが多いピットラトリンであるが，これを衛生的なトイレと解釈したとしても，バングラデシュでは40％程度の人しか衛生的なトイレを利用できていない．農村部では戸外での排便も高い割合で存在し，都市部でもスラムはきわめて非衛生的な環境にある．こういった適切に管理されていない多数のピットラトリンや不衛生な環境から，雨季にはし尿が近くの池に染み出たり，洪水によって下流に押し流されたりする．

第14章◇環境文化災害　｜　243

```
飲料水ヒ素汚染問題
   ├─ ヒ素汚染 ──┬─→ 飲料水源確保の設備の導入（ハード）
   │            └─→ ヒ素の害に関する教育（ソフト）
   │  ↑ 飲料水源の減少
   └─ 衛生環境 ──┬─→ 衛生環境改善の設備の導入（ハード）
                └─→ 衛生環境に対する意識の向上（ソフト）
```

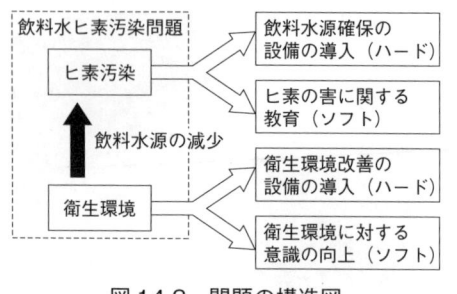

図14-2 問題の構造図

次に，以上の知見をまとめてみよう．整理した問題の構造を図14-2に示す．

図14-2より，バングラデシュの飲料水ヒ素汚染問題への対策は大きく2つあり，さらにそれらはそれぞれ2つに分かれるということがわかる．1つはヒ素汚染に対する直接的な働きかけであり，ヒ素を除去するための設備の導入を効率的におこなうか，住民のヒ素の危険性に対する認識をよりいっそう正確にすることである．もう1つは衛生環境に対するものであり，し尿処理設備の導入や更新をおこなうこと，あるいはそのようなチェック管理機構の組織化か，住民の衛生環境に対する意識を改善し，モチベーションを高めることである．排泄物は適切に処理すれば肥料として利用することができる．農業に従事する人が多いバングラデシュでは，このような動機付けにより住民の衛生環境に関する習慣が変化する可能性もあるかもしれない．

14-3　飲料水ヒ素汚染災害の減災計画

14-3-1　現地調査とヒアリング

以下では，図14-2の要素のうち，ヒ素汚染に対する直接的な働きかけにとくに着目し，より堀り下げて問題を明確にする．このためにおこなった現地調査とヒアリングで明らかとなったことを以下にまとめる（坂本ほか，2007）．調査は首都ダッカから20～30kmのところにある3つの農村でおこなった．

調査の結果，安全な井戸が少なく，これらが点在しているため，多くの住民は安全な水を得るために水運びの負担を強いられていることがわかった．そして，水運びの負担が住民の生活を圧迫する大きな要因であることが明らかとなった．すなわち，ヒ素汚染によって引き起こされる水運びの負担を軽減することが住民の生活の改善に非常に有効であることがわかった．そして，

住民を取りまく水環境が改善されることで水資源選択行動の改善も起こり，この結果，水環境を中心とした住民の生活に改善の好循環が生まれることが考えられる．すなわち，こうしてヒ素汚染被害が軽減されうると考えられる．

現在抱えている悩み事に関しては，ほぼすべての人がヒ素と衛生の問題であると答えていた．そして，水運びは女性がおこなう仕事であり，単に安全な井戸までの距離が遠いという理由だけではなく，親族以外の男性と会いたくないという地元文化に根付く精神的な負担もあることがわかった．ヒ素汚染に関する知識を有し，しかも安全な水源までの距離がそれほど遠くないにもかかわらず，汚染された井戸の水を飲んでいる住民もいた．ヒ素の被害に関する知識は村人のほとんどが有していた．

また，援助として導入されたが住民に受容されず放棄された代替技術（深井戸以外）を見ることができた．この原因として次のような理由を聞くことができた．

・現状の深井戸に比べ，使いにくい，水の味が悪い．
・メンテナンスの仕方がわからず安全かどうかわからない．
・メンテナンスするには金銭的な負担をする必要がある．
・ヒ素患者を見たことがなく，10年以上もヒ素汚染された井戸水を飲んでいるが外見的な健康に問題がないため，ヒ素に対する不安をあまり感じていない．
・導入された技術が誰のものなのかわからないため，所有者としての意識がなく，故障すれば使い続ける気がない．

以上のような状況から，バングラデシュにおける飲料水のヒ素汚染問題は単にヒ素除去の技術の改善や向上に取り組むだけでは解決されないことが理解できる．とくに，女性が外に出にくいという文化的な背景から，水資源選択行動に大きな制約が加わっていることが明らかとなった．すなわち，現地社会環境や文化と深く結びついた環境文化災害としてヒ素汚染問題を認識し，社会環境的な側面からの取り組みをおこなうことが現状改善のために重要であることがわかった．次節では，問題を明確化することで得たここでの認識

を基礎に，社会環境的なアプローチによるヒ素汚染災害の減災を考える．

14-3-2 現地住民の水運びストレスのモデル化

バングラデシュの飲料水ヒ素汚染災害は，人と自然のかかわりに文化が軋みをもたらした結果表出した環境文化災害という側面が強いということを前節までで述べた．この問題に対処する計画を立てるために，女性の水資源選択行動の制約となり災害の引き金の1つになっていると考えられる「水運びストレス」にここではとくに着目することとする．

水運びのストレスをどのように評価すればよいだろうか？ 前節で述べたように住民は水運びにとても苦痛を感じている．そして，水運びはおもに女性の仕事であるという．女性が感じる苦痛は，家から井戸までの距離もさることながら，水運びの際に不特定多数の男性の目にさらされることからおもにくるものであることがわかっている．したがって，水運びのストレスを評価するモデルには，距離と人目の2つの要素が含まれている必要がある．

次に，距離を考慮して住民（女性）の水運びストレスを評価するためには，家から井戸までの実距離を知る必要がある．このためには地図を手に入れる必要があるが，バングラデシュにおいて住宅間の距離がわかるような地図は入手困難である．また，農村部に至ってはそのような地図は存在しない．したがって，モデルを構築すると同時に地図も作成する必要がある．このような目的のもと，GPSを用いて地図を作成した．これを図14-3に示す．

図14-3に示されるのはダッカから南西に約20kmほどのところに位置するバシャイルボグという村である．多角形で囲まれた部分はバリと呼ばれ，雨季の洪水を避けるために高台になっている．一般にバリには親族関係のある住民が集まって集落をなしていることが多い．雨季には周辺が水につかり，バリは孤立した島のようになる．乾季にはバリは地続きとなるため歩いて移動できるが，雨季には住民は図14-3に示される竹橋やボートを使って移動する．また，バシャイルボグにおいては深井戸はすべて緑色が塗られた安全な井戸である．これ以外に，図には示していないが赤色が塗られた浅い井戸が多数あり，各バリは少なくとも1つヒ素汚染された浅井戸を有している．

次に，作成した水運びストレスの評価モデルを式(1)に示す．数学的な記

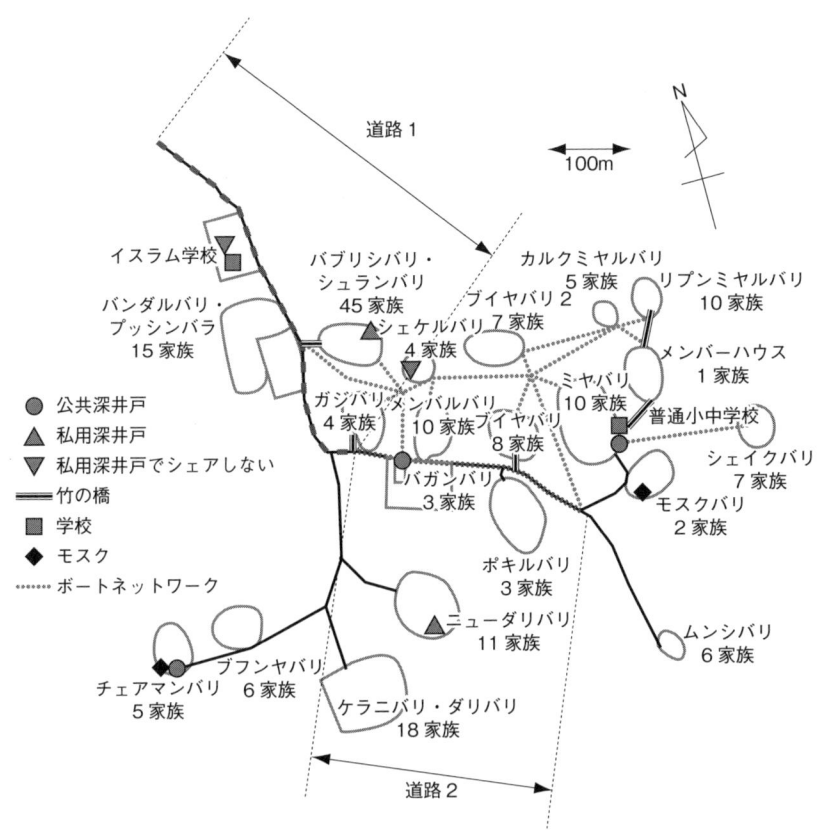

図14-3 バシャイルボグにおける井戸と家族の位置関係

述の後に式の意味を言葉で説明しているので，式と言葉による説明を行きつ戻りつしながら，式が語っているところを理解してほしい．

$$M_{ij} = K_i \left\{ \sum_{k=1}^{L} s_k d_{ijk}/v_{ik} + T_i s_w + \sum_{k=1}^{L} s_k d_{ijk}/\alpha_{ik} v_{ik} \right\} \quad (1)$$

K_i：水運びの回数／日
s_k：移動区域 k における通行量・人の多さに関する精神的ストレスのウエイト
s_w：滞在区域 w における通行量・人の多さに関する精神的ストレスのウ

エイト

d_{ijk}：バリ i の人が深井戸 j に行く過程で区域 k を通る距離

v_{ik}：行き（水なし）のバリ i の人が区域 k を通る速度

T_i：深井戸に滞留する時間

$\alpha_{ik}v_{ik}$：帰り（水あり）のバリ i の人が区域 k を通る速度（α_{ik} は減速率）なお，区域の分割数を L とし，$k, w \in L$ である．

式(1)によって算出される数値の単位は時間（秒）である．より詳しく言えば，女性が自分の家のあるバリから深井戸まで水を汲みに行って帰ってくるまでに要する精神的な時間（1日あたり）を表している．水運びの際に通る必要がある場所の人の多さや通行量によって，精神的なストレスは異なると考えられる．そこで，人通りの多さによって村を L 通りの区域に分類し，それぞれの区域に対し，人通りの少ない場所は小さく，人通りの多い場所は大きい値を取るようなウエイトを設定する．つまり，人通りの多い場所では人通りの少ない場所よりも，同じ時間滞在していても，女性はより長く時間を感じることを表現している．人通りの多さを表すパラメータ（s_k, s_w）を含め，それ以外の，水運びの回数（K_i），行きの水運びの速度（v_{ik}），水の入った重いかめを持った帰りの水運びの速度（$\alpha_{ik}v_{ik}$），水汲みに要する時間（T_i）に関する6つのパラメータは現地で住民の日常を観察することにより設定する．距離（d_{ijk}）は作成した地図（図14-3）から計測できる．こうして，バリ i の女性が深井戸 j に水を汲みに行くのにかかる精神的な水運びストレス M_{ij} は式(1)のように定式化できる．最後に，女性が移動する区域 k や滞在区域 w は分割した区域の集合に必ず含まれるので，$k, w \in L$ というただし書きが必要となる．

14-3-3　モデルによる飲料水選択行動の記述

前節で作成したモデルを適用し，この村の各世帯の水運びストレスを計量するために，モデルのパラメータの設定にあたって実際には村を次の7つの区域に分類した．

①自分のバリ内（$k,w=1$）：女性は自由に行動できる．
②道路1（$k,w=2$）：数件の店が並ぶ．通行量は多い．
③道路2（$k,w=3$）：舗装された道路で，通行量は比較的多い．
④その他の歩行区域（$k,w=4$）：通行量は少ない．
⑤ボート移動区域（$k,w=4$）：ボートで移動しなければならない．
⑥竹橋移動区域（$k,w=5$）：非常に不安定である．
⑦モスク前（$k,w=6$）：男性が多く集まる．

これらの区域に対し，ストレスのウエイトを式(2)のように設定した．

$$0=s_0<s_3=s_4=s_5<s_2<s_1=s_6=2,\ \ s_2=1.5,\ \ s_3=1 \quad (2)$$

以上の設定のもとで，モデルを雨季の村に適用し，女性の水運びストレスを計量した．この結果，すべてのバリは上記のパラメータの設定のもとで水運びストレスが最小となる深井戸を使用している，または使用していたということが共通して言えることが示された．

しかし，ここで水運びストレスだけでは女性の飲料水選択行動を記述できていないことがわかる．水運びストレスはあるバリにいる女性が1番に選択すると考えられる深井戸を示すに留まり，その女性が実際にその深井戸を飲料水源として選択するか，あるいはバリの中にある赤井戸を選択するかまでは言うことができないからである．そこで，「安全な飲料水に対する潜在的な選択能力」というもうひとつの指標を導入する．以下，これを簡単に潜在的な選択能力と呼ぶこととする．

潜在的な選択能力（capability）とは人々が安全な飲料水を積極的に得ようとする可能性と定義することとしよう．潜在的な選択能力という言葉はノーベル経済学賞を受賞したセンによって提唱される不平等評価のための概念（Sen, 1992）である．センは潜在的な選択能力を次のように定義している．

「潜在的な選択能力とは，諸財の有する特性を個々人の財（特性）・利用能力・資源で変換することによって達成される諸機能の選択可能集合

である.」

　また，機能とは，財の所有にもとづいて個人が達成することのできる（よい）状態のことである．言い換えれば，潜在的な選択能力は機能の集合であり，個人が価値ある機能を達成する自由を反映したものである．また，選択する際に外的に妨げられないような機能の集合であるともいえる．センは潜在的な選択能力という概念を導入することにより，達成された状態だけでなく，その状態を達成するための自由にも着目した不平等分析を提唱している．たとえば，健康な人と体の不自由な人が同じ金額のお金を手に入れたとしても，手に入れられるものはずっと異なってくるだろう．街に買い物に行くのにも体の不自由な人は健康な人よりも多くの交通コストや心理的なコストを負担しなければならないかもしれない．センはこのように，不平等を評価するときには持てる財そのものだけではなく，その人が財を得るために必要となる能力も考慮に入れて評価しなければならないと提唱しているのである．このように能力を考慮して得られる個々人の実際に選択可能な状態の集合が潜在的な選択能力と呼ばれる．

　このようにして定義した潜在的な選択能力と水運びストレスとの関係によって，人々の飲料水選択行動は記述されると仮定することとしよう．すなわち，ある飲料水を選択する場合（図14-4の左），潜在的な選択能力が大きいと，それだけ安全な水を選択する可能性が高く，これが最寄りの深井戸までの現実的な水運びのストレスを上回れば，その深井戸にアクセスし続けることとなる．逆に，ある飲料水を選択しない場合（図14-4の右），潜在的な選択能力が低く，安全な飲料水を選択する可能性が低いので，水運びのストレスが相対的に大きくなり，遠くにある深井戸までの負担を受け入れることができず，結果として近くにある汚染された赤井戸の水を飲むこととなる．

　ここでさらに潜在的な選択能力は生活安定感とヒ素不安感によって構成されるとしよう．現地住民におこなったアンケートの回答に対し（この村でではないが），潜在的な選択能力，生活安定感，ヒ素不安感，水運びストレスを潜在変数として共分散構造分析（豊田，1998）をおこない，有意なモデルを得た．このモデルでは，水運びストレスと潜在的な選択能力との関連が他

```
┌─────────────────────────┐    ┌─────────────────────────┐
│   潜在的な選択能力       │    │   潜在的な選択能力       │
│ (＝生活安定感＋ヒ素不安感)│    │ (＝生活安定感＋ヒ素不安感)│
│ ←──────────────→        │    │ ←──────────────→        │
│     水運びストレス       │    │     水運びストレス       │
│ ←──────────→            │    │ ←──────────→            │
└─────────────────────────┘    └─────────────────────────┘
```

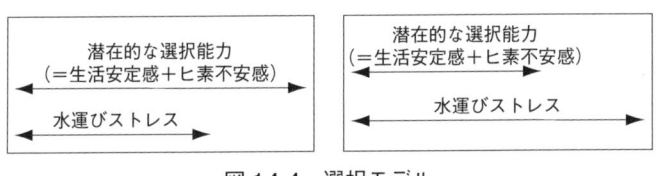

図14-4 選択モデル

の潜在変数に比べ相対的に弱かったのでこれを捨象して，図14-4のようなモデルを構成した．なお，アンケート項目のうち，「識字可能か」，「薬が手に入りやすいか」，「病院に行けるか」が生活安定感に影響を与え，生活安定感は「自分自身以外の問題を考える余裕があるか」に影響を与えるとした．また，ヒ素不安感は「自分の井戸に色が付いているか」，「ヒ素の有害性を知っているか」から影響を受け，「自分や子どもの将来の健康が不安か」に影響を与えるとした．さらに，潜在的な選択能力は生活安定感とヒ素不安感，アンケート項目の「代替技術に関する知識があるか」から影響を受け，「代替技術を導入してほしいか」，「安全な水を得るのに負担してもよいか」に影響を与えるとした．

図14-4のモデルを用いてヒ素汚染対策を考えれば，短期的には深井戸などの代替技術を導入することにより水利施設までの水運びのストレスが減じられ，住民の潜在的な選択能力との兼ね合いによりアクセスできる水利施設が増え，汚染された赤井戸の水を飲む住民の数が減少すると考えられる．また長期的には，教育などによって，ヒ素の健康リスクの認知をうながすことで不安感が増長し，潜在的な選択能力が増加することにより（潜在的な選択能力を構成する要素のうち住民の生活安定感は容易に上昇するものではないが，ヒ素に対する不安感を高めることは可能であると考えられる），赤井戸の水を飲む住民の数が減少することが期待できると考えられる．すなわち，ハード的対策による住民の水運びストレスの減少，また，ソフト的対策による潜在的な選択能力の増加という2通りのアプローチにより，現在赤井戸を飲む人の数は減少し，ヒ素汚染被害は軽減すると考えられる．

14-3-4 飲料水代替源の導入プロセス

これまでの分析で，大きな水運びストレスを有しながら，遠くの井戸に水

を汲みに行っている人，あるいはストレスが相対的にそれほど大きくないのにバリ内の赤井戸を利用している人などの選択の背景を理解できるようになった．次に，飲料水を取り巻く村の状況を改善するために，具体的な対策を考えることになる．すなわち，代替案の作成である．ここでようやく，どこに何を導入するかという議論になる．このような段階を経ることによって，より現地の住民に受容されうる計画を立てることが可能になると考えられる．以降，前節までに示した潜在的な選択能力と水運びストレスという2つの概念を軸にした具体的な水利施設整備の計画手順を示す．

　図14-5は村の住民がアクセスしうるバリと，そのバリにアクセスする際に負担する水運びストレスを示している．太矢印は現在利用している深井戸へのアクセスを表している．図中の矢印上に示す数値が世帯数をウエイトとして乗じた各バリ全体での水運びストレスである．

　他のバリへアクセスしうるかどうかは，水運びストレスと潜在的な選択能力の関係性によって決まる．すなわち，図14-4より，

　a. 潜在的な選択能力＞最寄りの深井戸への水運びストレス：深井戸へアクセスする．
　b. 潜在的な選択能力＜最寄りの深井戸への水運びストレス：バリ内の赤井戸を使う．
　c. 潜在的な選択能力＝最寄りの深井戸への水運びストレス：バリ内の赤井戸を利用したり，深井戸へアクセスしたりする．行動が安定的でない．

　上記のような関係式を仮定するためには，潜在的な選択能力も水運びストレスと同様に数値で評価されている必要がある．そこで，まず現地調査で観察されたヒ素不安感と生活安定感を参考に各バリの家庭の潜在的な選択能力を定性的に4段階（非常に低・低・中・高）に分類する．次に，関係式c.で示すような行動をとっているバリの水運びストレスを参照点として，潜在的な選択能力の定性評価をスケール化する．たとえば，ポキルバリは関係式c.のような行動をとる世帯の住むバリであるが，ポキルバリは潜在的な選択能力が「中」として判定された．一方，ポキルバリから「道路沿い」にある最

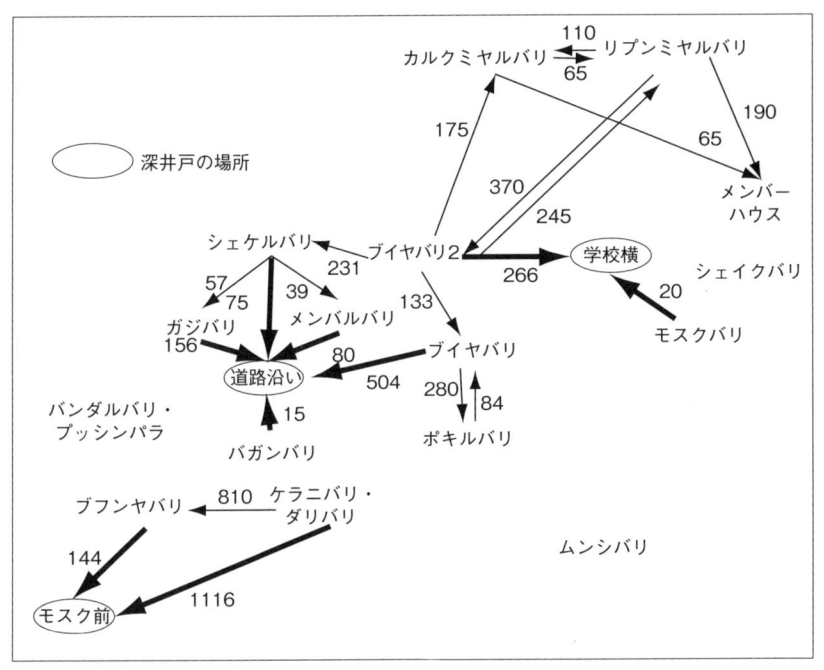

図14-5 水利施設利用可能圏

寄りの深井戸までの水運びストレスは42であった．したがって，潜在的な選択能力が「中」のバリは水運びストレス42までは許容でき，これよりも多くの水運びストレスを要するような深井戸へはアクセスしないとする．

以上のような仮定をもとに図14-5が描かれる．これを用いて，飲料水代替源のうち，住民に最もなじみがあり，使用人数の制限がない深井戸の導入計画を考えることにしよう．導入にあたっての基準（クライテリア）は，たとえば村全体での水運びストレスの総和を最も減じられるところに井戸を順次導入していく，いずれかのバリの水運びストレスを最も効率的に削減できるところに導入する，などが考えられるが，ここでは，最も苦しんでいる人たちから救済することが貧しい地域では最も公平な手段であるという理念にもとづいて，深井戸を導入するプロセスを求めることとした．このプロセスを図14-6に示す．

図14-6は左から右へと段階的に深井戸を導入していくステップを示して

第14章◇環境文化災害 | 253

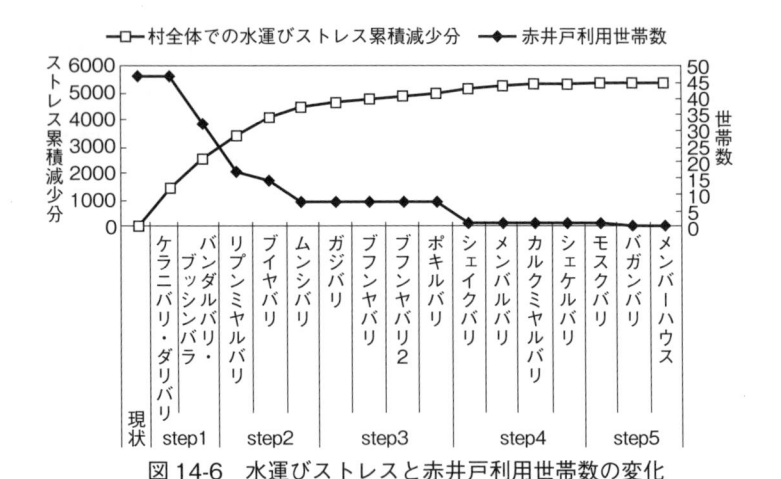

図14-6 水運びストレスと赤井戸利用世帯数の変化

いる．5ステップですべての世帯が深井戸を利用するようになる．これは赤井戸利用世帯数のグラフが右へ向かうに従ってだんだんと減少し，最後のステップでは0になっていることから確認できる．もう一方のグラフは村全体での水運びストレスの累積減少分を示している．すなわち，導入の段階を経るごとに現状と比べて村全体での水運びストレスの総和がどれだけ減少したかを示している．

図14-6より，ステップ2までの整備が村全体の水運びストレスの減少に非常に効果があることがわかる．したがって，ステップ2までのプロセスを優先的早急に整備をおこなうべきであると結論づけられる．しかしながら，ステップ2までで整備を打ち切ることにより，ストレスが改善されないバリが出てくる．現実には，経済的・人的資源の制約があるため，現段階では整備の順番としては優先されないこととなる．ステップ2までで整備の対象とならず，また潜在的な選択能力が低いために安全な水利施設が近くにあっても行かない住民に対しては潜在的な選択能力の上昇が本質的なヒ素汚染対策として重要であると考えられる．

以上のように，バングラデシュの飲料水ヒ素汚染災害の減災のためには，現象の環境文化災害的側面を認識することが重要であると考えられる．水汲み行動における現地文化の影響を考慮することで，単なる物理的な条件だけ

を考えるよりも，効率的でかつ，より住民に受容されうる計画を立案できると考えられる．現地住民を本位とすることが公共計画の本質的な要請であることは言をまたないだろう．

《学習課題》
1. 環境文化災害の例をあげて，原因となっている文化について調べてみよう．
2. 問題1. であげた例を減災するために，生活者からの取組として何ができるか考えてみよう．

●参考文献──
亀田寛之・萩原良巳・清水康生「京都市上京区における災害弱地域と高齢者の生活行動に関する研究」『環境システム研究論文集』Vol.28, pp.141-150, 土木学会 2000
酒井彰・山村尊房・高橋邦夫・萩原良巳・福島陽介『バングラデシュにおける水と衛生をとりまく課題認識と協力支援』ディスカッションペーパー 2006
坂本麻衣子・福島陽介・萩原良巳「バングラデシュの飲料水ヒ素汚染災害に関する社会環境システム論的研究」『水文・水資源学会誌』Vol.20, No.5, pp.432-449, 2007
豊田秀樹『共分散構造分析──構造方程式モデリング［入門編］』朝倉書店 1998
萩原良巳・畑山満則・岡田祐介「京都の水辺の歴史的変遷と都市防災に関する研究」『京都大学防災研究所年報』第47号B, pp.1-14, 2004
British Geological Survey, "British Geological Survey Technical Report WC/00/19," 2001
Dhaka Community Hospital Trust (DCHT) 2002
Hossian M., "British Geological Survey Technical Report," Graphosman World Atlas: Graphosman 1996
Merton, R., "Notes on Problem-Finding in Sociology," in Sociology Today (Melton, R. et al. Eds), Vol.1. pp.ix., Harper 1959
Sen, A., Inequality Reexamined, Oxford University Press 1992

第15章
──社会的コンフリクト──

　コンフリクト（conflict）という語を辞書でひくと「衝突，意見や利害の不一致，個人の心の葛藤」などと書かれている．日本でも新聞などで目にするようになってきた語である．英語を話す人々の間では日常的に使われていて，「この授業はあの授業と（時間帯がかぶるので）コンフリクトしているから，こっちはあきらめよう．」という様にカジュアルに用いられたりする．

　しかし，本章で取りあげるコンフリクトはカジュアルとはほど遠い．ここで着目するのは，「水資源をとりまく社会的コンフリクト」である．以下では，このようなコンフリクトを水資源コンフリクトと呼ぶことにしよう．

　本章では，コンフリクトをマネジメントするために必要な視点や方法を学ぶ．分析手法としてはゲーム理論をとりあげ，理論の基本的な部分を説明する．そして，日本における水資源コンフリクトの事例として長良川河口堰問題に注目し，ゲーム理論を用いたモデル分析を通してコンフリクトの構造を浮き彫りにする．コンフリクトをマネジメントするためには，このようにコンフリクトの構造を明確にすることが重要であることを理解しよう．

> 🔑 〔キーワード〕非協力ゲーム理論，合理的意思決定，公共計画，住民参加，合意形成，長良川河口堰問題

15-1　コンフリクトをマネジメントする

15-1-1　世界や日本でみられる水資源コンフリクト

　水資源をとりまく社会的コンフリクトという言葉を聞いてどのような絵をイメージするだろうか？　何かの絵が頭に浮かんできたとすれば，「ダム建設反対！　環境破壊はもういらない！」などといったのぼりを掲げた住民集団と，議会で明確な意思の見受けられない答弁を長々と続ける役人の絵ではないだろうか（写真15-1）．まさに日本の水資源をとりまくコンフリクトはそのような現象である．すなわち，環境VS開発，住民VS行政という構図である．長良川河口堰問題，鴨川ダム建設問題，吉野川第十堰問題，川辺川ダム建設問題など，枚挙にいとまがない．

写真15-1　反対運動

　一方，世界視野でみればどうであろう．日本は他国に比べて相対的に水に恵まれている．世界には水資源をめぐって熾烈な争いを繰り広げている国々があるといっても，あまりピンとこないかもしれない．

　また，熾烈とはいっても，本当に熾烈ならばそれは戦争に発展するわけで，実際には水資源が主要な争点となって起こった戦争は近現代にはない．戦争をする時間とお金で，もっと有効に水資源を手に入れる方法があるからであろう．しかし，たしかに水争いはある．それは明示的に熾烈なのではなく，暗に熾烈なことが多い．政治的・経済的・地理的な強者VS弱者の関係が存在し，弱者は黙って現状を受け入れている．国際河川の水資源利用に関する協定は2000年時点で145あり，このうち86％の124が2国間のみで締結されたものである．145の協定はすべてきちんと遵守されてきた（Beach, et al., 2003）．あるいは，遵守することを余儀なくされた国の我慢のもとで存続してきた．言い換えれば，協定が締結されたコンフリクトにも，協定を結ぶに

第15章◇社会的コンフリクト　257

いたることのできないコンフリクトにも，往々にして弱者の妥協や我慢が埋め込まれていることが多い．

　例をあげよう．インドとバングラデシュとネパールはガンジス川の流域国である．インドとネパールの間にはおもに水力発電に関する協定がいくつか結ばれている．一方，インドとバングラデシュは水供給に関する協定を結んでいる．しかしながら，この3国間で結ばれた協定はいまだにひとつも存在しない．流域全体の適正な水資源管理という視点からは，当然，3国がひとつのテーブルにつき交渉を重ね，合意された協定が締結されるというのが理想であろう．しかし，3国は同時に交渉のテーブルにすらついたことがない．インドが2国間交渉によって問題にあたることを主張しているため3ヶ国交渉は実現していない．インドは政治・経済的に他の2国に比べ力があるがゆえに，ネパールとバングラデシュはそれぞれ少なくともインドと協定を結び，インドが2国に対してきわめて不当な水資源利用をおこなわないかぎりは，ほとんど発言権がないというのが現実であろう．また，インドとバングラデシュの協定は一般的には成功事例といわれているが，百聞は一見にしかずで，2国のガンジス川の流域を訪れれば，決して平等とは言えない川の様子を目の当たりにすることができる．すなわち，国境付近にあるインドが有するファラッカ堰を境に，上流はなみなみと水が流れ，下流は乾季に訪れれば歩いて渡れそうなほど流量が少ないのである（写真15-2）．

写真 15-2　水量の少ない乾季のガンジス川（バングラデシュ・インド国境直下流）

15-1-2　コンフリクトをいかにマネジメントするか

　水資源という人類に必須な資源をめぐるコンフリクトにわれわれはどう向かい合えばよいのだろうか．

　まずは自分の日常に置き換えてコンフリクトを考えてみよう．友人同士がいざこざをおこしている場にふと通りかかって話を聞くと，どうにも妥協点

がないように思え，自分も頭を抱えてしまうというような経験はないだろうか．たとえば，夫婦がもめていて，互いに相手の悪いところを非難しあっているとしよう．夫が妻に「お前はいちいち面倒くさい」と言えば，妻は夫を「甲斐性がない」と責める，といった絵である．傍にいたあなたは，まあ，もっともだよなと思いつつ，まあまあとなだめに入る．しかし，お互いの批判は的を射ているので，あまり何も言えない．このままではいけないと思い，もう少し詳しく話を聞きだす．すると，喧嘩のきっかけはカーテンを新調するのに街のデパートに買いに行くか，郊外のホームセンターに買いに行くかについての口論であったことがわかった．お互いが自分の行きたい方を主張するうちに，日ごろの鬱憤が爆発したのだ．ここまでわかると話は幾分簡単で，「喧嘩しないで，家の面倒を普段みている奥さんの行きたい方に行けばいいじゃない．旦那さんは我慢しときなさいよ」と夫に妥協させるのもひとつの方法だろう．あるいは，「じゃんけんでもして，勝った方の行きたいところに行ったら？」とアドバイスするのもひとつの策だろう．つまり，あなたが夫婦のコンフリクトをマネジメントしようとするならば，2人の主張をあなたが受身で聞いているだけでは十分ではない．コンフリクトの構造を理解するための情報を主体的に手に入れる必要がある．それでは，コンフリクトの構造とはなんであろうか．

　話を水資源コンフリクトに戻そう（ただし，上述の夫婦のコンフリクトにも適用できる）．論理的に問題を考えていくためには，ある程度，思考の枠組みが必要となる．あれもこれも全部一遍に考えて処理するだけの能力を人は持ち合わせていない．問題点をより明確にし，その問題に対する解を得るためにおこなう思考の枠組み作り，すなわちモデル化が解決の助けとなる．水資源コンフリクトをモデル化する上で，言い換えれば，水資源コンフリクトの構造を明確にする上で，まず，コンフリクトの特徴を考えると，次の3点があげられる．

1. 複数の（利害関係を有する）意思決定主体が存在し，2. 一部またはすべての意思決定主体の望む状態が異なり，3. 意思決定主体らがそれぞれ望む状態を変えようとしない．

このようなコンフリクトの特徴は水資源に特定せずとも，一般的なコンフリクト全般にあてはまるといえるだろう．この3点を眺めて，コンフリクトを記述する上で重要と考えられるキーワードを取り出すと，「意思決定主体」，「望む」，「状態」の3つが考えられる．すなわち，意思決定主体の望む状態が異なればコンフリクトがあり，同じならコンフリクトはないといえる．ここでは，これらのキーワードによってコンフリクトは構成される，言い換えれば，意思決定主体・望む・状態の3つの構成要素によってコンフリクトをモデル化することとしよう．次節では，この3つの構成要素に着目してコンフリクトの構造を明確化する方法を紹介する．

15-1-3　ゲーム理論によるコンフリクトのモデル化

　複数の意思決定主体たちの間に存在するコンフリクトの均衡状態を分析する理論として，ゲーム理論がある．ゲーム理論は意思決定主体が互いの行動に影響を及ぼしあう状況の中で，各意思決定主体の最適な行動の選択と，その結果もたらされる均衡状態を分析するために有効な理論である（鈴木，1994）．

　ゲーム理論を用いてコンフリクトの均衡解を導出するためには，次の3要素の設定が必要となる．すなわち，1. n 人のプレイヤー；ゲームに参加する人や組織，2. 戦略；プレイヤーが選択できる選択肢，3. 効用・利得：すべてのプレイヤーの戦略の選択の結果に対する各プレイヤーの評価である．これらは前節で定義したコンフリクトの構成要素と類似している．すなわち，プレイヤー→意思決定主体，戦略→状態，望む→効用・利得である．そこでここでは，ゲーム理論の文脈でコンフリクトの構造を明確化することにしよう．

　ゲーム理論においては，プレイヤーは自分の利得が最大となるような戦略をつねに選ぶという方針をもっており，自分以外のプレイヤーも同じ方針を有している．さらに，プレイヤーはお互いの戦略や利得，拠り所とする方針についてみんなお互いに知っており，しかも，お互いにそれらを知り合っているということもみんな知っているとされる．最後のところは少々くどいが，きわめて重要な仮定である．この仮定がないと，簡単に解を求めることはできない．

ゲーム理論を用いたコンフリクトの理解の例で有名なものに「囚人のジレンマ」がある．ある事件で共犯と疑われる2人の囚人（実際に彼らは共犯である）

表15-1　囚人のジレンマ

囚人A＼囚人B	黙秘	証言
黙秘	5，5	0，8
証言	8，0	2，2

が別々の留置所に入れられており，検事が個別に取調べをおこなう．囚人たちには自分の行動に対し2つの戦略がある．ひとつは「黙秘」することであり，もうひとつは「証言」することである．一方の囚人が黙秘を続け，他方の囚人は証言した場合，彼らは共犯であることが明らかになるが，証言した方の囚人は減刑され，黙秘を続けた囚人は不利になるとする．このコンフリクトの3つの構成要素を簡単にまとめると表15-1のようになる．すなわち，プレイヤーは囚人Aと囚人Bの2人である．それぞれが黙秘か証言の2つの戦略をもっている．表中の数字が利得を表しており，カンマの前が囚人Aの利得，後ろが囚人Bの利得である．たとえば囚人Aが黙秘を選択し，囚人Bが証言を選択した場合，囚人Aは利得0を，囚人Bは利得8を得ることを意味している．

　囚人Aの立場にたって考えてみよう．囚人Bが黙秘を選ぶ場合，自分は証言を選んだ方が得である．囚人Bが証言を選ぶ場合，やはり自分は証言を選ぶ方が得である．結局，証言を選べばよいという結論に達する．囚人Bも同じように考えるとすると，2人とも証言を選び，それぞれ2の利得を得ることになる．2人が黙秘を選べばともに利得5を得られるというのに……ここにジレンマがある．ともに証言を選択する，という状態の落ち着き先を（ナッシュ）均衡解と呼ぶ．

　ナッシュとは，このような性質の均衡解を定義した数学者の名前である．1994年に他の2人のゲーム理論家，ゼルテンとハーサニとともに，非協力ゲームの均衡の分析に関する理論の開拓が称えられてノーベル経済学賞を受賞した．ナッシュの数学者としての偉業と成功および後の統合失調症に苦しむ人生を描いた「ビューティフル・マインド」（2001年）はアカデミー賞（作品賞など）を受賞している．20歳で修士号を取得し，博士課程進学のためカーネギー工科大学からプリンストン大学へと移るときに当時の指導教官が送った

表15-2 夫婦のけんか

夫＼妻	ホームセンター	デパート
ホームセンター	2, 1	-1, -1
デパート	-1, -1	1, 2

推薦書は「この男は天才」と書かれただけの1行の文章であったという．その2年後1950年に27ページの非協力ゲームに関する論文「Non-cooperative Game」でPh.D（博士号）を取得した．さらに，1958年には29歳の若さでMIT（マサチューセッツ工科大学）の終身職員の権利を得るなど，数々の逸話がある．現在（2007年）もプリンストン大学で教鞭をとり，数学の研究を続けている．ゲーム理論の概念は，経済学，工学，心理学，生物学，社会学，法学，政治学，論理学など，昨今多様な学問領域で応用され，その貢献は目覚しい．

前節冒頭であげた夫婦の話も，有名なゲームの例「男女の争い」のオマージュである．このコンフリクトはたとえば表15-2のように表すことができる．

ともにホームセンターをとった場合は2人で出かけられるのでともに利得を得るが，夫の方がよりハッピーである．逆にともにデパートをとった場合は同様にともに利得を得るが，妻の方がよりハッピーである．それぞれが異なる戦略を取ってしまった場合は2人は会うことはできず，やはりそれはお互い気分が悪いのでともに同じ負の利得を得ることになるとしよう．表15-2は非協力ゲーム理論の枠組みでのコンフリクトの表現方法であり，このような記述のもとでは，囚人のジレンマのようにプレイヤー同士は話し合いによって意思決定をすり合わせることができないという前提になっている．したがって，たとえば夫婦は違うところにいて，携帯電話を通して口論していたが，両者の携帯電話の電池が運悪く同時に切れてしまったという状況を想定することにしよう．この状況のもとで夫と妻はどちらに行くことを選択するのが合理的であろうか．

この場合，囚人のジレンマと同様の手続きによりナッシュ均衡解を簡単に得ることはできない．ここでは混合戦略という概念を導入する必要がある．

混合戦略とは，プレイヤーが各戦略（ホームセンターとデパート，黙秘と証言など）を選ぶ確率のことである．たとえば，表15-2の夫婦のけんかで夫がホームセンターをとる確率を p_{11}，映画をとる確率を p_{12} とする．確率なので

足して1となり（$p_{11} + p_{12} = 1$），$p_{11} = 1$ならば$p_{12} = 0$となる．確率1で夫が戦略「ホームセンター」を選択するとは，夫は完全にホームセンターに行くことにしたという状況にほかならない．これらp_{11}, p_{12}が混合戦略である．同様に，妻がホームセンターを選択する確率をp_{21}，デパートを選択する確率をp_{22}と定義する．

このとき，夫と妻（各プレイヤー）の期待利得を計算しよう．期待利得とは意思決定において確率を考慮するときに用いる利得の尺度である．混合戦略では戦略の選択が確率的に記述されるため，単純に表15-2にある利得を戦略選択の結果の利得として用いることはできない．そこで，確率に利得をかけたものを戦略選択の結果の評価の尺度として用いるのである．

夫がホームセンターを選択する場合の期待利得は，

$$2 \cdot p_{21} - 1 \cdot p_{22} \quad (1)$$

と表される．確率は足して1になるという性質をもつから，$p_{11} + p_{12} = 1$，$p_{21} + p_{22} = 1$が成り立つ．この関係式を用いれば，式(1)は次のようになる．

$$2 \cdot p_{21} - 1 \cdot (1 - p_{21}) \quad (2)$$

式(1)の意味を具体的に説明しよう．夫がホームセンターを選択するとき，もし妻がホームセンターを選ぶなら夫の利得は2であるが，妻がホームセンターを選択するという戦略はここでは確率的に定義されp_{21}ということになっている．したがって，この場合の夫の期待利得は$2 \cdot p_{21}$である．同様にもし妻がデパートを選択するなら夫の期待利得は$-1 \cdot p_{22}$である．したがって，夫がホームセンターを選択する場合の期待利得は総合して式(1)のようになる．

夫がデパートを選択する場合の期待利得は

$$-1 \cdot p_{21} + 1 \cdot p_{22} \quad (3)$$

である．式(1)と同様に関係式を用いて，以下を得る．

$$-1 \cdot p_{21} + 1 \cdot (1 - p_{21}) \quad (4)$$

さて，このような期待利得を前にして，夫はどのような意思決定をするだろうか．言い換えれば，p_{11}, p_{12} にどのような確率を割り当てるのが夫にとって最も損のない戦略であろうか．この問いに関して次のように考えることができる．

もし，式(2)が式(4)より必ず大きいなら，すなわち，夫にとってホームセンターを選択することによる期待利得がデパートを選択するときの期待利得よりも必ず大きいなら，夫はホームセンターを間違いなく選択するだろう．すなわち，

$$2 \cdot p_{21} - 1 \cdot (1 - p_{21}) > -1 \cdot p_{21} + 1 \cdot (1 - p_{21}) \quad ならば\ p_{11} = 1 \quad (5)$$

がいえる．同様に，

$$2 \cdot p_{21} - 1 \cdot (1 - p_{21}) = -1 \cdot p_{21} + 1 \cdot (1 - p_{21}) \quad ならば\ 0 \leq p_{11} \leq 1 \quad (6)$$
$$2 \cdot p_{21} - 1 \cdot (1 - p_{21}) < -1 \cdot p_{21} + 1 \cdot (1 - p_{21}) \quad ならば\ p_{11} = 0 \quad (7)$$

ということが推察できる．このように相手のプレイヤー（妻）の戦略（p_{21}）への合理的な対応戦略をプレイヤー（夫）の最適反応という．式(5)と(7)の意味合いから，最適反応という名称は理解しやすい．式(6)は結局，夫はすべての確率を取りうる（$0 \leq p_{11} \leq 1$）ということで，最適反応という視点からはほとんど意味がないように思えるかもしれないが，数学的論理思考においては，このように起こりうる状況をすべて考えつくし，論理に穴を作らないことが重要となる．このような作業を経て，得られる解が解のすべてであると自信をもって提示できるのである．

それでは式(5)，(6)，(7)をもう少しわかりやすく表示してみよう．これらを整理すると，改めて，以下がいえる．

$$p_{21} > \frac{2}{5} \text{ならば} p_{11} = 1 \qquad (8)$$

$$p_{21} = \frac{2}{5} \text{ならば} 0 \leq p_{11} \leq 1 \qquad (9)$$

$$4p_{21} < \frac{2}{5} \text{ならば} p_{11} = 0 \qquad (10)$$

たとえば，式(8)はもし p_{21} が 2/5 より大きいなら，その間，p_{11} はずっと 1 で，言い換えれば夫はホームセンターを選択し続け，これがそのような p_{21} に対する夫の最適反応となる．このような考えのもとに，式(8)，(9)，(10)をグラフにまとめると図 15-1 が描ける．太線がそれぞれのプレイヤーの最適反応混合戦略を表している．

相手が最適反応をとるなら，それに対する最適反応が自分にとっての最適反応である．なぜならそれは最適反応だからである．禅問答のようであるが，このように考えることによって，結局プレイヤー同士の最適反応が交わるところが均衡解となることが理解できる．もう少し詳しく言えば，最適反応において戦略を変更することでプレイヤーそれぞれがこれ以上利得を改善できないため，プレイヤーたちがその戦略を変更することはない．したがって，それらの戦略はプレイヤーにとって安定なナッシュ均衡解となる．このような部分を図 15-1 から探すと，均衡解は太線が交わっている 3 点，すなわち，1. ともにホームセンターを選ぶ（$p_{11} = p_{21} = 1$），2. ともにデパートを選ぶ（$p_{11} = p_{21} = 0$），または 3. 自分の好きな方（夫ならホームセンター）を確率 3/5，他方を確率 2/5 で選ぶというのが均衡解となる（鈴木，1994）．

実際にはこれらの解を知ったところで，ほとんどコンフリクトの

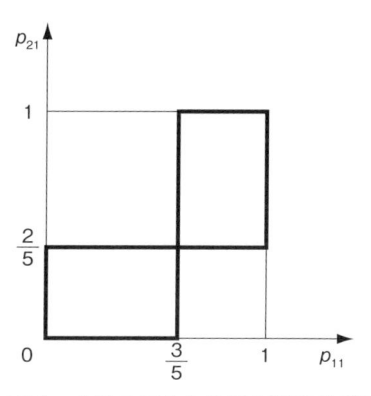

図 15-1　夫婦のけんかの混合戦略的構図

第 15 章◇社会的コンフリクト　265

解決の助けにはならないといえよう．相手が何を選ぶかわかっていれば最適に反応できるが，この場合，意思決定するまで相手が何をするのかわからないので，結局行動の指針として図15-1はあまり役に立たない．また，均衡解1と2が実現したとしても夫と妻の利得は公平ではない．一方で，均衡解3では，それぞれのプレイヤーの期待利得は等しく，1/5となる（計算してみよう）．この点で，プレイヤーが均衡解3と同じような戦略で意思決定せざるをえない状況を作ることで（たとえば夫は5本中3本がホームセンターと書かれ，2本がデパートと書かれているくじを，妻は逆の構成のくじを準備する），意思決定過程における公平性は保たれる．ただし，くじをひいた結果，プレイヤーはいずれかの場所に行くことになるので，結果の公平性は保証されないし，2人が会えないという状況も起こりうる．この点で夫婦のけんかの本質的な解決にはなっていないといえる．

　結局，問題は2人が相談なしで同時に意思決定しなければならない点にあると考えられる．2人が会えないという2人にとって最悪の状況を少なくとも回避するために，どちらかが先に意思決定するというルールを作るという案が考えられる．妻が先に意思決定するなら，夫は妻の決定に従うことが最適反応となる．これはレディーファーストという社会的慣習の一形態として解釈することもできよう．たとえば夫婦の共通の友人が2人と会うときに「嫁さんを大事にしなさいよ．」とよく言っていて，たまたまけんかの前にその友人から2人に用事があって，それぞれに電話がかかってきていたとしよう．それで夫婦は友人の言葉を思い出して，結果的にレディーファーストが2人の間で想起され，うまくデパートで落ち合えるかもしれない．この場合，友人は（もちろん意図せずして）コンフリクトをマネジメントしたことになる．

　図15-1のようにコンフリクトの構造が明確になれば，レディーファーストのようなルールがないかぎりコンフリクトをマネジメントできないことがわかる．言い換えれば，コンフリクトの構造を明確にすることで，われわれはより建設的なコンフリクトマネジメントをおこなうための指針を考察することができるようになるのである．

15-2　長良川河口堰問題をふり返る

15-2-1　歴史的背景

　長良川河口堰問題は日本における環境 VS 開発のコンフリクトの皮切り的存在であり，環境保護団体の反対運動が全国的な広がりをみせ，メディアでも大々的に取り上げられた．このコンフリクトが契機となって，1997年に改正された河川法では治水と利水に加えて河川環境の整備と保全が盛り込まれ，さらに住民の意見を反映するという文言も加わった．ここでは長良川河口堰問題をモデル化し，その構造を明確化することで，当時何が起こっていたかを理解しよう（萩原・坂本，2006）．

　長良川の下流地域では古くから洪水がくり返され，長い年月にわたって水災害との戦いの歴史が築かれていた．このような経緯から，長良川下流地域の生活者にとって十分な治水対策は悲願であった．とくに，1959年の伊勢湾台風をはじめとし，1961年までの3年にわたり毎年大規模な台風が接近し，昭和3大洪水と呼ばれる水害のためにこの地域は壊滅的な被害を受けた．これがきっかけとなって，1968年に長良川河口堰建設計画は立案された．

　長良川河口堰の建設目的の第1は治水対策であったが，日本の高度経済成長を背景に，利水面でも活用できるように計画されていた．そして，流域である3県，すなわち，愛知県（名古屋市含む），三重県，岐阜県が水資源を配分することになるが，岐阜県は当時水需要がさほど見込めず，さらに，建設の際の浚渫によって漁協が受ける被害の補償をしなければならないという立場にあり，当初，岐阜県のみが計画に反対した．

　しかし，1976年の台風17号により岐阜県は大きな被害を受け，治水対策を急務と感じたため，計画に賛成の意を示し，漁業補償に乗り出した．ところが一方で，高度経済成長の終焉により三重県は四日市を中心としたコンビナートなどの県下の水需要の下方修正をせまられ，水利権量の負担が大きすぎるとして，当時の計画に不参加という意思を表明した．旧建設省の仲裁で，最終的には愛知県（名古屋市含む）が三重県の水利権量の一部を肩代わりすることで，3県の計画に対する合意は成立した．そして，1988年にようやく

漁業補償がすべての漁協に対しておこなわれ，旧建設省をはじめとする開発派は，1988年に河口堰建設へと踏み切った．しかしながら，一方で長良川に見られる希少種サツキマス（調査の結果，アマゴ）保護の訴えを始めた環境保護団体の活動を皮切りに，環境保護をうたう長良川河口堰建設反対運動がマスコミ・世論の支持を得て，全国規模で展開されるようになった．

こうして，治水・利水を重視する旧建設省を筆頭とする開発派，環境保護団体を筆頭とする環境派の間に鋭い対立がくり広げられていった．もちろん，この2つの対立の中で，両派の間を動くグループも存在した．最終的には，長良川河口堰の建設は進められ，1996年に完成して治水面での運用が開始され，1997年になって利水面での運用が開始された．開発派が建設運用に踏み切ることにより，長良川河口堰をめぐる対立は幕を閉じた．しかしながら，現在でも河口堰が環境に及ぼす影響には厳しい目が向けられている．現国土交通省は運用状況に関する詳細な情報を一般開示することによって，対立の再発・激化を回避するべく対処している．

15-2-2　モデルによる長良川河口堰問題の描写

長良川河口堰コンフリクトにおけるプレイヤーと戦略を表15-3に，ならびにこれを分析を経て描写した30年に及ぶコンフリクトの歴史を図15-2に示す．

長良川河口堰問題は，地元の関係者だけではなく，マスコミが取り上げたことによって国民全体から注目されるようになった．このため，さまざまな団体や組織が関与してきた．しかしながら，モデル分析をおこなうにあたって，これらすべてを考慮することは不可能である．そこで，当時，重要な役割を演じたと思われるプレイヤーと，それぞれの戦略を簡略化した（表15-3）．これはコンフリクト期間全体を通してのプレイヤーを表しているので，局面局面ではすべてのプレイヤーがゲームに参加しているとは限らない．

表15-3で，戦略における or not というのは，プレイヤーは表記してある戦略と同時に，その戦略を実行しないという戦略も有することを意味している．また，最右列の対象 k とは，戦略の意味する行動の対象が複数存在する場合に，これをまとめて表記するものである．たとえば，三重県の場合は「計

表 15-3 プレイヤーと戦略

プレイヤー	戦略	対象 k
(1) 旧建設省	(1) 計画を推進する or not	愛知県
	(2) 計画見直し or not	三重県
	(3) プレイヤー k に対する補償を行う or not	岐阜県
(2) 旧環境庁	(1) 環境アセスメントの施行を旧建設省に勧告する or not	
(3) 愛知県	(1) 同意 or not	三重県
(名古屋市含む)	(2) プレイヤー k に対して譲歩する or not	岐阜県
	補償を行う or not	漁協流域生活者
(4) 三重県	(1) 同意 or not	漁協
	(2) プレイヤー k に対する補償を行う or not	流域生活者
(5) 岐阜県	(1) 同意 or not	漁協
	(2) プレイヤー k に対する補償を行う or not	流域生活者
(6) 漁協	(1) 同意 or not	
	(2) 反対運動を起こす or not	
(7) 流域生活者	(1) 同意 or not	
	(2) 反対運動を起こす or not	
(8) 環境保護団体	(1) 反対運動を起こす or not	
(9) マスコミ	(1) 環境派寄りの報道をする or not	
	ただし，$\begin{cases} x_{91}=1 \rightarrow 環境派につく \\ x_{91}=0 \rightarrow 開発派につく \end{cases}$	

画に同意する」という戦略に加えて，「漁協に補償を払う」，「流域生活者に補償を払う」というさらなる2つの戦略（さらにそれらを実行しないという戦略）を有していることを意味する．

図15-2ではゲーム理論と態度変化関数により2つのモデル化がおこなわれている．態度変化関数については後述する．ここでは15-1-3で説明した伝統的なゲーム理論ではなく，GMCR（Graph Model for Conflict Resolution）という非協力ゲーム理論のひとつの分析体系（Fang et al., 1993；岡田ほか，1988）を用いて均衡解を求めている．詳細な紹介はここでは省くが，これら2つは基本的に同様の仮定を前提としており，解を求めるための手順もほとんど同じである．ただし，ゲームの構成要素のうちの利得の取り扱い方が異なる．たとえば15-1-3では夫も妻もホームセンターを選択した場合，夫の利得は2と表現したが，GMCRでは利得を数字ではなく，状態をプレイヤーの好ましさの順に並べた選好順序として表現する．たとえば表15-1の囚人のジレンマでは囚人Aの選好順序は次のようになる（ゲームは対称なので囚

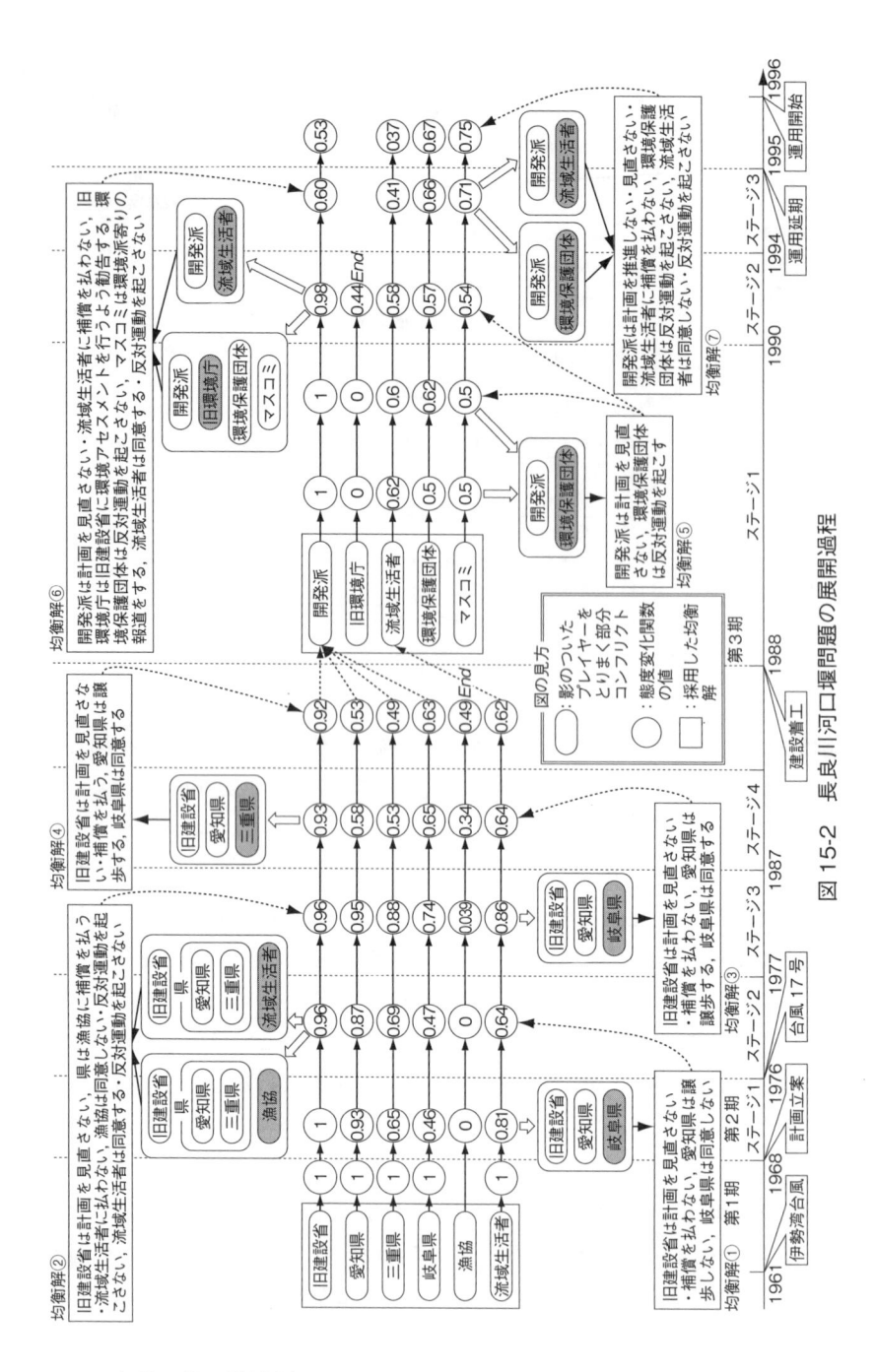

図 15-2 長良川河口堰問題の展開過程

270 第Ⅳ部 環境創造

人Bの選好順序も同様である）．

（証言，黙秘）＞（黙秘，黙秘）＞（証言，証言）＞（黙秘，証言）

　なお，カンマの前が囚人Aの戦略，後ろが囚人Bの戦略であり，記号＞は左の状態が右の状態よりも好ましいことを意味している．15-1-3の分析を考えると，もし混合戦略を考えないならば，囚人のジレンマで解を求めたときのように利得の数字それ自体に意味はなく，値の大小関係にのみ意味があるといえる．したがって，GMCRでも伝統的（混合戦略を考えない）ゲーム理論でも結局結果は同じとなる．ただし，GMCRではゲーム理論における合理性を拡張した合理性を用いて数種の均衡解を定義しているので，厳密には同じではない．話が少し細かくなるので，この部分についてはこれ以上説明はしないが，興味があれば参考文献（岡田ほか，1988）をあたってほしい．

　図15-2において，楕円で囲まれているのがプレイヤーである．○で囲まれた数値は各プレイヤーの態度変化関数の値を示しており，0～1の値をとる．値の意味を説明しよう．旧建設省・愛知県・三重県・岐阜県・漁協・流域生活者・開発派は値が大きい程，計画に賛成することを意味する．旧環境庁は値が大きいほど，環境アセスメントをおこなうよう旧建設省に勧告する意志が強くなることを意味する．環境保護団体は値が大きいほど，反対運動を起こす意志が強くなることを意味する．マスコミは値が大きいほど，環境派寄りの報道をすることを意味し，小さいほど，開発派寄りの報道をすることを意味する．

　すべてのプレイヤーが1つのコンフリクトをくり広げていたのではなく，局面ごとのいくつかの部分コンフリクトが重なって30年に及ぶ長良川河口堰問題が展開されたと考えられる．局面ごとに部分コンフリクトを構成するプレイヤーが図15-2には示されている．これらの部分コンフリクトをGMCRで分析して得られた均衡解のうち，現実と一致するものを均衡解として示している．

　長良川河口堰問題の描写でミソとなる態度変化関数の詳細を次節で説明する．

15-2-3 分析のための工夫

長良川河口堰問題のモデル化において，コンフリクトの構成要素のうちプレイヤーと戦略の設定は比較的容易におこなえる．それでは，30年間に及ぶコンフリクトの過程における各プレイヤーの利得（GMCRでは選好順序）をどのように設定し，表現すればよいだろうか．コンフリクトの過程において意見が変わったプレイヤーもいる．変化が観察されるごとに選好順序を設定し直し，均衡解を求めるというやり方もある．一方で，大規模な計画は長期間に及ぶため，その間に人々の価値観が変化してしまい，立案当初は望まれた計画も途中から人々の希望に沿わなくなってしまったという点が長良川河口堰問題の本質であると考えられる．すなわち，計画の自己矛盾が起こったといえる．この点をモデル化において明示的に考慮することが，長良川河口堰問題のコンフリクトの構造を明確化する上で重要であると考えられる．

そこで，図15-3に示すようなモデルを考える．態度変化関数は，利水と治水の必要性に対する人の忘却の時間的変化を記述する忘却モデルと，プレイヤー同士の相互に及ぼしあう影響を記述する相互影響モデルとからなる．態度変化関数値からプレイヤーがどのような状態を好んでいるかが決まる．この関数の情報をもとに，コンフリクト分析における3つの構成要素を設定する．次に，その設定をもとにして均衡解を求める．得られた均衡解は態度変化関数に戻される．このような一連の流れを時間の経過に沿って繰り返す．

態度変化関数はすべてのプレイヤーに対して作成されるが，紙面の都合上，1つだけ例を示す．図15-2の第3期の流域生活者の態度変化関数 $f_7(t)$ の時間変化を記述する式を式(11)に示す．添え字はプレイヤーのラベルであり，7は流域生活者，

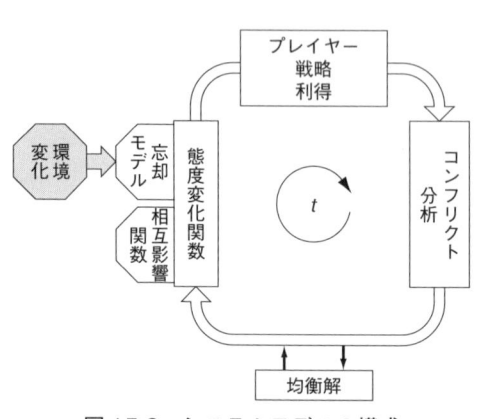

図15-3 システムモデルの構成

1は旧建設省，2は旧環境庁，8は環境保護団体，9はマスコミを表す．

$$\frac{df_7(t)}{dt} = -\{Q_7(t) + V_7(t) + \lambda_{17}(1-x_{71})(1-x_{12}) + \lambda_{87}x_{81} + \lambda_{97}x_{91}\}f_7(t)$$
$$+ \{P_7(t) + U_7(t) + \lambda_{17}(1-x_{71})x_{12} + \lambda_{97}(1-x_{91})\}\{1-f_7(t)\} \quad (11)$$

　式(11)において $P_7(t)$，$Q_7(t)$ は流域生活者の治水の必要性に対する忘却の度合いを表すパラメータである．$U_7(t)$，$V_7(t)$ は同様に利水の必要性に対するものである．x_{ij} は，プレイヤー i の j という戦略に対する時点 t の前の時点での戦略選択の結果を代入する変数である．戦略が実行されれば1の値を，実行されなければ0の値をとり，代入する値は時点 t までに得られた均衡解によって決まる．また，λ_{mn} はプレイヤー m がプレイヤー n に及ぼす影響力の度合いを表すパラメータである．忘却と影響力のパラメータは，プレイヤーの現実の行動と同じ挙動が態度変化関数とGMCRの解によって表されるように設定している．こうして，長良川河口堰問題の歴史は図15-2に示すように1枚の絵として表現される．

15-2-4　モデルを用いた思考実験

　前述したように，コンフリクトをマネジメントする上では，まずコンフリクトの構造を理解する必要がある．この過程において，現在進行中のコンフリクトに対するマネジメントの指針が浮かび上がることも少なくない．図2-2および図13-6におけるシステムズ・アナリシスの問題の明確化の段階であるともいえる．それでは，長良川河口堰問題のように昔の話を分析することは将来に対して無意味なのだろうか？　答えはNOである．結果の出ているある事柄について，その過程に関するモデルが作られ，さらに現実の結果と符合する結果を導くモデルの設定がわかれば，モデルの設定を変え，現実の結果と比較することで，モデル上の仮想社会で思考実験をすることができる．モデルの設定変更が社会的な文脈上無意味なものであれば，たしかにそのような思考実験は意味のない行為である．

　歴史において，「もしも」という仮定をすることは意味がないように思わ

れるかもしれないが，近未来の状況として十分考えうるシナリオを想定することで，今後の計画に有用な情報を得ることができる．

たとえばここでは，「旧建設省と県が対等な関係であったら」というシナリオを想定して分析をおこなってみよう．このシナリオは将来ますます地方分権が推進され，地方自治体（県）と国（旧建設省）が対等な関係になった場合を想定するものである．旧建設省と県の関係が対等になることは，公共計画に関する意思決定にどのような影響を与えるだろうか．

図 15-3 のシステムモデルにおいて，外生的に変更できるモデルの設定要素は忘却の度合いを表すパラメータ $P_i(t)$, $Q_i(t)$, $U_i(t)$, $V_i(t)$ と，プレイヤー影響力の度合いを表すパラメータ λ_{mn} である．プレイヤー同士の力の関係性が変わるのだから，パラメータ λ_{mn} の設定を変えればよいということになる．こうして，影響力のパラメータを次式のように設定する．

$$\lambda_{31}=\lambda_{41}=\lambda_{51}=\lambda_{13}=\lambda_{14}=\lambda_{15} \quad (12)$$

すなわち，岐阜県，愛知県，三重県と旧建設省が相互に与える影響が等しいと設定するのである．

この設定のもとで再び図 15-3 の分析の手順をくり返した結果，歴史と大きく異なる点は，岐阜県がすぐに計画反対を決めてコンフリクトの場には参加してこないという点であった．実際は長い間態度を決めかねていた岐阜県であるが，旧建設省と対等な関係にある場合には，迷いなく計画に反対するという結果になった．すなわち，「岐阜県はすぐに計画反対を決めてコンフリクトの場には参加してこない」という現実とは異なる結果が得られた．

また，三重県も実際には高度経済成長が衰えを見せ始めたことによって水需要の期待が望めなくなり，利水の忘却率が変化して態度変化を起こすにいたったが，シナリオを用いた分析では，それよりも早い段階で態度が変化し，それにともなってコンフリクトの場に三重県が参加することとなった．これは，旧建設省の影響力が大きくなく，自己の利益を追求した結果，旧建設省と三重県との間で早期の対話が実現していると解釈できる．

一方で，早期の対話の実現は国と地方自治体との交渉が長引きかねないこ

とも示唆していると考えられる．つまり，地方分権が推進されると，これまで必要性が叫ばれていた地元レベルでの対話が早い時期に実現するが，それは必ずしも早期の意思決定につながるわけではないことに留意する必要があると考えられる．このような事実がモデル上で観察できたわけである．

以上でみてきたように，コンフリクトマネジメントは利害の異なる複数の主体が係わる現象に対する働きかけであるから，万人がハッピーであるような唯一の解を見出すことは難しい．しかしながら，本章で示したような分析体系はより成熟した社会の意思決定へと向かっていく上で重要な視点を提供してくれる．このような意思決定支援のための科学が学問的に発展し，そのような科学に市民が触れることでなんらかの知識を得て社会の意思決定過程が成熟していく，というプロセスの加速が望まれる．

《学習課題》
1. 環境に関するコンフリクトを考えて，夫婦のけんかのようにモデル化し，均衡解を調べてみよう．
2. 図15-2のどれか1人のプレイヤーに着目して，モデルによって記述されている一連の行動を文章にしてみよう．

● 参考文献──
岡田憲夫，Hipel, K.W., Fraser, N.M., 福島雅夫『コンフリクトの数理』現代数学社　1988
鈴木光夫『新ゲーム理論』勁草書房　1994
萩原良巳・坂本麻衣子『コンフリクトマネジメント──水資源の社会リスク』勁草書房　2006
Beach, H.L., Hewitt, J.J., Kurki, A., Hamner, J., Kaufman, E. 著：池座剛・寺村ミシェル訳『国際水紛争事典──流域別データ分析と解決策』アサヒビール　2003
Fang, L., Hipel, K.W. and Kilgour, D.M., *Interactive Decision Making: The Graph Model for Conflict Resolution*, Wiley 1993

索 引

あ

アーバンヒーティング現象　10, 13, 197, 200, 207, 208
アウトランキング手法　151, 157
悪臭　7, 8, 28, 184
アジェンダ21　15, 26
アドホック法　184, 185
アメニティ　ii, iii, 2, 4, 11, 13, 27, 40, 134, 200, 211, 215, 211-217, 219, 220, 222, 233
アレのパラドックス　154
アローの不可能性定理　108, 125, 126
意思決定　33-35, 41, 109, 125, 126, 137, 143, 149, 150, 154, 156, 157, 159-161, 164, 172, 174, 176, 219, 220, 259, 260, 262-266, 274, 275
　――支援　159, 275
　――者（意思決定主体：decisiom maker: DM）　32, 150-153, 156, 163, 259, 260
遺贈価値　130
一全総 → 全国総合開発計画
インパクト（パフォーマンス）行列　158, 159
飲料水選択行動　248, 249, 250
飲料水ヒ素汚染問題　237, 241, 242, 244
ウェイティング　159, 160, 162-164
エコシステム　ii, 30, 31
SD（Semantic Differntial）法　224
エッジワースのボックス・ダイアグラム　52

エルズバーグパラドックス　155
オークション方式　78, 102
汚染者負担（の）原則　10, 21-23, 36, 78, 86, 87, 196
オゾン層破壊　10, 15, 17
温室効果ガス　15, 17, 18, 73, 77, 99, 101, 103, 182

か

ガーデン・シティ論 → 田園都市論
階層最適化モデル（Hierarchical optimization models）　151
階層分析法 → AHP
開発途上国公害　15, 16
回避費用アプローチ（Averting Expenditure Approach）　129, 131, 132, 146
外部経済　56, 62-64, 68, 74
外部性　57, 62-64, 70, 72, 76, 78, 80, 81, 83, 92, 94
　――の内部化　64, 85, 86
外部不経済　56, 62, 64, 68, 71, 81, 83, 85
海洋汚染　8, 15, 17, 31, 277
拡大生産者責任（Expended Producer Responsibility: EPR）　21, 22, 24, 25, 80, 90, 91, 196
仮説的補償原理　119, 120
仮想的市場法（Contingent Valuation Method: CVM）　129, 131, 135, 147
価値関数（Multiple Attribute Value Theory: MAVT）　150, 156, 157, 162
価値ツリー（Value Tree）　160
可変費用　48, 49, 117

加法独立性　153, 158
カルドアーヒックス基準　108, 119, 122, 123
環境アセスメント　iii, 171-179, 181, 182, 186-188, 271
環境影響評価　iii, 11, 19, 171, 175, 179-181, 183
──法　18, 19, 29, 178, 179, 183-185
環境規制　69, 70, 72, 73, 78
環境基本計画　18, 177, 178, 200, 207, 209
環境基本法　2, 4, 8, 18, 21, 26-29, 178, 179, 192, 200
環境共生都市（地域）　192, 199- 201, 203
環境税　40, 81-85, 87, 92-94
──の二重配当論　80, 83
環境と開発に関するリオ宣言　15, 26, 173
環境と対話する　iii, 31, 32, 192, 201, 209
環境文化災害　iii, 31, 235, 237, 245, 246, 254, 255
環境への負荷　18, 28, 29, 196, 243
完全競争市場　44, 45, 54, 57, 58, 65, 77
感度分析　123, 159, 164
気候変動に関する政府間パネル──→ IPCC
気候変動枠組条約　16, 93, 99, 103
──第3回締約国会議（地球温暖化防止京都会議：COP3）　15-17, 98, 100
技術的限界代替率　46, 47, 142
規制の手法　69, 72
期待効用理論　143, 152
逆選択　56, 66, 67, 68
キャップ・アンド・トレード（cap-and trade）　15
──方式　93, 96, 99, 101
キャピタリゼーション仮説　134

供給曲線　40, 50, 51, 55, 60, 83, 84, 117, 118
共同実施（Joint Implementation: JI）　18, 93, 100-104
京都議定書　4, 9, 15, 16, 18, 93, 98-101, 103
京都メカニズム　15, 93, 98, 100-105
共有資源（open access resources）　59
グランド・ファザリング方式　77, 93, 102
クラブ財　59
クリーン開発メカニズム（Clean Development Mechanism: CDM）　15, 93, 101-105
クレジット　102, 104
計画立案プロセス　235
経済的インセンティブ　69, 80, 91, 93, 94, 105
ゲーム理論　150, 169, 256, 260-262, 269, 271
限界外部費用　77, 81, 82
限界純便益（Marginal Net Benefit: MNB）　81, 82, 97
限界代替率（Marginal Rate of Substitution: MRS）　42-44, 46, 48, 52-54, 142, 151
限界転形率　53, 54
限界費用（Marginal Rate of Transformation: MRT）　48-50, 61, 63, 66-68, 71, 77, 81, 85, 92, 94-97, 117, 118
減災　213-215, 235, 242, 244, 245, 254, 255
現在価値（Present Value: PV）　121, 122
減災計画　235, 244
顕示選好データ　131
健全な水循環　205
検討範囲の絞込み──→スコーピング

索　引　277

権利　26, 27, 69, 70, 74-78, 94, 262
原料地指向型立地　3, 12
合意形成　35, 150, 164, 169, 256
公害　ii, 2, 6, 7, 10, 11, 13-15, 18, 19, 21, 27, 28, 72, 86, 172
　——国会　7, 90
　——対策基本法　2, 4, 6-8, 21, 27, 28, 178
　——防止事業費事業者負担法　8, 10
交換の効率性　52, 53, 54, 118
公共計画　255, 256, 274
公共財　56, 57, 58, 59, 60, 61, 70, 131
厚生経済学の第一定理　40, 54
厚生経済学の第二定理　40, 54
公平性　96, 98, 124, 127, 149, 266
効用可能性フロンティア　54, 118, 119
効用最大化　40, 41, 76, 111, 112, 152
　——モデル（utility maximization model）151
　——問題　43, 111, 113, 124
効率性　40, 52-55, 60-63, 66-68, 71, 73, 74-76, 86, 87, 93-98, 102, 108-110, 118, 119, 123-127, 149
合理的意思決定　154, 256
コースの定理　64, 69, 70, 74-78
国際排出量取引　101, 104, 105
国連環境開発会議（地球サミット）　15, 26, 173, 176
国連人間環境会議　14
国家環境政策法（National Environmental Policy Act: NEPA）　172, 176, 178, 187
固定費用　48, 117
コンコーダンス指標　164-168

コンコーダンス分析　151, 157, 158, 164, 165
コンジョイント分析（Conjoint Analysis）　129, 135
コンパクトシティ　192, 201, 202, 203
コンフリクト　iii, 34, 150, 169, 219, 220, 256-262, 265-268, 271-275
　——分析　220, 272
　——マネジメント　35, 266, 275

さ

サーマルリサイクル→熱回収
再使用（リユース）　10, 90, 196
再生利用（マテリアルリサイクル）　10, 90, 196
砂漠化　15-17, 31, 204
酸性雨　10, 15, 16, 31
三全総→第三次全国総合開発研究
GES環境　iii, 21, 30, 31, 33, 36, 192, 219, 224, 226, 235
ジオシステム　ii, 30, 31
死荷重損失　71, 76, 83, 84
市場供給曲線　50, 51
市場均衡　40, 51, 55
市場指向型立地　3, 12
市場需要曲線　44, 45, 51, 59, 60
市場の失敗　56, 57, 69, 70, 80, 92, 94
システム（System）　ii, 13, 18, 30, 32, 33, 62, 87-89, 109, 194, 196, 197, 201, 202, 204, 207, 210, 226, 233, 274
システムズ・アナリシス　iii, 21, 32-36, 174, 219, 220, 242, 273
システムズ・アプローチ　173
自然環境保全法　8, 11, 27, 178

自然破壊　　10
持続可能性　　21, 22, 25, 174, 186, 188, 192, 197, 201-203, 233
持続可能（的）な発展　　22, 24-26, 99, 108, 173, 176, 186, 188, 200, 226
私的限界費用　　63, 68, 81, 85, 92
私的費用　　62
支払い意思額（WTP）　　60, 61, 62, 75, 102, 121, 124, 126, 130, 142, 145
地盤沈下　　7, 10
社会厚生関数　　125
社会的インパクトアセスメント（Social Impact Assessment: SIA）　　171, 186-188, 219
社会的限界費用　　63, 68, 71, 81, 85, 92, 94
社会的コンフリクト　　219, 256, 257, 256
社会的費用　　10, 56, 62, 70, 71, 72, 73, 81, 82, 89
社会的割引率　　121, 122
囚人のジレンマ　　261, 262, 269, 271
住民参加　　256
需要曲線　　40, 44, 45, 51, 54, 59, 60, 63, 71, 73, 77, 81, 85, 96, 110-112, 114, 115, 116, 124, 126, 133
循環型社会　　89, 90, 192, 194, 196-198
　——形成推進基本法　　9, 90, 192, 196, 197
循環基本法 → 循環型社会形成推進基本法
純現在価値法（Net Present Value: NPV）　　122, 123
消費者余剰　　71, 83, 108-118, 127, 131, 133, 134
情報コスト　　69
情報の非対称性　　56, 57, 65-68, 73

初期配分　　52, 54, 69, 75-77, 95, 97, 104, 124, 125
新全国総合開発計画（二全総）　　4, 7
振動　　6, 7, 10, 28, 182, 184
水質汚濁　　7, 8, 10, 13, 18, 21, 27, 184, 205, 207
水質リスク　　140, 141, 143, 144, 145
スイング・ウェイティング（Swing Weighting）　　163
スコアの統合　　159, 164
スコアリング　　159, 160, 162, 164
スコーピング（検討範囲の絞込み）　　171, 173, 174, 181, 183, 184
ステイクホルダー（Stakeholder）　　124, 149, 150, 156, 157, 159, 160, 164, 168,
税・課徴金　　80, 81, 80
生活者　　i-iii, 2, 20, 21, 29, 30-32, 34, 35, 36, 168, 175, 181-183, 192, 211, 212, 219-224, 226, 236, 255, 267, 269, 271-273
　——参加型環境マネジメント　　211, 219, 222, 233
生産可能性フロンティア　　53, 54
生産関数　　45, 62
生産者余剰　　71, 83, 84, 85, 96, 97, 117, 118
生産の効率性　　53, 54, 118
政治的コスト　　69, 72, 86, 87, 96
線形加法モデル　　150, 158
全国総合開発計画（一全総）　　4, 5, 7, 12, 14, 88
潜在的な選択能力（capability）　　249, 250-253, 254
潜在的パレート効率性　　119, 123, 124

索　引　279

潜在的パレート効率性基準　119, 123, 124
戦略　14, 24, 86, 176, 197, 198, 226, 227, 260-266, 268, 269, 271-273
　——的環境アセスメント（Strategic Environmental Assessment: SEA）　171, 174-178, 186
騒音　6, 7, 10, 28, 134, 175, 182, 184, 197
ソシオシステム　ii, 30, 31
存在価値　130, 131

た

大気汚染　ii, 6, 7, 10, 13, 18, 21, 27, 131, 184, 202
　——防止法　6, 8, 27
第三次全国総合開発計画（三全総）　4, 12
代替案（alternative）　19, 32-35, 116, 120, 149, 150, 152-155, 157-168, 174, 175, 185, 186, 220, 252
　——の作成　219, 252
第四次全国総合開発計画（四全総）　4, 12
多基準　149, 1501, 163, 164, 169
　——分析　iii, 35, 149-151, 158-161, 163, 164
多属性効用関数　153
多属性効用理論　150, 152, 154
ただ乗り——フリーライダー
多目的　3, 149, 150, 151, 153, 169
炭素税　84
チェックリスト法　184, 185
地球温暖化　15-17, 56, 93, 184, 197, 198
　——防止京都会議——気候変動枠組条約第3回締約国会議
地球環境保全　15, 18, 28, 29
地球環境問題　ii, 2, 4, 14, 15, 18, 19, 21, 27, 221
地球サミット——国連環境開発会議
地方の時代　12
ディスコーダンス指標　164
デポジット制度　80, 87, 91, 92
田園都市論（ガーデン・シティ論）　192, 199, 200
典型7公害　7
等価変分（EV）　108, 113-117, 129, 131, 135
等産出量曲線　45-47
等費用線　45-47
都市型環境問題　4, 13, 19, 202
都市環境　37, 200, 202, 211, 212, 213, 219, 227
都市地域型環境問題　2, 10, 11
土壌汚染　7-10, 29, 134, 184
取引費用　57, 64, 69, 76- 98, 102

な

内部収益率法（Internal Rate of Return: IRR）　122
長良川河口堰（問題）　35, 256, 257, 267, 268, 271-273
ナッシュ均衡解　262, 265
21世紀の国土のグランド・デザイン　4, 14
二全総——新全国総合開発計画
熱回収（サーマルリサイクル）　196
熱帯林減少　15, 16, 31

は

バーチャルウォーター　203
バイオマス（biomass）　198, 199

——・ニッポン総合戦略　　198
廃棄物　　4, 8, 10, 13, 15, 18, 19, 21, 23-25, 30, 36, 66, 67, 87-92, 134, 171, 177, 182, 184, 194-197, 199
　　——問題　　23, 92, 202
排出許可証取引制度　　77, 93, 94, 96, 99
排出源　　93- 96
排出者責任　　196
排出量取引　　18, 100, 101, 104
配分の効率性　　53, 54, 75, 94, 98, 108, 109, 118, 119
発生抑制（リデュース）　　10, 18, 24, 90, 91, 196
パレート効率　　40, 52, 53, 55-57, 61, 108, 118, 119, 123-125
　　——性　　52, 55, 108, 118, 119, 123, 124, 125
　　——性基準　　119, 123, 124, 125
　　——的　　40, 52, 53, 56, 57, 61, 118, 119, 125
パレート最適　　54, 151
バングラデシュの飲料水ヒ素汚染災害　　235, 246, 254
非競合性　　56, 58, 59
非協力ゲーム理論　　256, 262, 269
平均費用　　48, 49
ピグー税　　64, 80, 81, 82, 85, 86, 92
ピグー的補助金　　64, 80, 85, 86, 87
非排除性　　56, 58, 59
非市場財　　98, 131, 135, 149
費用効率性　　93, 94
費用最小化　　47, 48
費用節約アプローチ（Cost Saving Approach）　　129, 131, 132, 146

費用便益比率法（Benefit Cost Ratio: B/C）　　122
費用・便益分析　　iii, 35, 108, 109, 110, 118, 120, 122, 123, 125, 127, 129, 154, 158, 161, 172
表明選好データ　　131
非利用価値　　129, 130
ファシリテーター　　150
不確実性　　22, 34, 67, 72, 73, 123, 127, 131, 141, 144, 154, 155, 158
プライシング・アウト（Pricing Out）　　163
フリーライダー（ただ乗り）　　58, 61, 62
プレイヤー　　260-266, 268, 269, 271-275
フレーミング効果　　156
プロフィール分析　　224
平均費用　　48, 49
ヘドニック・アプローチ（Hedonic Approach）　　129, 131, 133, 134
便益　　22, 57, 71, 75, 76, 83, 84, 102, 108, 109, 112, 125, 126, 129, 132-134, 163, 172
ボーモル・オーツ型税　　80, 81, 82, 92
補償変分（CV）　　108, 113-117, 131, 135, 140

ま

マテリアルリサイクル→再生利用
マトリックス法　　184, 185
水資源　　63, 109, 172, 192, 203-205, 207, 222, 226, 227, 235, 237, 244-246, 254-260, 267
　　——選択行動の内的メカニズム　　235
水循環　　192, 197, 203-205, 207, 209, 221,

229
水運びストレス　246, 248-254
水辺の機能　207, 211, 214
未然防止原則　21, 22
緑のリサイクル　197
無差別曲線　41, 42, 43, 52
モニタリング・コスト　69
モラル・ハザード　56, 66, 67, 68, 73
問題の明確化　33, 34, 35, 219, 220, 226, 242, 273

や

野生生物種減少　15, 16, 31
有害廃棄物越境移動　15, 17
予算制約線　41, 42, 43, 113, 114
予防原則　21, 22, 23, 36, 99
四全総→第四次全国総合開発計画

ら

ランダム効用理論　135, 137
離散的選択モデル　129, 135, 136
　　——法（Discrete Choice Model Method）　131, 135
利潤最大化　40, 45, 49, 76
リスク回避行動　141, 145
リデュース→発生抑制
利　得　155, 260, 261, 262, 263, 264, 265, 266, 269, 271, 272
リユース→再使用
利用価値　129, 130, 133
旅行費用アプローチ（Travel Cost Approach）　129, 131, 133-135, 147
リンダール均衡　61
ロジットモデル　138

わ

我ら共有の未来　25, 173, 226

数字・アルファベット

3R　10, 90
AHP（階層分析法：Analytical Hierarchy Process）　150, 157, 162
B/C　→費用便益比率法
CDM（Clean Development Mechanism）→クリーン開発メカニズム
COP3　→気候変動枠組条約第3回締約国会議
CV　→補償変分
CVM　→仮想的市場法
EPR　→拡大生産者責任
EV　→等価変分
GMCR　269, 271-273
IET（International Emissions Trading）→国際排出量取引
IPCC　→17
IRR　→内部収益率法
JI（Joint Implementation）→共同実地
MAVT　→価値関数
MNB　→限界純便益
MRS　→限界代替率
MRT　→限界転形率
NEPA　→国家環境政策法
NPV　→純現在価値法
PV　→現在価値
SEA　→戦略的環境アセスメント
SIA　→社会的インパクトアセスメント
WTP　→支払い意思額

■執筆者一覧

萩原　清子（はぎはら　きよこ）：まえがき，第1章，第2章，第8章～第13章
　佛教大学社会学部公共政策学科教授（編著者紹介参照）

朝日　ちさと（あさひ　ちさと）：第3章～第7章
　首都大学東京都市教養学部都市政策コース准教授・博士（都市科学）

坂本　麻衣子（さかもと　まいこ）：第14章，第15章
　東京大学大学院新領域創成科学研究科国際協力学専攻准教授・博士（工学）

●編者紹介

萩原清子（はぎはら・きよこ）

略　歴　1991-1993年　東京都立大学都市研究所助教授
　　　　1993-2006年　東京都立大学大学院都市科学研究科教授
　　　　1996-1998年　京都大学防災研究所水資源研究センター客員教授

現　在　佛教大学社会学部公共政策学科教授・工学博士，東京都立大学・首都大学東京名誉教授

主　著　『水資源と環境』勁草書房　1990年
　　　　『都市環境と水辺計画』（共著）勁草書房　1998年
　　　　『新・生活者から見た経済学』（編著）文眞堂　2001年
　　　　『環境の評価と意思決定』（編著）東京都立大学出版会　2004年
　　　　『総合防災学への道』（共著）京都大学学術出版会　2006年
　　　　『生活者が学ぶ経済と社会』（編著）昭和堂　2009年
　　　　『環境の意思決定支援の基礎理論』（編著）勁草書房　2013年

生活者からみた環境のマネジメント

2008年3月25日　初版第1刷発行
2018年5月10日　初版第6刷発行

　　　　　　　編著者　萩　原　清　子
　　　　　　　著　者　朝　日　ちさと
　　　　　　　　　　　坂　本　麻衣子
　　　　　　　発行者　杉　田　啓　三

〒607-8494　京都市山科区日ノ岡堤谷町3-1
　　　　　　　発行所　株式会社　昭　和　堂
　　　　　　　　　　　振替口座　01060-5-9347
　　　　　　TEL（075）502-7500／FAX（075）502-7501

　　　Ⓒ萩原清子，2008　　　　　　　　印刷　亜細亜印刷

ISBN 978-4-8122-0805-2
＊落丁本・乱丁本はお取替え致します。
Printed in Japan

本書のコピー，スキャン，デジタル化等の無断複製は著作権法上での例外を除き禁じられています。本書を代行業者等の第三者に依頼してスキャンやデジタル化することは，たとえ個人や家庭内での利用でも著作権法違反です。

萩原清子 編著
生活者が学ぶ経済と社会　　　　　　　A5判・296頁
　　　　　　　　　　　　　　　　　　　本体2500円＋税

遠藤崇浩 著
カリフォルニア水銀行の挑戦　　　　　46判・224頁
——水危機への〈市場の活用〉と〈政府の役割〉　本体2200円＋税

山本早苗 著
棚田の水環境史　　　　　　　　　　　A5判・272頁
——琵琶湖辺にみる開発・災害・保全の1200年　本体5200円＋税

馬奈木俊介 編
資源と環境の経済学　　　　　　　　　A5判・288頁
——ケーススタディで学ぶ　　　　　　　　本体2500円＋税

馬奈木俊介・豊澄智己 著
環境ビジネスと政策　　　　　　　　　A5判・224頁
——ケーススタディで学ぶ環境経営　　　　本体2200円＋税

宮永健太郎 著
環境ガバナンスとNPO　　　　　　　　A5判・232頁
——持続可能な地域社会へのパートナーシップ　本体5000円＋税

植田和弘・山川肇 編
拡大生産者責任の環境経済学　　　　　A5判・344頁
——循環型社会形成にむけて　　　　　　　本体4800円＋税

昭和堂刊

昭和堂ホームページ　http://www.showado-kyoto.jp